不求第一
但求唯一

日本科学家的诺奖之路

◎卞毓方 马成三 著

广东高等教育出版社
Guangdong Higher Education Press

·广州·

图书在版编目（CIP）数据

不求第一　但求唯一：日本科学家的诺奖之路/卞毓方，马成三
著．—广州：广东高等教育出版社，2022.1
ISBN 978 - 7 - 5361 - 7099 - 5

Ⅰ．①不…　Ⅱ．①卞…②马…　Ⅲ．①科学技术 - 技术发展 - 研究 -
日本 ②诺贝尔奖 - 科学家 - 生平事迹 - 日本　Ⅳ．①N131.3 ②K831.361

中国版本图书馆 CIP 数据核字（2021）第 174331 号

BU QIU DIYI DAN QIU WEIYI: RIBEN KEXUEJIA DE NUOJIANG ZHI LU

出版发行	广东高等教育出版社
	社址：广州市天河区林和西横路
	邮编：510500　营销电话：（020）87553335
	http://www.gdgjs.com.cn
印　　刷	佛山市浩文彩色印刷有限公司
开　　本	787 毫米 ×1 092 毫米　1/16
印　　张	15.75
字　　数	259 千
版　　次	2022 年 1 月第 1 版
印　　次	2022 年 1 月第 1 次印刷
定　　价	49.80 元

序：寄语中国的年轻研究者

有马朗人①

尊敬的两位中国作者让我为《不求第一　但求唯一——日本科学家的诺奖之路》一书作序，我深感荣幸，特撰此文。

开门见山，我的观点是：不久的将来，中、日、韩等东亚地区，尤其是中国，将涌现出大批优秀的科学家和技术人员，而且一定会摘取众多的诺贝尔奖——这样的时代正大踏步向我们走来。

李约瑟（Needham）在其编著的《中国科学技术史》中，提出著名的"李约瑟之问"：为什么中国的科学技术从古代到15世纪都领先于西欧，但在16世纪前后却未能催生出近代科学技术？换句话说，伽利略为什么没能出现在中国？

回答众说纷纭，见仁见智。

我个人的观点是：因为16世纪之前，中国缺少在文化上比它更为优秀，同时在军事实力上也比它更为强大的外敌。

譬如，13世纪蒙古用武力征服中原，创立了元王朝，但由于文化上的劣势，最终反而被汉文化所浸染。我们再来看欧洲，从5

---

① 有马朗人（Akito Ariama, 1930—2020年），日本物理学家、教育家。1953年毕业于东京大学理学部物理学科，历任东京大学校长、理化学研究所理事长、日本参议院议员、文部大臣。

世纪末西罗马帝国灭亡起，到 1500 年为止，整体进入了"知识黑暗时代"。当是之时，古希腊的哲学、自然科学、数学等文明，比较起罗马时代，更多地向伊斯兰诸国转移。因此，后者无论文化还是军力，都强于前者。处于欧洲西南边陲的西西里岛和西班牙，一度建立起伊斯兰国家，它们在文化上，尤其是在科学和数学上，长期领先于欧洲内陆。

欧洲人注意到了这一点，因此，早在 11—12 世纪，他们就去西班牙等地学习伊斯兰文化，进而也认识到了作为伊斯兰文化基础的古希腊数学和自然科学的伟大。13 世纪末以后，意大利开始掀起文艺复兴，借助古希腊、古罗马文化的复苏，欧洲出现了科学技术的蓬勃发展。据此，我认为，对于新的文化、文明的发展来说，其他优秀文明、文化的影响，具有举足轻重的作用。

1840—1842 年的第一次鸦片战争前后，欧洲，以英国为首的部分国家，在科学技术力量方面拥有超越中国和日本的文明，兼且拥有强大的军事力量，他们开始向中国不断施压。因是之故，中国也深切感受到了近代科学技术的威慑。

16 世纪天主教传入日本。日本人看到隐于其后的强大的武力，于是禁止其在本土传播。17 世纪初，日本实行闭关锁国的政策，仅允许荷兰人到长崎通商。日本一边奉行闭关锁国；一边又通过长崎，持续跟踪欧洲科学技术的进展。与荷兰的这种交流，极大提高了日本人对近代科学技术的关注。从 1854 年缔结日美友好条约，到 1868 年进入明治时代，日本展现了全面开国的态势，迅速从西欧引进科学技术，一直到今天。

其结果，长冈半太郎早在 1889 年就发表了世界水准的磁致伸缩现象研究，进而在 1903 年又先于卢瑟福和玻尔的现代原子结构论，提出了与之相近的有核原子模型，即土星状的原子模型，将日本的物理学提高到了世界水平。如前文所述，日本的科学技术之所以能够如此迅速提高，原因在于从锁国时代起就以长崎为窗口，充分了解西欧科学技术的发展。

正因为有这样的历史，在第二次世界大战结束不久的 1949 年，根据介子理论成功说明核力的汤川秀树获得了诺贝尔物理学奖；1965 年，朝永振一郎也因发现重整化理论而再获此奖。1953 年，京都大学汤川教授在京都大学建立了基础物理学研究所；此所面向全国，日本所有大学与研究所的学生、研究人员都可以通过它开展合作研究。这个基础物理学研究所培养出了大批研究者，其中也包括我。它的成功，带动日本设立了宇宙射线所等多个可共同利用的研究机构，培养出了众多领域的科研人员。这一举措成为日本产生诺奖得主的原动力。

在此改变话题，看一看科学技术论文数量的动向。从 20 世纪 80 年代开始，日本的论文数量急速增长，1989 年仅次于美国，位居世界第二。一篇论文被他人引用的程度，是评价论文的客观标准之一。日本的研究所和大学等机构发表的论文，其总体被引用度也大幅度增加，可以与西欧各国一争高下。2000 年左右，东京大学在物理学方面跃为世界第一，（作为前校长的）我曾经为此欣喜若狂。

1980 年左右，日本制定了科学技术立国的方针，特别是 1995 年制定了《科学技术基本法》。根据此法，从 1996 年起，每 5 年制订一期科学技术计划，每个 5 年计划都准备了国家预算。以这一时代的趋势为背景，迄今日本在物理、化学、生物医学等领域相继涌现出许多诺奖得主。

就我个人而言，特别值得一提的是，我在美国逗留期间（1960—1980 年），与中国的两位物理学巨匠——杨振宁先生和李政道先生关系密切。这两位物理学家，因预言"弱相互作用中宇称不守恒定律"而获得了 1957 年的诺贝尔物理学奖。这表明，中国人也具有了不起的实力。近年来，中国的科学技术论文数量急剧增加，2008 年超过日本居世界第二位，2019 年又超过美国跃为世界第一。同时，中国科学院等（权威部门）的论文，被引用度也在世界上名列前茅，超过日本在 20 世纪 90 年代至 2008 年的势头。

从杨振宁先生和李政道先生的获奖，再看最近 15 年来中国科学技术论文的增加和被引用度的提高，我坚信中国的科学家今后会在各个领域不断斩获诺贝尔奖。

我希望中国的年轻研究者，充分认识到中国当前的这种优势，努力奋斗，大展宏图；希望你们在自己喜欢的领域，就自己感兴趣的问题，刨根究底，探骊获珠。我特别提出要研究基础问题，一旦投入应用，那也是非常了不起的。要遇挫不馁，迎难而上，全力以赴。中华民族自古以来就是优秀的民族，现在正迎来大力推进现代科学技术的绝佳机会。

中国、日本、韩国和新加坡、越南等东南亚各国的科学技术论文数量之和，已经超越了美国，也超越了欧盟各国的论文数量之和。在科学技术方面已经迎来东亚时代，我为此感到无比高兴。

为了未来的科技振兴，祝愿中国的年轻人能大显身手，与东亚各国的年轻人携手共进。

目 录
MULU

窥破天机，洞悉乾坤

那可不是寻常的浮生大梦，那是宇宙深层次的
圆规方矩，是大自然别有洞天的岁月游虹。

从《爱因斯坦的梦》说开去

　　麻省理工学院物理学教授莱特曼写了一部《爱因斯坦的梦》，用若干梦境来诠释爱氏在 1905 年横空出世的狭义相对论。他不是用数学（如罗素）或几何（如杨振宁）的语言来条分缕析，而是用了艺术的幻象——硬生生地让爱因斯坦做了三十个关于时间的梦。

　　梦境起于 1905 年 4 月 14 日，止于 1905 年 6 月 28 日。莱特曼为爱因斯坦首梦设计的框架是："假定时间是曲向自己的一个圆，而世界重复它自己，完全准确的，且是永不止息的。"次梦："在这个世界里，时间如水流，偶尔会被一截残丝断片所推移，或被一缕飘过的微风所带动。"第三个梦："在这个世界里，世界有三维，与空间一样，是立体的。"……终梦："将一只夜莺罩在钟形罐下，时间就停止了。捉到夜莺的那一刻，时间就为所有即时碰上的土壤、树木和人物而冻结。"

　　爱因斯坦的狭义相对论是对宇宙天机的发现，莱特曼笔下的三十个梦是对爱因斯坦时间概念形成的挖掘。如此演绎，当然比那些数学、几何的抽象描述生动活泼多了。只是，我越看却越陷入糊涂：究竟是爱因斯坦身入其境地梦见了那三十幕时间真谛呢，还是那三十幕关于时间的幻梦主动闯入爱因斯坦的梦乡？

　　"你是说梦也和人一样，有其主观能动性？"他问。

　　是啊，那可不是寻常的浮生大梦，那是宇宙深层次的圆规方矩，是大自然别有洞天的岁月游虹。自从有人类以来，那位执掌"相对论"的仙姬，就一直多情而又执着地在下界寻找她心目中的白马王子。

　　时届公元 1905 年，她终于锁定了 26 岁的犹太青年爱因斯坦。

　　若不，你又如何解释，中学时严重偏科，被一位老师断言"这种植物长不出面粉"、首次报考大学名落孙山、毕业后长久找不到工作、是年仅为瑞士专利局一名三级技师的爱因斯坦，为何能在这一年，偏偏在这一年，神思俊发，天马行空，一口气在物理学三个互不关联的领域——电磁学、量子论和统计物理抛出三篇惊天地泣鬼神的大作？

　　"哈哈！先生完全是凭空想象，是戏说。"他头一摇，不以为然。

　　居里夫人，你熟悉的了。她一生的主要工作，就是寻找放射性元素镭。

也是机缘凑巧，那是在巴黎，居里夫人与丈夫比埃尔联手做铀沥青矿含钡的测验，无意中发现了镭的蛛丝马迹。顺理成章，自然是从铀沥青矿中提炼捕捉。但铀沥青矿太昂贵，需求量又大得惊人，到哪儿去弄经费？节骨眼上，幸亏打听到奥地利有弃而不用的废铀沥青矿渣，幸亏维也纳科学院又热情出面斡旋，居里夫妇终于得到了足够的实验材料。

于是，在一个简陋的工棚，居里夫妇开始一千克一千克地提炼，也就是寻找。直到耗时将近 4 年、提炼了 8 吨矿渣之后的某一天，居里夫人突然听到那用来采集镭的玻璃瓶里发出的震耳欲聋的笑声。

天哪！那仅是十分之一克的氯化镭。它刚从禁锢它的矿石中露出一张脸，就显出威风凛凛，神气活现。

这符合爱因斯坦三十个梦境中的哪一个呢，我没有去逐个验证。反正在这个发现发明的时空，人与物是相感相通的。因而，我确切无疑的是，居里夫人听到了镭之神那伴随着淡蓝色闪电的大笑。

信不信由你，它已被我命名为镭之神，为了这一刻的聚魂赋形、长啸而出，早就望眼欲穿，不，望岩欲穿，自盘古开天辟地之际，自人类登上世界舞台之初。

这边厢是："吹尽狂沙始到金。"

那边厢是："天生我才必有用。"

"嗯，在爱因斯坦的时空，人与物是可以互感互通的。"他沉思有顷，露出些微的赞许。

朝永振一郎，本书的主人公之一，1965 年的诺贝尔物理学奖得主。天资当然是极聪慧的了，数学、物理成绩一向优异，但从小身体不好，而且厌学，在读京都大学研究生时，一度患上轻度抑郁症，觉得自己不是科学家的料，只想毕业后到乡下谋个小差事，了此余生。

也就在那当口，朝永振一郎碰上了仁科芳雄。仁科芳雄是日本原子物理学的开山鼻祖，刚刚结束在欧洲 8 年的游学，应邀到京都大学开办为期一个月的讲座，朝永就在这历史的缝隙与仁科先生相识了。

一个月很快就过去了，仁科芳雄回去东京，在理化学研究所下面筹备个人研究室。

"你来东京，和我一起干吧！"一天，朝永振一郎突然接到了仁科先生的邀请函。

这怎么可能？朝永回复："您那儿招的都是优秀人才，我不够格的啊。"

仁科先生劝诱："你先过来试两三个月，怎么样？"

如果仅仅是两三个月，朝永觉得不妨一试。

三个月后，朝永开始收拾行囊，准备打道回京都。想不到仁科先生直截了当地说："留下来，和我一起奋斗！"

朝永缺乏底气，他说："我水平实在太低，恐怕……"

仁科先生拍拍他的肩膀，微笑着说："你不比这儿的任何人差！"

朝永真是幸运的——在人的一生中，命运之神总会向你露出一丝微笑，而后稍纵即逝——他抓住了仁科先生的微笑，留在了理化学研究所，从此，一种超越凡俗的更高维度上的时间，注入了他的生命，他开始走进世界科学史。

仁科先生同样幸运，因为在京都大学的短期讲学，他只一眼，是的，对他来说，只需要一眼，就为日本物理学界相中了一匹不可多得的千里马。

"发现与被发现，是同等的快乐。"他连连点头，仿佛感同身受。

以下一例，亦见于本书。

时间，也是 1905 年，即爱因斯坦发表狭义相对论，给时间安上多面、多轮、多维的那一年。1 月 25 日，在英国治下的南非的一座矿山，一个叫威尔士的经理人员，无意中踢到了一块石头。那块石头尖叫起来："我是钻石！"

肯定有好多人也见过或踢过那块石头，肯定那块石头也呼叫过，只是，他们谁也没有听见。

威尔士听见了，与其说他的听觉在那一刻起了作用，不如说他的灵魂在那一刻捕捉到了大自然的暗示，于是，在改变命运的一刹那，他蹲下身来，仔细看了看，原来，这是一块硕大的坯钻。

这一刹那改变了威尔士的寂寂无名，也改变了那块钻石长达几十年（指的是裸露地表的时间），哦不，是长达一亿年甚至几十亿年（指的是深埋岩层的时间）的默默等待。

所以说钻石发出急不可耐的呼叫——就像那个被压在五行山下的孙悟空——完全在情理之中。

钻石被以矿山承包商库里南的名字命名，发现权和冠名权背离，显示出权力和身份的强取豪夺。库里南钻石问世不久，一位更有权力和身份的主子——矿山所在地区的政府从它的硕大无朋兼且器宇不凡，看到它十年、一百年后的未来：它是奢华，它是贪婪，它是荣耀，它是权势。它一旦摆脱沉埋，必将展翅高飞！于是斥资 15 万英镑将库里南钻石买下，助其待时而动。

机会来了！1907 年 12 月 9 日，值英王爱德华七世 66 岁生日，库里南钻石被作为地方当局的贺礼，进贡给英国王室。

1908 年，王室委托荷兰一家专业珠宝公司，将库里南钻石切割、抛光成九颗大钻及九十六颗小钻。其中最大的一颗，重达 530 克拉，呈梨形，琢磨出 74 个面，镶在英王的权杖，命名为"非洲之星Ⅰ"；次大的一颗，重为 317 克拉，造型方正，有 64 个面，镶在英王的皇冠，命名为"非洲之星Ⅱ"。

一百多年过去了，在举世的钻石天穹，库里南钻石仍然是最大最亮的一颗。

谁说钻石没有命运，没有激情和意志？

虽说两件事同是发生在 1905 年，按其具体月日，却是库里南坯钻石破天惊、华丽现身的梦在前，爱因斯坦窥破天机、洞悉乾坤奥秘的梦在后。接下来，我们都已见到，在历史巨手的拨弄下，两场大梦轰然撞在了一起。

"唉，真想让时光倒流，倒流回公元 1905 年，让我也当一天爱因斯坦，至少，也当一回威尔士。"他发出由衷的感慨。

我打开《爱因斯坦的梦》，翻到 1905 年 6 月 2 日那一页，念道："一个软透了的，已呈暗褐色的桃，从垃圾里拿出来，放在桌子上等它变红。它变红了，再变硬了，装回购物袋里送到食品商那里去，搁在架子上，从架子上移走，置于批发用的大板条箱里，回到开满了粉红桃花的树枝上。在这个世界里，时光在倒流。"

我说："你现在需要的，只是一台时光穿梭机，既可以回到过去，也可以畅游未来。"

"哈哈！你我都已经进入了爱因斯坦的梦。"他扮了一个爱因斯坦伸出舌头的招牌式鬼脸。

孰是发明之父

　　人生，从起步始，就是一场偶然与必然的"双人舞"。当亿万精子大军奋勇扑向卵子，最终，只有一颗能成功与卵子结为秦晋。那颗排除万难最终取得胜利的精子，就象征着无上好运的偶然；那颗欲迎还拒、坐待良偶的卵子，就象征着负阴抱阳、共育新生命的必然。

万事万物，都有一个受孕发育的"子宫"，载体是"母"。

你看，人类有母亲，动物有母畜，植物有母本，语言有母语，音素有母音，学校有母校，习题有母题，像带有母带，光盘有母盘，机床有母床，法律有母法，民族有母族，国家有母国——凡此等等，不一而足。就连企业，也有所谓母公司；舰艇，也有所谓航空母舰。

扩展延伸开去，又有诸多什么是什么之母的格言，比如：失败是成功之母（中国）；重复是学习之母（德国）；记忆是知识之母（英国）；勤勉是好运之母（英国）；懒惰是贫穷之母（芬兰）；夜晚是深思之母（希腊）；贫困是技艺之母（英国）；贪婪是"恶德"之母（德国）；适度是健康之母（苏联）；谨慎是智慧之母（德国）；经历是才智之母（英国）；需要是发明之母（日本）；等等。

按理，有其母，必有其父。老子说，"万物负阴而抱阳"，总不能只有阴，没有阳吧（少数自然或人工的单性与无性生殖例外）。

话是这么说，但在现实中，还是"母性词汇"占据绝对主导地位。比如，人们习惯说母语，不说父语；说母校，不说父校；说母题，不说父题；说母舰，不说父舰。即使有人把母公司说成父公司，把母国说成父国，那内涵，其实是画等号的，并无相反或对应的意味。

这大概是母系社会的孑遗吧。

某日玩心顿起，打开互联网，以上述最后一句格言"需要是发明之母"为引题，征集什么是发明之父。

有人回复：欲望。

有人回复：热爱。

有人回复：娱乐。

有人回复：好奇心加坚持。

我摇头。那些欲望呀，热爱呀，娱乐呀，好奇心加坚持呀，统统未跳出"需要"这位如来佛的手掌，此乃文不对题，答非所问。

看来母系社会的惯力不容小觑。

也有人早就为我准备好了答案。谁？日本医学家、2012 年诺贝尔生理学或医学奖得主山中伸弥——特别说明，人家并不是针对我的设问，而是在一次科学研讨会上作为心得抛出的。山中伸弥说道："如果讲'需要是发明之母'，那么，'偶然就是发明之父'。"

这是他从自身经历得出的认同。

山中伸弥是学医的，读研期间，做的第一个实验，关于血压的调节机制。这是入门级的课题，前人早已大功告成，公开的实验报告就搁在他的桌上。

但奇怪的是，他实验的结果却和别人的报告不一致。

肯定是自己做错了。

然而，经过反复验证，不，自己没有错。

那就只能是别人错了。

山中伸弥抓住这个偶然的"意外"不放，顺藤摸瓜，剥茧抽丝，孜孜不懈地研究了三年，不仅证明自己是对的，还捎带解决了一些科学界尚未拎清的问题。

他将实验结果写成论文，一炮打响。

博士毕业，山中伸弥去美国做博士后，单位是格拉德斯通医学所。

他研究的是如何防治动脉硬化。

一天早上，山中伸弥刚踏进研究所，帮他照看实验用鼠的女技术员就慌里慌张地报告："伸弥，你的实验小鼠怀孕了。奇怪，有一半还是公鼠哩。"

"开什么玩笑！这怎么可能？"山中伸弥边说边过去查看，发现许多小鼠的肚子果然变大了，就像怀孕的样子，其中一半左右的确是公鼠。

这又是一个意外。怎么会这样？哪一本书上也没说过类似的情况呀！

山中伸弥遵循前例，抓住这个突发的"意外"狠钻下去，旁敲侧击，终于揪出致癌的NAT1基因，通过对NAT1基因的内查外调，明察暗访，又发现它是ES细胞的关键成分，最终成功取得了诱导人体表皮细胞，使之具有胚胎干细胞活动特征的前沿技术。

回顾自己的科研历程，山中伸弥把"偶然"捧上了"发明之父"的尊位。

当然，这是假说，不是公理。

假说也有假说的道道。

请看事实：科学上的发现发明，很大概率是出于偶然。

　　鲁班的手被多齿的草叶划破，灵机一动，发明了锯子，是偶然；阿基米德泡澡时，悟出浮力定律，是偶然；牛顿见枝头的苹果落地，而不是落向天空，心血来潮，计算出万有引力，是偶然；瓦特看到壶里的水烧开后，壶盖不停地上下跳动，从而设计出蒸汽机，是偶然。

　　今人的条件比古人好，突破创新多在实验室里进行。千鼓捣，万鼓捣，成与不成，端看那双"偶然"的大手能否帮他撩开未知事物的面纱。

　　偶然的创新有类型可供揣摩乎？有的，笔者试为归纳了数种，比如：

　　（1）种瓜得豆型。1895年，德国物理学家伦琴正在研究真空管中的电子束，扭头瞥见身后的板凳上射出一道绿光，原来板凳上放着一块纸板，表面涂了一层荧光材料——伦琴于是发现了 X 射线。

　　1965年，美国贝尔电话公司的两位年轻人彭齐亚斯和威尔逊，正在测量银晕气体射电强度，猛然注意到天线上发出一种持续的背景噪音，以为是落在天线上的鸟粪造成的，反复擦拭后发现，噪音与鸟粪无关，而是因为天线接收到了宇宙诞生时大爆炸的残余辐射。

　　（2）歪打正着型。1985年，日本岛津制作所的技术员田中耕一在做维生素 B_{12} 的质谱分析，一不留神，把甘油酯当作丙酮醇与金属超细粉末混在了一起。这本来是天大的错误，然而，奇迹出现了，甘油酯竟然使生物大分子相互完整地分离——这正是他梦寐以求的结果。

　　1967年，东京工业大学研究员白川英树与韩国来的一位助手做聚乙炔的合成实验。莫名其妙地，反应物的表面突然生出一层铁灰色的薄膜。原来，那位助手将催化剂的剂量搁错了，浓度竟然超出常规标准的1000倍。弄明真相，助手懊悔不迭，说要把实验毁掉，从头再来。

　　白川英树挥手阻止。他陷入沉思：这层铁灰色的薄膜是什么？它像金属一样闪着冷光，是否也可用来导电呢？

　　正是这个万万不该出现的失误，促使白川英树向世纪大发明的方向迈进。他通过添加碘和溴等卤素杂质，破天荒地实现了塑料导电。

　　（3）梦笔生花型。1825年，英国科学家法拉第最先发现了苯，它是由6个碳原子和6个氢原子组成。发现是发现了，但此后数十年，人们始终搞不懂它的结构，所有的证据都表明苯的分子高度对称，奇怪，这"6＋6"的原子家庭，它们是如何排列，从而形成稳定的分子结构的呢？

话说 1864 年冬天某日，德国化学家凯库勒也在琢磨这个问题。他久思而不得其解，坐在壁炉前打盹。恍惚中，瞅见长长的碳原子链在眼前嘲弄般地旋转不已，突然，有一条碳原子链像蛇一样咬住了自己的尾巴，构成了一个圆形环。豁然梦醒，凯库勒恍悟苯分子的碳链是一个闭合的环。——这就是如今在化学教科书中随处可见的那个正六角形。

18 世纪中叶，科学家已经发现了多达 63 种的元素。这时，摆在他们面前的一个难题是：自然界是否存在着某种规律，从而使各种元素分门别类、井然有序、各得其所呢？

1869 年 2 月，35 岁的俄国化学家门捷列夫也在为此绞尽脑汁。一天，他倦极而卧，进入梦乡。梦中，他看到一张表格，各种已知的元素按原子序数的递增而各得其位。醒来后，他立马记下这张表格的设计理念。

门捷列夫借此发现了元素周期表。在已知的 63 种之外，他还为众多未知的元素预留了空位，而后的陆续发现证明，他的设计完全正确。

要言不烦，我们就举到这里。此外，如"柳暗花明""节外生枝""妙手偶得"等等，读者如有兴趣，可自行搜集、玩味。

"偶然"既然是发明之父，那么"他"和发明之母"需要"即构成夫妻关系。偶然，需要，两者并列似乎有点别扭。马克思主义认为，人类的社会需要是人类历史发展进程的根本动力，带有必然性。为图简便，我们就用必然来代替需要好了（当然也是假说）。偶然与必然，必然与偶然，千古以来，就一直若即若离、纠缠纠结、剪不断理还乱。话说到这个地步，我还得向涉及的另一方"必然"求证——必然"她"斜睨不语，懒得搭理我。干吗要向一个陌生的老头儿泄露"王国"的最高机密呢。我转向《自然辩证法》的作者恩格斯寻求答案，恩格斯正在伏案整理他的全集，头将回未回，朗声说："必然的东西是偶然的，偶然的东西是必然的。"我掂了掂，转身又去求教爱因斯坦，爱因斯坦从嘴角拿开烟斗，诡谲而得意地一笑，说："没有侥幸这回事，最偶然的意外，似乎也都有必然性的。"

嗯，这都是实锤。有两位大师为偶然与必然背书，山中伸弥关于偶然与发明的父子关系、偶然与必然的夫妻关系的假说，就得以成立。

"泥上偶然留指爪。"——偶然向来行迹飘忽。

"我是天空里的一片云，偶尔投影在你的波心。"——显示偶然与必然的心心相印。

"踏破铁鞋无觅处，得来全不费工夫。"——偶然隐藏得再深，也总有一天会翩然现身，与必然共演一曲探戈。

让我们为"偶然是发明之父"这句假说画一个圆满的句号吧：人生，从起步始，就是一场偶然与必然的"双人舞"。当亿万精子大军奋勇扑向卵子，最终，只有一颗能成功与卵子结为秦晋。那颗排除万难最终取得胜利的精子，就象征着无上好运的偶然；那颗欲迎还拒、坐待良偶的卵子，就象征着负阴抱阳、共育新生命的必然。

第一章

诺奖赛场：21世纪日本的飞跃

20世纪以来日本人连连夺取诺奖，出现"井喷式获奖"现象，源于知识及人才的积累与传承。"冰冻三尺，非一日之寒""种花得花，种豆得豆"，原来此言不虚。

诺奖赛场上的轮转更替

世界上，留下遗产和遗嘱的，当属恒河沙数，不胜枚举。若论对后世的影响力、公信力、号召力，瑞典的发明家、科学家兼实业家阿尔弗雷德·诺贝尔（1833—1896 年）的"两遗"，迄今为止，应是独占鳌头，无出其右。

诺贝尔因发明炸药和开办工厂积聚了巨额的财富，据估算，约有 3100 万瑞典克朗，相当于 920 万美元，这在 19 世纪末是天文数字。诺贝尔终身未娶，他在临终前立下遗嘱："请将我的财产变作基金，每年用这个基金的利息作为奖金，奖励那些在前一年为人类做出卓越贡献的人。"

有了当年诺贝尔的"两遗"，遂诞生了如今"引无数英雄竞折腰"的诺贝尔奖。

根据诺贝尔的遗嘱，奖金分为五份，分别颁发给：

在物理界有最重大的发现或发明的人；

在化学上有最重大的发现或改进的人；

在生理学或医学界有最重大的发现的人；

在文学界创作出具有理想主义倾向的最佳作品的人；

为促进民族团结友好、取消或裁减常备军队以及为和平会议的组织和宣传尽到最大努力或做出最大贡献的人。

这五份奖分别称为诺贝尔物理学奖、诺贝尔化学奖、诺贝尔生理学或医学奖、诺贝尔文学奖和诺贝尔和平奖。

诺贝尔遗嘱对颁奖机构做出规定：物理学奖和化学奖由斯德哥尔摩瑞典皇家科学院颁发；生理学或医学奖由斯德哥尔摩卡罗林斯卡医学院颁发；文学奖由瑞典文学院颁发；和平奖由挪威议会选举产生的五人委员会颁发。

前四项奖集中在科技文化领域，和诺贝尔作为"发明家、科学家、实业家兼业余文学创作者"的身份颇为相符；而第五项和平奖则介入政治，大大出乎世人的意料——相传它的诞生和一则新闻的刺激有关。

诺贝尔潜心发明创造，神劳心苦，精力严重透支，健康每况愈下。他 54 岁那年，一天，报上突然登出他去世的消息，标题是"死亡商人辞世"，内容叙说："发明了史上在最短时间内杀害最多人的炸药，并借此牟取暴利的阿尔弗雷德·诺贝尔博士，于昨日寿终正寝。"

这是误报，错把昨天去世的诺贝尔的哥哥当成了他本人。不过，看到世人奉送给自己"死亡商人"的外号，诺贝尔还是深感震惊，他开始认真思考后事，最终决定把遗产变作奖励"为人类做出卓越贡献的人"的基金，并在科技文化奖项之外，加上和平奖。

也有人说，这与他跟一位女性、和平主义者伯莎·冯苏特纳的友谊有关。

后来增添的"诺贝尔经济学奖"，是 1968 年由瑞典国立银行出资设立，与诺贝尔遗愿无关，其正式名称为"诺贝尔纪念经济学奖"。

文学奖的授予，通常要考虑地域与语言的平衡，而且对文学的感性也没有绝对的尺度，因此评出的获奖作品总是众说纷纭，褒贬不一。

和平奖的政治色彩浓厚，人权问题经常是关键词。

与文学奖、和平奖相比，自然科学领域的三个奖被认为相对公正。当然也不乏质疑，毕竟它只是由瑞典的两个机构评出，毕竟由任何机构来操作都会有无法根除的局限性。

为了保证评选结果经得起历史考验，诺贝尔财团在各奖项投入的评选费用，与该奖项的奖金相同。

诺贝尔奖不仅是一种荣誉，奖金额之高也十分引人注目。2001 年至 2011 年期间，每个项奖的奖金额高达 1000 万瑞典克朗（约合 100 万美元），2017 年减为 800 万瑞典克朗。每个奖项的获奖者最多三人，获奖者为多位时，诺贝尔财团根据获奖者的贡献程度决定分配比例（注意：不是平均分配）。

诺贝尔基金成立于 1900 年，第一次颁发则是在诺贝尔去世五周年的 1901 年。颁发时间定为诺贝尔的忌日——12 月 10 日，近 120 年来雷打不动。

截至 2020 年，诺贝尔奖共授予了 930 位个人和 25 个团体，其中 4 位个人以及 1 个团体（联合国难民署）两次获奖，1 个团体（红十字会）三次获奖，故总计 934 次授予个人、28 次授予团体（合计 962 次）。

从 1901 年到 2020 年的 120 年间，在自然科学领域共有 624 人获奖，其中物理学奖 216 人，化学奖 186 人，生理学或医学奖 222 人。

按国别排序，美国的获奖人数多达 271 人，占获奖者总数的 43%；如果只看第二次世界大战后的数字，美国的获奖者所占比例高达 52%。

排名在美国之后的依次为英国（84 人）、德国（71 人）、法国（34 人）、日本（24 人，排名第 5，包括日本出生并在日本接受大学教育的两名日系美籍人）、瑞士（18 人）、瑞典（17 人）、荷兰（15 人）、俄国（14 人，含苏联）、加拿大（12 人）、丹麦（9 人）、奥地利（9 人）、意大利（7 人）。

诺贝尔奖创立的前四十年，获奖者集中于欧洲，其中德国的获奖人数最多，英国、美国和法国等位居其后。到了 20 世纪 50 年代初，美国的获奖人数超过德国，升为榜首。

与其他国家不同，美国"夺奖"在相当程度上依赖于"夺人"，即接受移民。据统计，在美国的诺奖得主中，移民占三分之一以上，其中包括毕业于中国西南联大的 1957 年物理学奖得主杨振宁（中国安徽省出生）与李政道（中国江苏省出生），以及 2008 年物理学奖得主南部阳一郎（日本福井县出生、毕业于日本东京大学）与 2014 年物理学奖得主中村修二（日本爱媛县出生、毕业于日本德岛大学）。

美国移民出身的诺奖得主主要来自欧洲，特别是犹太人。当年以德国为首的欧洲国家对犹太人等的迫害，不啻"为渊驱鱼，为丛驱雀"，让大批求生存、谋发展的人才远渡大西洋，实践"良禽择木而栖"。

从整体来看，美国通过积极接收外国留学生的做法收效更为显著：世界各地，包括来自欧洲等发达国家的留学生，不少人在美国的大学获得博士学位后，选择了在美国的大学和研究机构就职。

据美国智库"美国政策国家基金"调查，2000 年以后在化学、生理学或医学、物理学等领域获得诺贝尔奖的美国人中，移民占 40%，分别来自日本、加拿大、土耳其、奥地利、中国、以色列、南非和德国等。2016 年，美国在化学、物理学和经济学领域，有 6 人获得了诺贝尔奖或诺贝尔纪念经济学奖，清一色为移民。

日本：从零获奖到"井喷式获奖"

诺贝尔奖颁布后的近半个世纪，这项国际大奖并没有光顾日本。

亚洲第一个获得诺奖的是印度诗人罗宾德拉纳特·泰戈尔。1913 年，他以用英文写作的《吉檀迦利》等"至为敏锐、清新与优美的诗篇"，摘取诺贝尔文学奖桂冠。在同一领域，比起"亚洲第二人"的日本作家川端康成（1968 年获奖），足足早了 55 年。

在自然科学领域，印度人也曾遥遥领先。1930 年，印度物理学家钱德拉塞卡拉·拉曼首次捧走"亚洲第一"的诺奖物理学奖奖杯。汤川秀树获得该奖（也是作为日本人首次荣获诺奖），是在 19 年后的 1949 年。

在 20 世纪的一百年中，日本共有 9 人获得诺贝尔奖，其中包括 3 个物理学奖、2 个化学奖、1 个生理学或医学奖、2 个文学奖、1 个和平奖。他们是：

1949 年，京都大学理学部教授汤川秀树获物理学奖；

1965 年，东京教育大学教授朝永振一郎获物理学奖；

1968 年，作家川端康成获文学奖；

1973 年，美国 IBM 沃森研究所高级研究员江崎玲于奈获物理学奖；

1974 年，前首相佐藤荣作获和平奖；

1981 年，京都大学教授福井谦一获化学奖；

1987 年，美国麻省理工学院教授利根川进获生理学或医学奖；

1994 年，作家大江健三郎获文学奖；

2000 年，筑波大学名誉教授白川英树获化学奖。

进入 21 世纪，在刚刚过去的 20 年中（2001—2020 年），日本已有 18 人荣获诺贝尔奖，几乎平均每年有一人上榜。

这种爆发的态势，被中国媒体形容为"井喷式获奖"。18 个获奖者集中于自然科学领域，其中物理学奖 8 人、化学奖 6 人、生理学或医学奖 4 人。他们是：

2001 年，名古屋大学教授野依良治获化学奖；

2002 年，东京大学教授小柴昌俊获物理学奖；

2002 年，岛津制作所研究员田中耕一获化学奖；

2008 年，美国芝加哥大学名誉教授南部阳一郎获物理学奖；

2008 年，高能加速器研究机构名誉教授小林诚获物理学奖；

2008 年，京都大学名誉教授益川敏英获物理学奖；

2008 年，美国波士顿大学名誉教授下村修获化学奖；

2010 年，北海道大学名誉教授铃木章获化学奖；

2010 年，美国普渡大学特别教授根岸英一获化学奖；

2012 年，京都大学教授山中伸弥获生理学或医学奖；

2014 年，名古屋大学名誉教授（名城大学教授）赤崎勇获物理学奖；

2014 年，名古屋大学教授天野浩获物理学奖；

2014 年，美国加利福尼亚大学圣塔芭芭拉分校教授中村修二获物理学奖；

2015 年，北里大学特别荣誉教授大村智获生理学或医学奖；

2015 年，东京大学宇宙线研究所长梶田隆章获物理学奖；

2016 年，东京工业大学荣誉教授大隅良典获生理学或医学奖；

2018 年，京都大学特别教授本庶佑获生理学或医学奖；

2019 年，旭化成工业株式会社名誉教授吉野彰获化学奖。

在上述 18 位诺奖得主中，包括两位美籍日本人：美国芝加哥大学名誉教授南部阳一郎与美国加利福尼亚大学圣塔芭芭拉分校教授中村修二。他们均出生于东瀛，且在本国完成大学教育，因此，日本习惯把他俩算到自己的账上。

2017 年诺贝尔文学奖得主、英籍作家石黑一雄，虽然也是出生于长崎，属于地道的"日本制造"，但他 5 岁随父母移居英伦，接受英国教育，使用英文写作，几乎忘了母语——是以不被统计在日本的获奖名单之内。

如果说，20 世纪，日本人主要在物理学，特别是理论物理学方面展现出非凡的才能；那么，21 世纪以来，则是物理学、化学、生理学或医学齐头并进，全面开花，其中化学、生理学或医学更是实现了大增长。

有人分析，日本人获奖人数的大增长，可能与诺贝尔奖评选方向的变化有关。进入 21 世纪以来，自然科学领域的评选由重视基础研究调整到基础研究与应用开发研究并重，而这一"并重"恰恰就像冲着日本而来，他们的科学家正好在应用开发研究上有较大的优势。

如果说，基础研究可以改变人类对世界的认知，那么，应用开发研究则可以直接改变人类的生存和生活状况。

2012 年度的生理学或医学奖得主山中伸弥，率领京都大学的研究团队发现了将普通皮肤细胞转化为干细胞的方法，这种干细胞具有与胚胎干细胞类似的功能，被称为诱导多功能干细胞（iPS 细胞）。iPS 细胞的特别之处是可转变为心脏和神经细胞，从而为治疗多种心血管绝症等开辟新的道路。

2014 年度的物理学奖得主赤崎勇、天野浩和中村修二，其卓越贡献是发明了高效的蓝色发光二极管（蓝光 LED）。这一成就使明亮且节能的白色光源进入人类生活，从而大大地提高照明效率，被誉为"爱迪生之后的第二次照明革命"。

2015 年度的生理学或医学奖得主大村智，开发出名为阿维菌素的驱虫药。它作为人类的治疗药物、兽药以及农用化学药物，在世界范围内得到了广泛使用。1988 年以来，在世界卫生组织（WHO）的指导下，阿维菌素被用于防治中南美和非洲等热带地区的地方病河盲症，使数千万人免于失明。

2019 年度的化学奖得主吉野彰发明的锂离子电池，因其电压高、比能量大、寿命长，且体型小、分量轻，已实际应用于手机、笔记本电脑、数码相机、摄像机和便携式音乐播放器等，对于上述电子设备的小型化起到了决定性作用。在节能要求日益迫切的当下，锂离子电池还有望在电动汽车等新兴领域大显身手。

毫无疑问，20 世纪以来日本人的"井喷式获奖"大大提高了他们在世界科研领域的存在感。回顾 20 世纪，日本在自然科学领域的获奖人数，不但与美国相差甚大，也少于英国、德国和法国等欧洲国家。进入 21 世纪，日本"诺威"大盛，在自然科学领域的获奖人数，先后超越法国、德国和英国，跃居仅次于美国的世界第二，在亚洲更是稳居第一。

日本的诺贝尔奖情结

每年 10 月，是诺贝尔奖揭晓的月份。以 10 月 7 日为起点的一周，被称为"诺贝尔奖周"。每年一到 10 月，日本列岛就开始沸腾，与东京相距八千多千米的斯德哥尔摩，顿时变得近在咫尺，触手可及。

斯德哥尔摩每公布一个获奖名单，日本的电视台便在第一时间打出字幕速报。

如果日本人榜上有名，全国性的大报甚至增出"号外"在长街闹市散发，欣喜若狂的人们奔走相告："快看！快看！又有日本人获奖了！"

接下来就是各种现场采访及电话连线、获奖者记者会见、总理贺电等，高潮迭起，令人目不暇接。其中"蹲点"记者在获奖者住宅的现场采访堪称一绝。不少记者长期跟踪有望获奖的科学家，有的一"蹲"就是十几年，堪比"守株待兔"。媒体采访的对象非常广泛，从获奖者的同学好友、家乡父老，直到其儿时的玩伴。

日本社会盛行各种祭典活动（matsuri），即特定地区在特定季节举办的传统节日，如春季的"插秧祭"、收割水稻时的"新尝祭"等，有点类似于中国一些地区的"泼水节""龙舟节"。在日本，"诺贝尔奖周"似乎成了"诺贝尔奖祭"。

日本列岛的这一盛大景观反映出日本人对诺奖的特殊情结。这种情结其来有自，可以追溯到汤川秀树作为日本人首次斩获诺奖的 1949 年。当时日本正处在被美军占领下的战后恢复期，物资供应匮乏，民众精神彷徨。汤川获奖的消息传到日本，报纸与电台连日大量报道，全国性大报纷纷刊出"号外"，给丧失自信的日本人以极大的精神鼓舞。

汤川荣获诺贝尔物理学奖，对许多年轻学子产生的影响是非常巨大的。2001 年度化学奖得主野依良治、2002 年度物理学奖得主小柴昌俊、2008 年度物理学奖得主南部阳一郎等都有专文回忆，说曾为汤川获奖而热血沸腾，欢呼雀跃，并萌发走上科研道路的初心。

20 世纪 90 年代以后，随着泡沫经济的破灭和持续的低增长，日本社会再度陷入新的迷茫，渴望能有佳音"冲喜"，成了整个社会普遍的心理期待。这种时候，日本人在诺奖领域接连收获捷报，有如久旱之逢甘霖，岂能不为之兴高采烈！岂能不为之欢欣鼓舞！

其实，作为科学领域的国际性大奖，并非只有诺贝尔奖一种。然而，正如英国的科学史学家伯顿·费尔德曼所说："就权威性而言，有几个奖项并不输于诺贝尔奖。但是，撇开奖金和名声，诺贝尔奖还兼有对象领域广泛、历史超越百年等特点，这样的大奖举世独此一家。"

最典型的例子，就是设立于 1936 年的数学界大奖——菲尔兹奖，通常被描述为数学界的诺贝尔奖；设立于 1966 年的计算机大奖——图灵奖，也被说成是计算机界的诺贝尔奖。

除了民众的"久旱逢甘霖"情结，日本政府对诺贝尔奖得主的隆重礼遇也很引人注目。凡诺奖获得者一律被授予"文化功劳者"称号和"文化勋章"。

这个"文化功劳者"称号是有足色的含金量的。日本特别设有"文化功劳者年金（养老金）"制度，规定获此称号者可以享受年额为 350 万日元（约合每月人民币两万元）的终身俸禄。这种年金没有年龄限制，从被授予称号的年度开始领取，而且属于非课税收入。

"文化勋章"则纯属荣誉性的，授予仪式在皇居举行，由天皇亲自颁发。当然，囿于政见不同，也有人对此不屑一顾，如 1994 年文学奖得主大江健三郎，就申明"不接受超过民主主义的权威与价值观"，拒绝领取"文化勋章"。

"50 年 30 人获奖"并非妄言

2001 年 3 月，当时森（森喜朗）内阁制定的"第二期科技基本计划"，提出了"以诺贝尔奖为代表的国际科学奖的获奖者辈出"，"50 年 30 人左右获诺贝尔奖"的宏大目标。

对于上述目标，当时日本国内许多人都不以为意，有人甚至认为是政治家的信口雌黄，空头支票。究其原因，除了森内阁人气低迷外，还与过去 50 年中在自然科学领域只有屈指可数的 6 人获奖这一"历史事实"有关。

但是，从 21 世纪以来的强劲势头看，一般认为上述目标的实现，应该没有悬念。因为在过去的 20 年里，日本几乎每年都有一人上榜；在今后的 30 年里，只要每三年有一人上榜，就可以实现"50 年 30 人获诺贝尔奖"的目标了。

日本对实现目标信心满满，还因为具备充沛的"底气"。过去 20 年，日本之所以能涌现"井喷式获奖"，是因为地下的"油层""气层"埋足了"油"与"气"，它们在压力的作用下，源源不绝地喷涌而出。

那么，日本的"人才层"还有多少"存储"呢？

《日本经济新闻》编制了一份日本的"诺贝尔奖候选人名单"，现有 22 位科学家入选。这份名单的厉害之处在于，不仅有名有姓有单位，还详细列举出了各人的研究领域和可望获奖的研究成果。

候选者 22 位，都是"云彩"。雪随风，云生雨，这是规律。但谁也不能确保，究竟是哪一块"云彩"又在哪一个年度能降下喜雨。

2019 年因发明锂离子电池而获化学奖的吉野彰，曾经是这个名单中的一块"云彩"，如今真的是"随风潜入夜，润物细无声"了。

去掉吉野彰，还有 21 位日本科学家被认为最接近诺贝尔奖，其中年纪最大的为 1933 年出生的东京农工大学特别荣誉教授远藤章，年纪最小的为 1961 年出生的冈山大学华人教授沈建仁。

沈建仁毕业于中国浙江农业大学（现浙江大学），1983 年赴日留学，先后就读于东京农工大学和东京大学研究生院，在东京大学研究生院修完博士课程后，成为理化学研究所研究员，2003 年就任国立冈山大学教授。

沈建仁的专业是光合作用及植物生理学，他被日本称为"平成时代的生物科学家"。2011 年他与大阪市立大学的神谷信夫教授等完成的光合作用蛋白质的构造解析研究，被选为科学杂志"2011 年的科学十大成果"之一。

沈建仁与神谷等人的研究，被概括为"解开二百年植物光合作用之谜"，可望助力人类解决能源和全球变暖的问题。2020 年，沈建仁被负责评选诺贝尔物理学奖和化学奖的瑞典皇家科学院授予该年度的爱明诺夫奖（2014 年，清华大学的施一公教授作为中国第一人获得此奖）。

从日本的"诺贝尔奖候选人名单"，可以看出彼邦对获得化学奖期待很大，包括已经"转正上位"的吉野彰，共有 9 位化学家被认为"最接近诺贝尔奖"，沈建仁是其中之一。与化学奖不相上下的是生理学或医学奖，有 8 位日本科学家被认为可望获得此奖，另外有 5 位科学家被认为可望获得物理学奖。

冰冻三尺，非一日之寒

日本人接连摘取诺贝尔奖桂冠，引起包括中韩在内的世界多国重视，不少人开始探讨：日本是如何取得这一优异成果的呢？

答案必然是仁者见仁、智者见智。但有一点属于共识，那就是知识、人才的积累与传承。如中国古语所说："冰冻三尺，非一日之寒。""积土成山，非斯须之作。"

据考察，自然科学领域的诺奖得主，从获奖成果的完成到实际获奖，平均相隔 25～30 年；如果从着手研究算起，相隔时间应该更长。

日本人冲刺诺贝尔奖是从物理学开始的。他们在自然科学领域斩获的头三项奖，全部属于物理学范畴。第一人汤川秀树与第二人朝永振一郎，获奖时间虽然相隔 16 年，但研究成果的完成时间，则相差不远。

1949 年，汤川秀树因预言"介子"的存在而获得物理学奖，但是题为《基本粒子的相互作用》的论文，是发表于第二次世界大战前的 1934 年。

1965 年，朝永振一郎因在量子电动力学基础理论研究方面的成就，与朱利安·施温格、理查德·费曼一起获得物理学奖，而其提出量子电动力学的重正化理论的时间，是在第二次世界大战期间的 1941 年。

汤川与朝永本来是大学同班同学，同时毕业于京都帝国大学（现在的京都大学）物理系，毕业后先后任教于京都帝国大学、大阪帝国大学（现在的大阪大学）和东京教育大学（现在的筑波大学）等国立大学。这些大学即使在战争期间也未中断教育与学术研究，在日本侵华战争升级、日本科学家在国际上处境艰难的 1939 年，汤川还利用参加国际学术会议的名义赴美，与爱因斯坦等美国科学家进行亲密的交流。

日本在知识和人才方面的积累可以追溯到 20 世纪初。日本从明治时代开始，就重视提高国民的教育水平，实行义务教育制度。从日本的教育投资水平看，1910 年教育经费在国民收入中所占比重已达 3%。

日本尤其重视理工科的教育和研究，积极而有组织地支持科学技术的发展。1917 年，作为国立科研机构，由当时的皇室、政府和产业界出资，建立了理化学研究所（RIKEN）。为了摆脱单纯模仿、推进独创性研究，1918 年，文部省又出台了"科学研究奖励制度"。

诺贝尔奖诞生之初，日本科学家就与之结缘。1900 年开创血清疗法的细菌学家和免疫学家北里柴三郎，曾被提名为首次诺贝尔生理学或医学奖的候选人。北里的两个得意弟子秦佐八郎和野口英世，分别 3 次获得提名。

参与开发梅毒特效药的细菌学家秦佐八郎，继在 1911 年被提名为化学奖候选人后，在 1912 年和 1913 年又连续被提名为生理学或医学奖的候选人。秦佐八郎本人虽然未能获奖，但共同开发者、德国的保罗·艾尔利希却获得了 1908 年的诺贝尔生理学或医学奖。

以研究黄热病和梅毒而闻名的细菌学家野口英世，在任洛克菲勒研究所研究员的 1913 年发现了麻痹性痴呆的致病原因，为此曾经 3 次被提名为诺贝尔生理学或医学奖的候选人。日本 1 000 日元纸币上的肖像就是野口英世，可见他在日本社会的名声之高。

历史上，日本还有一位先后 4 次被提名为诺贝尔奖候选人的科学家，那就是东京大学医学部教授山极胜三郎。山极长期从事人工诱发癌症的相关研究，在 1925 年、1926 年、1928 年以及去世后的 1936 年，4 次被提名为诺贝尔生理学或医学奖的候选人。

1926 年的诺贝尔生理学或医学奖被授予了丹麦哥本哈根大学的约翰尼斯·菲比格，令人啼笑皆非的是，实践证明菲比格的"癌症寄生虫起源说"完全错误。而后披露的资料表明，当时诺贝尔奖评委会存在种族歧视，山极胜三郎被提名时，评委会有人明确表示："对于东洋人来说，诺贝尔奖显得太早。"如今水落石出，拨云见日，在《大英百科全书》"诺贝尔奖癌症研究"的词条下，只提及山极小组的成就，有关菲比格的文字记载被全部删除。

此外，1927 年前后成功从米糠中提取维生素 B_1（抗脚气的有效成分）

的东京大学农学部教授铃木梅太郎，据说也曾经被提名为诺贝尔生理学或医学奖的候选人。

人才与科技力量的积蓄，也是高速增长的重要条件

日本经济从 20 世纪 50 年代中期进入高速增长，60 年代后增势加快。1964 年举办东京奥运会，同年开通东京到大阪的东海道新干线；1966 年日本的国民生产总值（GDP）超过英国，翌年又超过法国与西德，跃居资本主义世界的第二位。

关于第二次世界大战后日本经济获得迅速恢复和发展的原因，人们通常强调"设备投资""振兴出口"和"产业政策"的作用，其实人才与科技力量的积蓄也是不可或缺的因素。

日本发动的侵略战争，不但给周边国家，特别是中国带来了深重灾难，日本自身也遭到巨大打击。战争结束时，日本的工业生产水平降至战前的三分之一，许多大城市因遭受空袭而化为灰烬。

但是，支撑经济发展的科技人才却基本完整地保存了下来。据日本文部省统计，与第二次世界大战前的 1930 年相比，1945 年日本的大学在校学生人数不但没有减少，反而增加了 40% 以上。

1947 年 8 月，美国科学院考察团应美国占领军的邀请访问日本，曾经对日本的科学技术状况进行了评价，其结论是："在农业、水产业和蚕丝业等日本固有产业领域，日本人不但在实用方法上，而且在应用最新科学成果上，都展现出非凡的技术水平。在这些领域的某些细微之处，他们或许已位于世界前列。"

"在制造业和与理论研究相关的领域，他们在过去 80 年间输入了欧美的技术和思想，取得了显著的进步。但是，对于科学和技术的广泛基础还研究得不够，远远落后于美国和英国。因为科学还被认为是少数特权人物的独占品，所以科学对国民生活的影响受到了限制。"

第二次世界大战后，日本进一步加大了对教育和研究的投资。在摆脱战后的经济困境不久、经济实力尚为单薄的 1954 年，教育经费已占其国民收入的 5.6%，这是一个很高的数字，在同年的美国、英国和西德，这一比率分别为 3.1%、2.7% 和 4.4%。

1969 年日本的研究投资总额约为 1960 年的 5 倍，其在国民收入中所占

比重达到 1.9%，相当于防卫费的 2 倍以上。为了满足企业和研究机构对科技人员的需求，日本政府在 20 世纪 60 年代扩大招收理工科学生，使科技人才急剧增加。

如果说，第二次世界大战刚刚结束时，日本"对于科学和技术的广泛基础还研究得不够"，"科学对国民生活的影响受到了限制"的话；那么，经过经济高速增长、扩大教育与科学研究投资之后，日本的上述弱点在很大程度上得到了克服。

种瓜得瓜，种豆得豆

日本的经验表明，科学技术的发展关键是人才。

人才需要培养，更需要传承，不允许断代。

第二次世界大战后，日本最早获得诺奖的 5 个自然科学家中，汤川秀树、朝永振一郎、福井谦一和利根川进 4 人皆毕业于京都大学，另一位江崎玲于奈虽然毕业于东京大学，但他 5 岁从大阪移居京都，在那儿读完小学、初中、高中。

京都的风水有什么特别之处吗？有人解释，京都作为古都，文化底蕴深厚，适合读书、做学问。除环境育人外，另一点也不能忽视：京都在第二次世界大战中免于轰炸，教育与研究没有中断，保持了连续性。

日本的诺奖得主，除了早期获奖的汤川秀树、朝永振一郎、江崎玲于奈、福井谦一和 87 岁获奖的南部阳一郎以外，都是出生于 20 世纪 30 年代以后，其中，20 世纪 30 年代和 40 年代出生者所占比率最大。

日本的诺奖得主绝大多数有博士学位，对于出生于三四十年代的人来说，六七十年代正是求学深造和从事研究活动的关键时期。

正是在这个时期，中国经历了"十年动乱"。大学停止招生，在校学生"停课闹革命"；在"打倒反动学术权威"的口号下，大批知识分子受到批判，被剥夺工作的机会，甚至被送进监狱和劳改所。

对于这一期间的中国教育事业，国家统计局编写的《新中国五十年》（中国统计出版社 1999 年版）是这样描述的：

"1966 年 5 月至 1976 年 10 月的 10 年动乱，使教育事业遭到了严重破坏。普通高等学校、中等专业学校及部分中、小学中断招生达 4 年之久，砍掉了 106 所普通高等学校。"

"教师队伍受到极大摧残，学校校舍大量被占，教学仪器、设备、图书资料遭到严重损坏，使各级各类学校的教育质量严重下降。"

"'十年动乱'的严重后果，造成了各条战线专门人才短缺、青黄不接的状况，整个民族文化素质大大降低。到 1976 年，普通高等学校在校生仅有 56.5 万人，比 1965 年减少 16%，10 年仅招收本专科学生 90 多万人。"

1977 年秋天，中国恢复了停止十年之久的"高考"（高等院校招生考试），当年有 27 万名青年学子进入大学校园。加上"十年动乱"时期招收的 90 多万本科专科学生（主要为"工农兵大学生"），大学入学人数合计不到 117 万人。

日本的人口只有中国的十分之一，在 1966 年到 1977 年期间，日本的大学入学人数超过 600 万人，仅 1977 年度的在校大学生就达 210 万人（包括短大①），如果加上大学院（研究生院）的学生数，中日两国的差距更大。

距离就是这样拉开的。

那些年，他们都干了什么？

1957 年诺贝尔物理学奖得主杨振宁认为："对于基础科学来说，往往没有预先准备好的方向，但不意味着无须准备，需要在各个学科有扎根于此的科学家，培育起科学的'传统'。"

2013 年诺贝尔化学奖得主、拥有美英双重国籍的迈克尔·莱维特则断言："花 30 年到 40 年的时间，一个基础科学的发现才能够被认可。诺贝尔奖就是告诉大家，一个国家 30 年前或者 40 年前做了什么。"

在中国陷入"十年动乱"的那些年，当时还年轻的日本诺奖得主们都干了些什么呢？笔者按照从近到远的顺序，大致梳理了一下：

——2019 年化学奖得主吉野彰，1966 年考入京都大学工学部，1972 年获该校工学硕士学位。

——2018 年生理学或医学奖得主本庶佑，1967 年考入京都大学研究生院，1975 年获京都大学医学博士学位。

——2016 年生理学或医学奖得主大隅良典，1967 年考入东京大学研究生院，1974 年获东京大学理学博士学位。

————

① 短大，是日本短期大学的简称，一般学制为 2 年或 3 年，相当于国内的大专。

　　——2015 年生理学或医学奖得主大村智，1968 年以题为"关于林可霉素的研究"的论文获东京大学药学博士学位，1970 年又以题为"林可霉素、螺旋霉素以及浅蓝菌素的绝对构造"的论文，获东京理科大学理学博士学位。

　　——2014 年化学奖得主中村修二，1973 年 4 月考入德岛大学工学部电子工学专业。

　　——2010 年化学奖得主根岸英一，1966 年成为美国普渡大学的博士后研究员，指导教授为 1979 年诺贝尔化学奖得主赫伯特·布朗。

　　——2008 年化学奖得主下村修，1965 年 10 月到 1982 年，在美国普林斯顿大学做高级研究员。

　　——2008 年物理学奖得主益川敏英，1967 年 3 月完成名古屋大学研究生院理学研究专业博士课程，同年 7 月就任名古屋大学理学部助教。

　　——2008 年物理学奖得主小林诚，1967 年考入名古屋大学研究生院理学专业，1972 年 3 月获理学博士学位，同年 4 月就任京都大学理学部助教。

　　——2008 年物理学奖得主南部阳一郎，1970 年提出"弦理论"。

　　——2002 年物理学奖得主小柴昌俊，1967 年以题为"超高能现象的统一解释"的论文获东京大学理学博士学位，1970 年 3 月就任东京大学理学部教授。

　　——2001 年化学奖得主野依良治，1967 年获京都大学工学博士学位，次年 2 月就任名古屋大学理学部副教授。

　　——2000 年化学奖得主白川英树，1966 年完成东京工业大学研究生院博士课程，成为该大学资源化学研究所助教。

　　——1987 年生理学或医学奖得主利根川进，1968 年在美国加利福尼亚大学完成博士课程，获分子生物学博士学位。

　　纵观日本 24 名自然科学领域诺奖得主（其中两人后来加入了美国籍），如果没有二十世纪六七十年代的学习和研究经历，至少上述 14 位的人生轨迹会发生巨大变化，从而导致他们与诺贝尔奖无缘。

　　截至 2019 年，日本在自然科学领域的获奖人数仅次于美国、英国、德国、法国，在世界排名第 5 位。如果没有上述 14 位获奖，那么日本的排名则会被瑞典、瑞士、俄罗斯、荷兰和加拿大超越，而降到第 10 位。

日本的焦虑："太阳旗还能打多久？"

21 世纪以来日本人"井喷式"获诺奖，在让扶桑列岛欢欣雀跃的同时，"太阳旗还能打多久？"的焦虑也与日俱增。这种焦虑散见于报端网络；如"消失的科学家""得不到诺奖的日本""科学立国的危机"等醒目标题，也纷纷登上书籍的封面。

如果说获奖的研究成果从完成到实际获奖，平均有 25～30 年间隔的话，那么 21 世纪以来日本人获得诺奖，其实是对数十年以前的成果的表彰。

未来日本能否继续"大面积"获奖，应该由现在的状况所决定。从目前的状况看，一般认为今后持续"大面积"获奖的可能性非常低。原因在于日本科学技术水平的严重下降。英国科学杂志《自然》在 2017 年 3 月号里指出：日本科学论文数量的份额在逐步下降，表明日本科学研究的能力正在失速。

作为判断各国科学技术能力的指标，通常使用论文数量、"高被引用论文"数量和大学排名榜等。据日本文部科学省科学技术·学术政策研究所调查，1995—1997 年日本发表的论文数量仅次于美国，位列世界第 2 位，但是到了 2015—2017 年，则被中国、英国和德国相继超越，滑到了第 5 位。

被引用次数排名前 10% 和前 1% 的论文，被称为"高被引用论文"。日本 1995—1997 年被引用次数排名前 10% 和前 1% 的论文数量，分别居世界的第 4 位和第 6 位，2015—2017 年，则分别跌至第 11 位和第 12 位。

与此同时，日本的大学在世界的排名也呈下降趋势。英国教育专门杂志《时代高等教育》的"世界大学排行榜"显示，日本最有代表性的大学——东京大学和京都大学，在 2014—2015 年的排名分别为第 23 位和第 59 位，2018—2019 年，则降至第 42 位和第 65 位。

人们担心，硕士与博士学位获得者的持续减少，会造成科技研究人才的青黄不接，后继乏人。据日本文部科学省调查，2008—2014 年期间，除日本以外的主要国家，每 100 万人口取得研究生学位数都有明显增加，其中，中国取得硕士学位的人数增加 55.5%，美国增加 12.5%；每 100 万人口取得博士学位人数，韩国增加 46.1%（2017 年数据），英国增加 23.4%。在同一期间，日本每 100 万人口取得硕士学位的人数减少 2.4%，取得博士学位人数则减少近 10%。

　　日本面临的另一个问题是，海外留学人员减少，高等教育出现"孤岛化"现象。据经济合作与发展组织（OECD）等机构统计，日本的海外留学人数 2004 年达 8.3 万人，2011 年降至 5.7 万人，7 年时间减少 2.55 万人。最近几年，基本维持在 5.5 万人左右。

　　日本学术界最为忧心忡忡的，还是研究经费日渐减少、基础研究投入不足。自 20 世纪 90 年代以来，随着泡沫经济的崩溃，日本经济持续低迷，教育与研究预算一减再减。许多"旱涝保收"的国立大学都显得捉襟见肘，力不从心。一些私立大学的窘境就更不用说了。许多从事研究的教授被迫放下正业，忙于"创收"。

　　比如，2012 年生理学或医学奖得主、京都大学 iPS 细胞研究所所长山中伸弥教授，为了养活自家庞大的研究团队，不得不把一半的时间花在筹措经费上，包括每年参加各地的马拉松赛，他坦言，就是为了公开募捐。

"中国大有希望"，但是"需要耐心"

　　与日本科学研究能力走下坡路形成鲜明对照的，是中国科学研究能力的抬头。据日本文部科学省科学技术·学术政策研究所调查，1995—1997 年，中国发表的论文数量仅占世界总量的 2.5%，位居世界第 11 位；但 2015—2017 年，中国的份额提高到 21.3%，排名提高到仅次于美国的世界第 2 位。

　　1995—1997 年，中国被引用次数排名前 10% 和前 1% 的论文数量，分别占世界总量的 1.3% 和 0.9%，分别为世界第 16 位和第 17 位；2015—2017 年，中国的上述比率分别升至 24.5% 和 26.2%，跻身仅次于美国的世界第 2 位。

　　在《时代高等教育》（*The Times Higher Education*）的"世界大学排行榜"中，中国的北京大学和清华大学，2014—2015 年分别居第 48 位和第 49 位，2018—2019 年，则升至第 31 位和第 22 位，双双超过日本的东京大学和京都大学。

　　中国留学生源源不断地涌进欧美著名大学，每年都有大量留学生学成归国，此事引起了日本社会的密切关注。对于许多日本人来说，"海归"一词已变得耳熟能详。

　　国际上有人测算，诺奖获得者数量与被引用次数排名前 10% 和前 1% 的"高被引用论文"数量之间存在着密切的正向关系。有人按照 2015 年的数据推断，2040 年以后日本可能平均每 5 年有 1 人获奖，而中国则可望接棒日本出现"井喷式获奖"。

日本人的忧患意识是举世闻名的，有时明明没有危机，也要人为地制造出耸人听闻的危言，诸如"日本沉没""日本崩溃"之类，前者还被拍成了电影。据此推测，上述由日本文部科学省科学技术·学术政策研究所整理出的数据，既是警钟长鸣，也不排除含有煽动危机意识，争取政府预算的良苦用心。

不管怎么说，中国未来在诺奖赛场上的地位肯定会发生重大变化。中国有许许多多才华横溢、刻苦奋斗的科学家。中国中医科学院研究员屠呦呦就是一例，她在"十年动乱"中的1972年，成功开发出治疗疟疾的药物青蒿素，挽救了全球（尤其是发展中国家）数百万人的生命，为此获得了2015年的诺贝尔生理学或医学奖。

研发青蒿素，当初属于援越战备紧急军工项目，有来自全国几十个单位的数百位专家参与其事。这项研究从圆满完成到捧回诺贝尔奖杯整整间隔了43年。

2019年10月29日，在第二届世界顶尖科学家论坛上，2001年度诺贝尔化学奖得主、中国科学院外籍院士野依良治教授，在谈到中日科研的差异时说："实际上，我对中国未来的科学研究和发展更加乐观。""中国的科学研究大有希望，你们未来会有自然科学领域的诺贝尔奖获得者，也会有更多的科学家得到全世界的认同，现在你们需要耐心点"。

野依良治教授所言甚是。中国人需要努力，也需要耐心，该来的，总归会来。"一分耕耘，一分收获"，"种瓜得瓜，种豆得豆"，不仅适用于日本，也适用于中国。

第二章

大学是赛场，教授是选手

争夺诺贝尔奖的"赛场"，比的是大脑、知识和智慧，大学教授等职业科学家是参赛"选手"，诺贝尔奖得主辈出亦为大学获得"世界杯"。

京都大学 PK 东京大学：京都大学为什么强？

诺贝尔奖以宁缺毋滥为原则，规定每年每个领域的获奖者不超过三人，竞争激烈自不待言。如果把争夺诺贝尔奖比作赛场的话，这个赛场比的是大脑、知识和智慧，参赛选手则是大学教授和研究机构的专业研究者等职业科学家。

在这个赛场上胜出，不仅是获奖者的荣誉，也是获奖者学习和供职的大学及研究机构的骄傲。

大学是科学家的摇篮，诺贝尔奖得主辈出的大学都是世界上的顶尖大学，诺贝尔奖得主辈出也是大学获得的"世界杯"。

从 1901 年到 2019 年，产生诺贝尔奖最多的 10 所大学，全部集中于欧美国家，依次为美国哈佛大学（160 人）、英国剑桥大学（120 人）、美国加州大学伯克利分校（107 人）、美国芝加哥大学（100 人）、美国哥伦比亚大学（96 人）、美国麻省理工学院（96 人）、美国斯坦福大学（83 人）、美国加州理工学院（74 人）、英国牛津大学（72 人）、美国普林斯顿大学（68 人）。

日本大学产生的诺贝尔奖数目虽然无法与欧美的顶尖大学相比，在亚洲却处于遥遥领先的地位。其中京都大学（19 人）和东京大学（16 人）分别排名为亚洲第一和第二，以色列的希伯来大学（15 人）排名亚洲第三，名古屋大学（6 人）与以色列的魏兹曼研究所并列亚洲第四。

各大学拥有的诺奖数，由毕业生（攻读学士、硕士、博士学位的正式生，不包括短期听课生和交换留学生）、长期教职员及短期教职员三部分组成。除了自然科学领域外，还包括文学奖、和平奖、经济学奖。

文学奖、和平奖与经济学奖是美英顶尖大学的强项，特别是经济学奖，几乎被美英的大学垄断。如果只看自然科学领域的奖杯，京都大学与美英大学的差距已越来越小。

京都大学与东京大学相比，前者在自然科学领域优势明显。本科毕业于东京大学与京都大学的诺奖得主各为 8 人，毕业于京都大学的 8 人全部属于自然科学领域，而东京大学在自然科学领域的获奖者只有 5 人，另有 2 个文学奖（川端康成与大江健三郎）、一个和平奖（佐藤荣作）。

在物理学、化学与生理学或医学三个自然科学领域，为日本打响夺奖第一炮的全部毕业于京都大学，分别为汤川秀树（也是日本首位诺奖得主）、福井谦一和利根川进，其中汤川和福井获奖时的身份还是京都大学教授（利根川进获奖时为美国麻省理工学院教授）。

　　1973 年物理学奖得主江崎玲于奈，是从"三高"（旧制第三高等学校）考进东京大学的，而"三高"为京都大学综合人间学部的前身，江崎也算是京都大学的校友。

　　从获奖时任职的大学来看，东京大学 2 人，名古屋大学 3 人，京都大学则为 5 人。2008 年物理学奖得主小林诚（本科名古屋大学），获奖时的头衔为高能加速器研究机构名誉教授，原来也是京都大学理学部的教师。

　　京都大学 PK 东京大学，京都大学在本科毕业生数和专职教师数方面都领先于东京大学。那么，京都大学的优势来自何处呢？

　　有人说，京都大学顶级科学家辈出，源于它的"自由学风"。2008 年物理学奖得主益川敏英（京都大学名誉教授）认为："在京大可以不是根据政策，而是自主地进行研究""自由的氛围、独立的研究方法有助于产生诺贝尔奖"。

　　京都大学校长山极寿一说，京都大学有一个传统，即"不让学生称教授为'先生'"，理由是："教授不是学生顶礼膜拜的对象，而是应该逾越的存在。学生须与教授对等交锋，不能囫囵吞枣地相信教授的学说。只有跳出教授的研究领域、开拓新疆场，才能产生出新的研究。"

　　2018 年生理学或医学奖得主、京都大学特别教授本庶佑，把京都大学的这个传统概括为"与其第一，不如唯一"。

　　京都大学的这个传统，与诺贝尔奖要求"开创性研究"的原则如出一辙。

　　京都大学的天时、地利也不容忽视。有人指出：作为千年古都，它文化底蕴深厚，尊重知识、尊重人才，适宜读书做学问；作为第二次世界大战期间受到特别保护的城市，免于战火蹂躏，教育与研究得以连续，也是一个重要因素。

　　1949 年物理学奖得主汤川秀树，高中（"三高"）与大学（京大）都是在京都就读。他在自传《旅人》中回忆，京都人对于京大和"三高"的学生关爱有加。学生时代与同学去餐馆吃饭，曾经出现钱不够、结不了账的尴尬，店主人竟然大方地摆手，说："算了，算了，等你们将来发达时再还吧！"

　　京都大学还有一个特点：胸怀宽广，善于引进外部人才，特别是高端人才。2012 年生理学或医学奖得主山中伸弥、2008 年物理学奖得主益川敏英与小林诚，都是毕业于名古屋大学，后来到京都大学任教的。山中伸弥在获奖时的身份为京都大学教授、iPS 细胞研究所所长，益川敏英在京都大学还担任过汤川秀树纪念馆馆长。

国立大学 PK 私立大学："国强私弱"，"旧帝大"卓荦冠群

日本的大学有国立、公立（地方政府设立）和私立之分，在数量上，私立占近 80%，国立约占 11%；在学生人数上，私立占 70% 以上，国立约占 21%。

日本 24 个自然科学领域的诺奖得主（包括日系美籍的南部阳一郎和中村修二），本科全部毕业于国立大学，无一例外。就连中国人熟知的、有日本"私立大学双雄"之称的早稻田大学、庆应大学，迄今仍与诺奖无缘。

上述 24 个诺奖得主，有 23 人读过大学院（研究生院），其中，21 人读的是国立大学的大学院，在公立大学和私立大学接受大学院教育的，只有山中伸弥（大阪市立大学）和大村智（东京理科大学）两人。这种情况，在日本被称为"国高私低"，或者"国强私弱"。

在日本，凡是被政府承认的正规大学都能够得到政府的资金援助，没有纯粹的所谓"民营大学"。但是，政府的资金投入绝非一视同仁，中央政府对国立大学的资金投入要远远大于对私立大学的投入（公立大学由地方政府资助）。因为有国家投资，国立大学可以开设需要大量资金的理工农医学科。

国立大学的运营经费主要来自政府预算，所以其学费水平明显低于私立大学，其文科系学费平均比私立低近 40%，理科系和医学系更分别只有私立大学的 1/2 和 1/6。

私立大学的学费，文科与理工科不同，理工科的学费要比文科高许多，而国立大学的学费则不分文科与理工科。据统计，私立理工科 4 年学费平均合计 500 多万日元，国立理工科则与文科一样，大约只有私立理工科的一半。

因此，一般家长都希望自己孩子能考上国立大学。对于学生来说，特别是对于"理工男"来说，国立大学很有吸引力，考上国立大学就相当于对父母尽"孝心"（省钱）。国立大学凭其得天独厚的优势，可以设定比较高的录取分数线和比较多的考试科目，这对提高学生质量、确保学生的基础知识扎实具有重要意义。

　　日本共有 80 多所国立大学，遍布全国所有都道府县，其中最耀眼的是包括东京大学、京都大学、东北大学、九州大学、北海道大学、大阪大学和名古屋大学在内的 7 所"旧帝国大学"。

　　在日本 24 名诺奖得主（包括两名日系美籍人）中，18 人本科毕业于"旧帝国大学"，所占比率达 75%；至于菲尔兹奖、高斯奖、奥尔夫奖等国际学术大奖，日本的获奖者则全部是"旧帝国大学"出身。

　　"帝国大学"，是根据 1886 年（明治十九年）公布的"帝国大学令"创建或改称的，一开始就被定位为日本"最高的国立高等教育机关"（最高学府）和研究机关，目的为"培养引领日本发展的精英"。这些大学地位特殊，大正时代（1912—1926 年），各系科最优秀的学生毕业时都可以得到天皇赏赐的银钟。

　　第二次世界大战后，"旧帝国大学"虽然名称有变，但是地位没变，依然是政府资助的重点。在国立大学的研究费排名中，7 所"旧帝国大学"垄断了前 7 名。为了打造世界一流大学，2017 年以来，文部科学省先后指定 7 所国立大学为"可望开展世界最高水平的教育研究活动的国立大学法人"（简称为"指定国立大学法人"），"旧帝国大学"中有 5 所入围（东京大学、京都大学、东北大学、大阪大学和名古屋大学）。

　　比较丰沛的研究经费，使国立大学，特别是东京大学等名校有能力挑战私立大学无力挑战的课题。比如，东京大学在岐阜县建设的大型中微子探测器——超级神冈探测器，就让东京大学在天体物理学领域相继拿下了两个诺贝尔物理学奖：一个是观测到基本粒子中微子的小柴昌俊（2002 年），另一个是发现中微子存在质量的梶田隆章（2015 年）。

　　超级神冈探测器位于岐阜县飞弹市神冈町的一个深达 1000 米的废弃砷矿里，从征地到建设耗资巨大。小柴师生的发现，尽管通过"开创全新的天文学领域"，对人类认识世界颇有裨益，但其实际应用价值尚处于"摸索中"。这种设施，除了东京大学，其他大学是无法办到的。

研究者须是"一国一城之主"

　　自然科学领域的诺贝尔奖，只授予在物理学、化学和生理学或医学方面有"开创性研究成果"的人。所谓"开创性研究"，必须是踏前人所未踏，以不确定性为基本特征的研究。2001 年诺贝尔化学奖得主野依良治说："意想不到的发现，可以带来科学的进步。"

这种"开创性研究"，需要自由的研究环境。日本的自然科学研究机构大体分为三类，一是大学的研究室或实验室，二是政府系统的研究所或实验室，三是企业的研究所（室）或实验室。一般说来，只有大学的研究室或实验室，可以不带目的、自由地进行研究；而政府系统和企业的研究所（室）或实验室，通常都带有很强的目的性。

野依良治认为："国家实验室通常会考虑完成国家战略任务，企业出资的实验室则通常会为利益服务，但真正的科学研究应该是自由的，没有这些目的性，所以我认为学校的实验室应该保持自治和自由，以自由来驱动科学研究。只有这样，科学研究才有希望。"

值得注意的是，日本的国立大学比日本的私立大学，甚至比美国的大学更有自治权。包括东京大学和京都大学在内的国立大学，其校长（东京大学和京都大学称总长）都是通过自由选举产生。有的私立大学不搞选举，而由理事会推荐，透明度低于国立大学；公立大学的校长多为地方政府首长任命。

日本的大学制度，是引入德国洪堡大学的前身——柏林大学的创办人洪堡开创的"教研合一"和"学术自由、教学自由、学习自由"理念建立起来的。鉴于第二次世界大战后期军国主义对大学的控制造成的恶劣影响，二战后在推进教育改革时尤为重视确保"学术自由"和"大学自治"。

1946 年 11 月公布的新宪法明确规定"保障学问自由"；1947 年制定的《教育基本法》规定，"教授会为大学管理运营的中心机关"；1949 年制定的《教育公务员特例法》规定，大学的校长与教职员的录用、升职考核、调职、降职、惩戒的审查等都由大学的管理机关进行。

对于上述理念，国立大学贯彻得尤为彻底。东京大学把"自由、自律、自治"写入大学"宪章"，强调"崇尚自主创新的研究活动、追求世界最高水平的研究"；京都大学则把"自由学风""研究自由和自主"列为校训。

"研究自由和自主"，包括研究内容的自由选择，以保持研究的独立性，不为某种特定的政策服务。近年来，日本防卫省以提供研究费为诱饵吸引大学的研究者参与军事技术研究，面对"学术和军事再次接近"的动向，京都大学重申"不进行军事研究"的方针，要"继承创立以来的自由学风"，"以研究自由和自主为基础，从事具备高度伦理性的研究活动，为世界的和平与共存做出贡献"。

　　大学在自然科学领域的研究，一般是以研究室（实验室）为单位进行的。2014年物理学奖得主天野浩说，研究者须是"一国一城之主"。这个"一国一城之主"，其实就是研究室（实验室）之主，可以自由地选题，自由地决定研究的进程，自由地使用获得的研究资金，以及自由地选择研究助手。

　　对于政府系统和企业的实验室来说，这种研究的自由也是进行"开创性研究"必不可少的条件。1965年物理学奖得主朝永振一郎，在量子电磁力学领域取得重大成就。一般认为，正是理化学研究所（理研）的仁科（芳雄）研究室引领朝永走上了物理学研究之路，并在那里打下良好基础。

　　朝永在理化学研究所得到"日本现代物理学之父"仁科芳雄的直接指导，仁科研究室以及理化学研究所拥有的自由氛围使年轻的朝永初露头角。据朝永回忆，在仁科研究室，不管地位高低，都可自由地发表意见参加学术讨论；比起讲究论资排辈的大学，仁科研究室简直是"科学家的自由乐园"。

　　在日本的诺奖得主中，开发锂电池的吉野彰（2019年化学奖得主）、发明对生物大分子的质谱分析法的田中耕一（2002年化学奖得主）以及开发蓝色发光二极管（LED）的中村修二（2014年物理学奖得主）都出身于民间企业。

　　对于企业的研究人员来说，自由与宽松的环境也很重要。据日本有关专家分析，吉野彰等人的研究成果都是在20世纪80年代到90年代取得的，那时日本企业资金比较充裕，研究环境比较宽松。吉野彰供职的旭化成和田中耕一供职的岛津制作所，都是全国性的大企业，技术开发人员有相当大的自由。吉野彰在取得硕士学位后进入旭化成，从第二年开始探索性研究，每个课题为期两年，最初三个课题连续失败。作为第四个课题的锂电池开发虽然获得了成功，但是最初数年也完全没有效益。

　　有人统计，诺奖得主着手进行获奖项目的研究时的平均年龄为三十多岁。吉野彰认为，这种现象是有原因的，原因之一就是这个年龄段最为自由而少束缚。一般来说，三十多岁的人会有一定的权限，可以自己做主，万一失败了还来得及东山再起；这个年龄段，一般还没有承担很大的责任，顾忌少，胆子大，挑战精神强。

一介工薪族也可以问鼎诺奖

　　每年的10月初，就有人翘首以待来自斯德哥尔摩的电话。很多时候，这个电话可能是意想不到的。诺贝尔奖的评选结果一旦决定，诺贝尔财团便直接给获奖者打电话，内容有两个：一是通知获奖，表示祝贺；二是确认是否接受，如果接受，10 分钟后将正式在网页上公布。

据说多数获奖者对于获奖都有一定思想准备，并不感到意外。但是，有的诺贝尔奖得主确实感到出乎意料。2002 年化学奖得主田中耕一就是典型的例子。

据田中回忆，他接到电话时只听懂 "Nobel"（诺贝尔）和 "congratulation"（恭喜）两个单词，根本没有往诺贝尔奖上想，最后是出于礼貌地说了句 "Thank you"（谢谢）——这个 "Thank you" 很重要，表明他同意接受了。

对于获得诺贝尔奖，田中不但感到意外，还困惑了相当长一段时间："为什么把诺贝尔奖授给我？"

田中的困惑之一，是诺贝尔奖应该是授给基础研究的，而他的研究只是一种发明。田中把他的疑问直接发给诺贝尔基金会，得到的回答是：诺贝尔奖非常重视重大发明，诺贝尔本人就是一个发明家。

田中的另一个困惑，是诺贝尔奖获得者都是大学教授或者是名誉教授，自己是民间企业的工程师，连硕士学位都没有的一介 "上班族"。与田中同年获得诺贝尔物理学奖的小柴昌俊，获奖时的头衔是东京大学名誉教授。在日本，名誉教授通常是大学授予对大学的研究和教育做出突出贡献的资深退休教授的称号。

其实，日本的诺贝尔奖得主中，任职于企业者并非始于田中耕一。1973 年荣获物理学奖，从而成为日本第四位诺贝尔奖得主的江崎玲于奈，也是任职于企业的技术人员。江崎从东京大学理学部物理学科毕业后，先是进入制造真空管的神户工业，后来跳槽到东京通信工业（索尼的前身）从事半导体技术研究。

江崎玲于奈因在半导体中发现电子的量子穿隧效应而获奖，获奖时的头衔虽然是美国 IBM 沃森研究所研究员，但是其业绩则是在他任职东京通信工业时完成的。江崎虽然没有在大学当过教授，但是在获奖后却得到了一系列学术荣誉，不但当上了日本学士院会员和全美科学院外国会员，还先后担任过国立筑波大学和私立的芝浦工业大学、横滨药科大学的校长。

2014 年，美国加利福尼亚大学圣塔芭芭拉分校教授中村修二（2005 年加入美国籍），因为成功开发高亮度蓝色 LED 而获得物理学奖。其实中村修二原来是德岛县内的日亚化学工业的技术人员。他从德岛大学研究生院毕业后就到日亚化学工业从事技术开发，他的获奖成果就是在他任职日亚化学工业时完成的。

2019 年化学奖得主吉野彰，与田中耕一的情况更为相似。吉野彰从京都大学工学研究科修完硕士课程后就进入旭化成从事研究开发，并在那里发明了后来成为获奖成果的锂离子电池。同田中一样，吉野获奖后的记者招待会也是在公司举行的。吉野在旭化成退居二线担任顾问后，才开始到九州大学和名城大学当客座教授及教授。

值得注意的人群：企业里有大科学家

一般认为，今后在日本企业的技术人员中还会出现诺奖得主。被认为有希望获得诺奖的 21 位日本科学家中，至少有 3 位曾是企业的技术人员，他们是：大同特殊钢公司的佐川真人（发明钕磁石）、东芝公司的水岛公一（开发锂离子电池）和索尼公司的西美绪（开发锂离子电池）。

日本民间企业的技术人员问鼎诺奖，与日本企业重视包括基础研究在内的科学研究有关。

从 20 世纪 60 年代初期开始，日本的制造界企业兴起"中央研究所"热。当时日本经济进入高速增长时期，企业资金充裕，许多企业为适应技术革新时代的到来，而设立或改名为"中央研究所"或"技术研究所""基础研究所"等研究机构。

建立研究机构的企业，涵盖食品工业、化学工业、钢铁业和机电工业等日本的主要产业部门。过去，日本企业内部也有从事研究的部门，一般都隐身幕后，20 世纪 60 年代起，这些部门堂堂正正地走上前台，成为宣示企业实力和产品优良的亮丽"名片"。

日本民间企业建立研究所的历史，甚至可以追溯到第一次世界大战期间。据记载，日本民间企业建立的第一个附属研究所，是丸见屋商店（三和肥皂）在 1915 年建立的化学研究所，其后又陆续建立了盐见理化研究所（1916 年）、旭玻璃研究所（1918 年）和八幡制铁研究所（1919 年）等。住友家族在 1916 年曾经向"东北帝国大学"（现在的东北大学）的"临时理化学研究所"捐款，设立了"理化学研究所二部"（后来发展为东北大学金属材料研究所）。

放眼世界，诞生诺奖得主最多的民间企业，大概非贝尔实验室莫属。以电话发明人贝尔的名字命名的贝尔实验室，属于美国的民间企业，其业务涵盖基础研究、系统工程和应用开发。自 1925 年成立以来，其凭丰富的人才资源，共获得 2.5 万多项专利和 8 个诺贝尔奖，其中物理学奖 7 个、化学奖1 个。

在新技术革新汹涌澎湃的大潮中，许多中国企业正在阔步迈进先进技术型企业行列，其中华为就是个典型。在华为全球 18 万员工中，研究人员占到 45%，每年的研发包括基础研究的投入占销售额的 15% 左右。

华为老总任正非表示，华为应至少拥有由 700 多个数学家、800 多个物理学家、120 多个化学家以及数万名工程师构建的研发系统。若干年后，从这些科学家和工程师中，产生 1 个或数个诺奖得主应该不是梦。

是"学霸"，又不是"学霸"：落榜生和留级生也能走向辉煌

参加争夺诺奖的选手，大都是专业队的正式队员。所谓专业队的正式队员，就是大学或者研究机构（包括企业的研究机构）的专业研究人员。成为专业队的正式队员的基本条件之一，就是要接受系统的教育，即通常所说的高学历。

截至 2019 年 10 月，日本在自然科学领域共有 24 人（包括两个日系美国人）获得诺奖，其中 23 人拥有博士学位。2002 年物理学奖得主小柴昌俊和 2015 年生理学或医学奖得主大村智，分别拥有两个博士学位（双博士），没有博士学位的只有 2002 年化学奖得主田中耕一。田中在获得诺贝尔奖后，他的母校（东北大学）授予他名誉博士称号。

值得注意的是，在上述 23 个博士中，只有小柴昌俊和 1987 年生理学或医学奖得主利根川进两人，属于在国外取得博士学位然后回国工作的"海归"。其中，小柴除了在美国罗切斯特大学获得博士学位，在母校东京大学也获得了理学博士学位。2010 年化学奖得主根岸英一，在美国宾夕法尼亚大学取得博士学位后，一直在美国的大学（希拉克斯大学及普渡大学）任教，获诺贝尔化学奖时仍为日本国籍。

日本的诺奖得主学历还有一个特点，即多数毕业于名校。上述 24 个诺奖得主，有 18 人本科毕业于"旧帝国大学"，单是毕业于东京大学与京都大学的就有 13 人，占比超过半数。迄今日本还有两人获得文学奖（川端康成与大江健三郎），一人获得和平奖（佐藤荣作），这三人全部毕业于东京大学。

从趋势上看，日本的诺奖得主毕业的大学有多样化倾向。2002年以前，日本的诺奖得主几乎由东京大学和京都大学的毕业生垄断。2002年以后，东北大学、名古屋大学和北海道大学等其他"旧帝国大学"出身者开始冒头。2014年以来，又扩大到了德岛大学、山梨大学和埼玉大学等普通地方性公立大学（德岛大学毕业的中村修二自嘲为"三流大学"）出身者。

从诺奖得主的高学历，又毕业于名校这一角度来看，他们可称为"学霸"。然而，他们之中有人落过榜，有人留过级，有人中小学以及大学成绩不佳。一路走来，步步生辉，科科高分，这样的"学霸"几乎没有。

日本把考大学落榜而准备再考的人称为"浪人"，落榜一次称为"一浪"，落榜两次称为"二浪"。日本的诺奖得主，不但有"一浪"，还有"二浪"以及"一浪一留"（落榜一次、留级一次）和"二浪一留"（落榜两次、留级一次）。

2000年化学奖得主白川英树，1955年岐阜县立高山高中毕业，连续两年高考落榜，1957年第三次挑战，考入国立东京工业大学理工学部化学工学专业。

1987年生理学或医学奖得主利根川进，1958年东京都立日比谷高中毕业，第一次高考出师不利，翌年考进京都大学理学部。

2002年化学奖得主田中耕一，1978年考进东北大学工学部，因为德语学分不够，留级一年。

2001年化学奖得主野依良治，小学时的成绩为"可"或者"良下"，属于"优""良上""良下""可"四等中的后两等。

2015年物理学奖得主梶田隆章，埼玉县立川越高中毕业时的成绩属于中下等，在405名毕业生中排名第250。县立川越高中是传统名校，中下等成绩也能考上一般国立大学。

有意思的是，这些信息多为他们本人"坦白交代"，而非由他人"揭发检举"。

2002年物理学奖得主小柴昌俊，在获奖后曾向媒体公开读东京大学时的成绩单，16门课程中有4个"可"（包括原子物理学）、10个"良"，只有两个"优"（"物理实验1"和"物理实验2"）。

小柴在东京大学物理学部毕业后，利用赫伯来特奖学金到美国罗切斯特大学读博士课程。申请奖学金时的推荐信，是小柴求当时物理学界的权威朝永振一郎教授（后来获诺贝尔物理学奖）给写的。小柴本人起草的推荐信赫然写着：本学生"成绩不佳，但不是笨蛋"。据说朝永苦笑着签了字，正是这封推荐信把小柴送进了罗切斯特大学。

"没有失败的人生，才是失败"

日本有句格言："没有失败的人生，才是失败。"那些经历过挫折的诺奖得主，似乎都坚信这句格言，懂得"在哪里跌倒，就在哪里爬起"。

小柴昌俊初中毕业后挑战两年考入旧制一高（相当于东京大学预科），入学后因打工过多，成绩不佳。但是，在听到老师私下说他"物理成绩差，不会报考物理学部"后发奋努力，最后硬是考取了东京大学物理学部。

小柴在美国罗切斯特大学留学时津贴很少，生活艰苦，后来听说拿到博士学位成为"博士研究员"后可以使收入翻番，于是发愤花1年8个月取得博士学位。据说这个纪录至今还没有被打破。

梶田隆章考进埼玉大学，起初也"不大努力"，进入东京大学研究生院，将研究基本粒子物理定为自己的"道路"后，才心无旁骛，十几年如一日地潜心研究，最终取得成果。

那些诺奖得主，似乎与"科科高分"无缘。2014年物理学奖得主、蓝色发光二极管的开发者中村修二，就属于不是"科科高分"的类型。中村"从小就喜欢理科，也很擅长"，讨厌死记硬背的科目。他之所以报考德山大学工学部，最大的理由是"文科成绩不行"，而德山大学判分时重视理科。

小柴昌俊读东京大学时的成绩平平，甚至属于"勉强升级"，但是"物理实验1"和"物理实验2"为"优"，显示出实验动手能力强的天分。正是这种能力使他走进了诺奖殿堂。

2008年物理学奖得主益川敏英，从小被称为"神童"，但他对知识的好奇心"缺乏平衡"，不感兴趣的东西一概不做，包括做作业。据说老师经常为此把家长叫到学校，但还是改不了。

现在日本的学校教育，很看重"平均分数"，往往把"科科高分"推崇为"平衡的优等生"。2001年化学奖得主野依良治教授（曾任日本政府"教育再生会议"会长），对于看重"平均分数"的评价方式很不以为然，认为会抹杀学生的创造性。

他们不是书呆子，甚至堪称体育健将或文艺天才

提到科学家，年长一点的中国人可能会想起中国数学家陈景润的形象——确切地说，应该是作家徐迟笔下的陈景润形象。

四十几年前的 1978 年，徐迟发表了一篇轰动全国的报告文学《哥德巴赫猜想》，使数学奇才陈景润一夜之间街知巷闻、家喻户晓。徐迟笔下的陈景润，"废寝忘食，昼夜不舍"，"一心一意地搞数学，搞得他发呆了"。当时传出陈景润许多不食人间烟火的"笑话"，被渲染成一个"科学怪人"。

但是，翻看日本诺奖得主的传记，发现他们并不是书呆子。许多诺奖得主爱好广泛，堪称体育健将或文艺天才。

日本的各级学校都设有各种俱乐部（或称"同好会""爱好会"等），对体育或文化等有兴趣的学生可自愿参加。一般来说，男学生喜欢参加体育方面的俱乐部，日本的诺奖得主在学生时代也是如此。

2015 年生理学或医学奖得主大村智，高中时代热衷于体育运动，曾担任滑雪队和乒乓球队的队长，在山梨县主办的滑雪锦标赛中曾获得高中部的第三名。

2001 年化学奖得主野依良治，初、高中时代参加柔道部，对于练习柔道十分热衷。野依用"文武两道"来概括初、高中生活，自认"相对于学习成绩，似乎对腕力更有自信"。上大学以后，野依又积极参加棒球队的活动。

2015 年物理学奖得主梶田隆章，从高中开始热衷于弓道社团活动。埼玉大学三年级时担任过弓道部副将，后来的妻子便是当时弓道部的"战友"。获奖后，梶田曾接受中学生记者的采访，当问到"您是如何实现学习与俱乐部活动两不误"时，梶田竟然回答："好像没有两不误的问题，因为我更重视俱乐部的活动。"

2012 年生理学或医学奖得主山中伸弥，中学时代的爱好是柔道，因为经常骨折，大学便改为练跑步。他在奈良先端大学工作时，每天早上在校内跑；转到京都大学后，则改为午休时间跑。他原来跑马拉松是为了锻炼身体，后来当上京都大学 iPS 细胞研究所所长，跑马拉松成为筹措研究资金的募捐活动。他多次参加京都、大阪以及大分等地举办的马拉松大会，连续刷新自己的纪录。

日本首个诺奖得主汤川秀树，本身是个物理学家，但从小博览群书，爱

好广泛，文学才能出众，尤以擅长写"短歌"（五句体的日本传统诗歌"和歌"）闻名。汤川写的"短歌"水平很高，20 世纪 50 年代中期，曾参加皇室举办的新春"宫中歌咏会"。汤川还擅长书法，现在京都的梨木神社以及广岛和平公园都设有汤川的歌碑，汤川为人挥毫时常写引自《庄子·秋水篇》的"知鱼乐"。

1981 年化学奖得主福井谦一也以兴趣广泛闻名。初中时代的福井热衷于观察昆虫，是学校"生物俱乐部"成员，喜欢读法布尔的《昆虫记》；高中时代练习剑道，尽管从小身体病弱，但钻研战法不落人后。

福井在大学时代迷上外国电影，同一片子经常连看两场，喜欢的片子可以看上十遍。福井曾经是个"文学青年"，读过《夏目漱石全集》，对于《论语》中的"学而不思则罔，思而不学则殆"有着独特的理解。

第三章

京华之外多硕才，他们曾是"苦学生"

日本的诺贝尔奖得主多出身于"小地方"，绝大多数毕业于地方的公立高中；从小接触大自然，培养了他们的好奇心；没有"高考移民"和"学区房"的教育公平功不可没。

"小地方"出大科学家，地方高中"完胜"首都高中

日本的诺奖得主，本科无一例外全部毕业于国立大学，而且集中于东京大学和京都大学等"旧帝国大学"。那么他们念的高中又有什么特点呢？

诺奖得主念的高中，特点也很突出，可归纳为"一多""二少"。

"一多"，就是绝大多数毕业于地方的公立高中（占近九成）；"二少"，则是毕业于私立高中的少（只有 2 人），毕业于首都东京高中的少（只有 1人）。

与大学一样，日本的高中也分为公立、私立与国立三种，其中公立高中数量最多，次之为民营的私立高中。国立高中属于凤毛麟角，一般都是国立大学的附属高中，类似中国的国企出资设立的企业也属于国企一样。

公立高中一般为一级行政区——都道府县（相当于中国的省、市、自治区）设立的，东京都称之为"都立"，北海道称之为"道立"，大阪府和京都府称之为"府立"，一般的县称之为"县立"。

在日本，高中教育不属于义务教育，需要交学费。据日本文部科学省调查，私立高中的学费平均为公立高中的 2.5 倍，东京都内两者则相差 4 倍。国立高中在学费等方面与公立高中相似。公立高中的学费之所以低于私立高中，主要因为前者财政补贴多，学校运营对学费收入的依赖程度低。

与公立高中相比，私立高中在教学环境和升学率（升入名牌大学的比率）方面有明显优势。私立高中采取"小班制"，教师的指导比公立高中周到，考取名牌大学的比率一般也高于公立高中。按考入东京大学的人数排名，近年私立高中在全国"十杰"中占 8 所左右，在 20 世纪 60 年代和 70年代也占到 3 所至 4 所。

"把你的孩子送进名牌大学"，这是私立高中的"卖点"。为了维护这个"卖点"，私立高中招生必须挑挑拣拣，所以学生的质量一般要高于公立高中。在日本把难考的名牌大学称为"难关大学"，与之对应的就是"难关高中"，能够考进这样的高中，就等于一只脚已迈进名牌大学了。

但是，在包括文学奖与和平奖在内的日本 27 个诺奖得主中，只有两人毕业于私立高中，一人毕业于国立高中，其余 24 人都毕业于公立高中，而且是地方的公立高中。这种公立高中"完胜"私立高中的现象，日本社会称

之为"公高私低"。

日本的诺奖得主本科毕业的大学，集中于东京、京都、大阪以及名古屋等大都市。但是，他们念的高中则分布于北至北海道、南至鹿儿岛的 18 个都道府县：大阪最多，4 人；其次为京都，3 人；再其次为神奈川、爱知、山口和爱媛，各 2 人；岐阜、福井、山梨、埼玉、兵库、北海道、富山、静冈、福冈、长崎、鹿儿岛和东京各 1 人。

东京是日本的政治、经济、文化中心，人口占全国十分之一以上（1350 万人），拥有全国最多的名门私立高中。但是，包括文学奖与和平奖在内的 27 个诺奖得主，只有 1 人毕业于东京的高中，东京以外则是人才济济，光彩熠熠。

各自出了两名诺奖得主的山口县和爱媛县，无论人口还是面积，在日本都属于小县，人口分别为 135 万人和 133 万人，在日本 47 个都道府县中排名第 27 位和第 28 位。有人指出，山口县和爱媛县两县人口合计不及东京都的五分之一，按人口比率计算，东京都应该产生 20 名诺奖得主。

公立高中"完胜"私立高中、地方高中"完胜"首都高中，这种现象纯属偶然，还是事出有因？

有人考察，日本的诺奖得主（自然科学领域），对研究的兴趣多源自中小学时代接触到的科学知识以及大自然；对大自然和周围世界的好奇心是引领诺奖得主走进科研世界的直接原因。

1973 年物理学奖得主江崎玲于奈说："一个人在幼年时通过接触大自然，萌生出最初的、天真的探究兴趣和欲望，这是非常重要的科学启蒙教育，是通往产生一代科学巨匠之路。"

2008 年化学奖得主下村修，谈及自己为何走上科学之路时说："我做研究不是为了应用或其他任何利益，只是想弄明白水母为什么会发光。"

2000 年化学奖得主白川英树，小学三年级移居到母亲的老家岐阜县高山盆地，在丰富的自然环境中度过了小学到高中这个阶段。白川最喜欢在大自然中玩耍，曾经为寻找能吃虫子的珍贵植物奔跑于山野。白川回忆说，亲近大自然是他关心科学的原点。

2002 年物理学奖得主小柴昌俊说，他最难忘的，就是小时候在学校后山与同学追逐赛跑、拔农家蔬菜、肆意玩耍的那段时光。

2015 年生理学或医学奖得主大村智，是从山梨县的山村里走出来的科学家。他说："在科学教育中，我认为最重要的是从小就接触大自然。"

2016年生理学或医学奖得主大隅良典，家住福冈市郊外，儿时的玩伴大多是农家子弟，经常在大自然中追逐嬉闹。他特别喜欢抓昆虫。

2018年生理学或医学奖得主本庶佑，也是从小就接触大自然，并使他对自然科学产生浓厚兴趣。他从小学起就用望远镜观察夜空，望着土星的光环而感动不已。

与生活在地方的学生相比，东京都内的学生缺乏接触大自然的机会。不少学生为了进初高中连读的名牌私立学校，从小学高年级起就上补习班；高中毕业后即使考进名牌大学，也容易变成"燃烧殆尽"、对大自然缺乏感动的"冷漠学生"。

还有人认为，中小学时期相对宽松的教育环境，有利于激发学生探索科学的兴趣。东京都内的名门私立高中的学生，有许多人考入名牌大学，成为大企业的职员、政府官僚以及研究人员。有人即使在一流大学当上教授，也无缘于诺奖。究其原因，可能在于"高考机器"培养出来的，只是考场上的"胜利者"，他们往往缺乏突破未知领域的气概。与此相比，一些来自地方的学生，由于没有在"考试战争"中"燃烧殆尽"，升入大学后反而可能展现出发展潜力。

当然，私立高中也各有自己的学风。2001年化学奖得主野依良治就读的兵库县滩中学，虽然是一所初高中连读的私立学校，但是以"自由、自主、自立"为校训，重视学生个人的好奇心，注意提高学生的个性。野依认为，相对宽松的教育环境对激发学生的学习兴趣有重要影响。

没有学区房，也没有高考移民，教育的公平功不可没

日本诺奖得主念的高中，遍布日本列岛的大部分地区：从偏僻的山村，到繁华的大都市；北起北海道的牧区，南到本州岛最南端的鹿儿岛。他们中的大多数在与全国众多考生，包括东京等大都市考生的竞争中胜出，考进了东京大学和京都大学等名校。他们之所以能够如此"厉害"，除了自身的努力与幸运以外，还得益于教育的公平。

教育的公平，是社会公平的重要内容。有人把教育的公平，分为起点公平、过程公平和结果公平三个层次。无论是哪一个层次，都不仅仅要有诸如

确保人人享有平等的受教育权利等法律规定，还需要政府提供相应的机会和条件。

包括东京大学和京都大学等重点大学在内，日本的大学招生没有地区差别，也没有地区配额。录取分数线全国统一，不管是在北海道牧区的高中报考，还是在东京市区的高中报考，录取分数线完全相同。

日本的公立高中及公立中小学不分重点与非重点，也没有学区房以及高考移民，行政首长的孩子与清洁工的孩子在同一所学校上学也属平常。

如果说日本的学生在考大学时有什么"不平等"的话，也许可以找出两点：

第一，除了统一考试以外，各大学一般还有自己的考试，有的大学及专业需要面试，为此地方的考生可能要比东京等大城市的考生付出较高的交通费及住宿费成本。

第二，有的公立大学为了照顾本县"县民"（或"都民""道民"等），在入学时一次性交纳的入学金方面有优惠，但每年交纳的学费无区别。

办学条件的均质化也是日本实现教育公平的重要方面。

办学条件可以分为硬件条件和软件条件。硬件条件主要是校舍和教学设备。按照规定，公立高中的建校资金由国家即中央政府负担一半，有些学校甚至负担三分之二，因此各高中在硬件方面的教学条件差别很小。

2010 年化学奖得主、北海道大学名誉教授铃木章，是唯一从北海道走出来的诺奖得主。铃木的母校为道立苫小牧东高中，位于北海道中部的苫小牧市。该市虽然只有十几万人口，但是苫小牧东高中的设备却是一流的。除了室内体育馆和室内游泳池外，还有冰球场，东京等大都市的学校也不能与之相比。实际上，经过经济高速增长，日本城乡差距等地区性落差大大缩小，有"僻壤"而无"穷乡"，更无"穷校"。

日本是个地震和台风等自然灾害频发的国家，各地方自治体为防灾抗灾的一环，都要指定"避难场所"，当地的公立学校往往是"避难场所"的首选。原因不仅在于学校有比较宽敞的场地，更在于建筑标准过硬。有人说，在欧洲最好的建筑是教堂，在日本最好的建筑是学校，此言不虚。

对于中小学及高中的理科教育来说，实验室等设施不可缺少，日本解决这个问题也有"妙招"。

日本的理科教育始于 1872 年（明治五年），基于"理科教育作为文化国家建设的基础具有特别重要的使命"的认识，日本政府于 1953 年专门制定了《理科教育振兴法》（1954 年实施）。作为振兴理科教育的具体措施，日本政府规定中小学和高中的理科教学设备及理科教员的培养，所需费用由国家补助一半，以确保各地学校理科教学条件趋同。

2019 年，日本政府决定投入 700 亿日元为全国中小学生配备电脑，人人有份，没有城乡和地区性差别。也就是说，哪怕是北海道牧村的中小学生，也可以享受与东京都中心区相同的待遇。

日本的中小学校除了德育、智育、体育以外，还有"食育"一说。由政府提供补贴、学校供应午餐正是"食育"的一环。这种制度旨在让同一年龄段的孩子，不受家庭经济条件的影响，都能在重要的成长期获得必要的营养，以保证正常发育。

教师队伍（师资）作为教学条件中的软件条件属于重中之重。为了谋求教育的公平，日本在这方面也有"奇策"。在日本的公立高中和公立中小学，教员属于地方公务员，校际之间工资待遇相同，地区间的差距也很小。同其他地方公务员一样，公立学校的教员也实行"轮岗制"，即在同一辖区内定期变换工作地点（学校）。

一般的教员，每隔三至五年就要换一个学校，包括从市中心调换到郊外，以及从老校调换到新校，被调换到偏僻地区或新校工作的会有一定的补贴。校长或教导主任调换的频率更高，一般每两年就调换一次。瞄准"名师""名校长"换房买房，那就无异于"捉迷藏"了。

日本各级学校的学年都是从 4 月 1 日至翌年 3 月 31 日，4 月 1 日也是公立学校的校长、教导主任以及一般教员的人事变动日。学校的这种人事调动，一般刊登在 4 月 1 日的报纸上，七八个版面密密麻麻的人名，这也是日本的一道独特风景线。

"艰难困苦，玉汝于成"

中国人讲究家庭背景，古来有"书香门第""将门出虎子"等说法。那么，日本的诺奖得主都是什么家庭背景呢？

对于这个问题，日本真有人认真调查过。结果发现，他们的家庭出身（主要是父亲的职业）可谓五花八门：大学教授、工程技术人员及教师、公司职员（社员）、医生、企业经营者、工匠（职人）以及农民。还有两位的父亲曾是军人，其中一位是军医。所谓企业经营者，实际上类似于中国小型乡镇企业的老板。

自然科学领域的24名诺奖得主，其家庭既没有鸿商富贾，也没有官宦之家。相反，不少人属于贫家子弟，曾经是地地道道的"苦学生"。

2010年化学奖得主铃木章，算是"苦学生"的典型。铃木章1930年出生于北海道鹉川村，是家里的老大。铃木家本来是开理发店的。铃木章16岁时，父亲突然不幸去世，理发店被迫关门。母亲靠走街串巷卖服装供儿子念书，铃木章自己在大学时也是坚持半工半读。

据说铃木章报考北海道大学时，因为家里太困难，母亲不想让儿子上大学。一到高考季节，家长们往往求神佛保佑孩子金榜题名，铃木章的母亲求的却是"让儿子落榜"。发榜后，经高中恩师劝说，母亲才同意儿子上大学。

铃木章从小喜欢看书。家里开理发店，客人进进出出，声音烦人。铃木章为求安静，常常爬到屋顶上看书。铃木章上了北海道大学，从本科一直读到博士，在博士毕业留校当助教之前一直没有稳定的收入。铃木章读博时与高中同学结婚，靠妻子做保育员支撑家计。

2002年化学奖得主田中耕一也有一部艰苦奋斗史。田中1959年出生于富山县富山市，出生不到一个月，母亲病故，被叔父叔母收养。田中考上东北大学时需要迁户口才得知自己的身世，感到非常震惊。田中入学后因德语不及格留级一年，据说这与他当时的心情有关。

田中的父亲（养父）是个制作锉刀的工匠，属于个体户。一家六口人，两个哥哥、一个姐姐，祖母也与他们一起生活。田中的父母经常工作到深夜，田中是看着父母的背影长大的，自然而然地养成了踏实工作的气质。

田中的祖母非常珍惜东西、注意节约，对田中有很大影响。田中小时候有个习惯，就是做作业时写错了便揉成纸团扔掉，对此祖母批评说："耕一，把纸扔掉太可惜，可以用来擦鼻涕呀。"

田中获诺奖源于他的一次失误：做实验时不小心把甘油酯当作丙酮醇与金属超细粉末混在一起了。金属超细粉末很贵重，田中觉得"扔掉太可惜"，决定试一下，结果出乎意料地取得成功。田中在总结"成功经验"时说，祖母传给他的"怕浪费""扔掉太可惜"的心理起了关键作用。

中国古人有言："艰难困苦，玉汝于成。"英国哲学家培根曾说："奇迹多在厄运中出现。"铃木章与田中耕一的成功似乎应验了中外先哲的名言。

日本的大学生一般都有打工的经历，诺奖得主也不例外。但是像 2002 年物理学奖得主小柴昌俊那样打得狠的，恐怕极为少见。

小柴的父亲出生于农家，排行老三，靠在亲戚的造酒店做帮工上完初中；因想进一步升学交不起学费，于是进了不要学费的陆军学校，成为职业军人。第二次世界大战后，小柴的父亲找不到工作，一家 6 口的吃饭问题依靠小柴和姐姐挣钱解决，姐弟二人为了赚钱干过各种各样的工作。

小柴 1948 年考入东京大学物理学部，但是脑袋想的不是物理问题，而是如何赚钱养家。小柴初中时得过小儿麻痹，能干的工作有限，上大学后利用东京大学理学部学生的身份到处当家庭教师。由于打工太狠，几乎没时间去上课，因此毕业成绩很不怎么样。

迄今日本的诺奖得主出生于二战前的居多，他们经历过战时和战后的动荡，吃过不少苦。2008 年化学奖得主、出生于 1928 年的下村修，16 岁在长崎县立中学读书时曾目睹原子弹爆炸造成的惨状。当时下村的学校成了临时收容所，大批受害者的遗体被运到学校，其情况惨不忍睹。

下村在诺奖颁奖仪式上发表纪念演讲时，特别谈到了 1945 年 8 月在长崎的经历，并且一直呼吁销毁非人道的核武器。下村根据自己的经历总结出一条人生格言："人，越是吃过苦越能成长；经历过苦难的时代，会使人不见难而退。"

诺奖得主中也有人出身农家的，其中 2015 年物理学奖得主梶田隆章，家里为埼玉县的酪农；同年生理学或医学奖得主大村智，父母在山梨县的山村种地养蚕。不过，他们的家庭都属于殷实之家，生活无忧，大村家 5 个孩子都上了大学。

日本二战后经过农地改革和高速增长，城乡收入差距消失，甚至出现了"倒挂"现象，即农民的平均收入超过城市工薪族的平均收入。日本官方规定，收入低于全国平均水平的二分之一者为相对贫困人口。这种人口集中于城市，而不是在农村，农家子弟上大学时打工反而比较少。

在日本，大学教授的孩子也当教授的例子不少，但专业可能不同。日本自然科学领域 24 个诺奖得主中，有 4 人的父亲为大学教授：物理学奖得主汤川秀树和朝永振一郎的父亲都是京都大学教授，前者为地质学教授，后者为哲学教授，都与物理学无关；生理学或医学奖得主大隅良典和本庶佑的父亲也都是大学教授，前者为九州大学工学部教授，后者为山口大学医学部教授，后者算是子承父业。

"翻身仗"，从拿博士学位开始

日本在自然科学领域的诺奖得主80%以上毕业于"旧帝国大学"，只有4位毕业于普通地方公立大学，取得博士学位是他们改变命运的关键。

2015年物理学奖得主梶田隆章，出身埼玉县东松山市的农家，县立川越高中毕业后考入埼玉大学物理系。埼玉大学属于普通的地方性公立大学，知名度一般。

梶田在大学三年级时对基本粒子问题产生兴趣，决定报考东京大学大学院（研究生院）。梶田在那里师从后来获得诺贝尔物理学奖的小柴昌俊教授，先后修完硕士和博士课程，1986年凭借"对反中微子和中间子的核子崩溃的探索"的论文获得东京大学理学博士学位。

拿到博士学位后，梶田当上了东京大学理学部附属素粒子物理国际研究中心助教，两年后转到东京大学宇宙线研究所，从助教起步，先后升为副教授、教授，2008年起担任宇宙线研究所所长。2015年荣获诺贝尔物理学奖时，他已经在这个位置干了7年。

梶田退休后被东京大学授予"特别荣誉教授"和"卓越教授"称号。这两个称号可非同小可，需要经过教育研究评议会及理事会审议，在东京大学退休教授中也属凤毛麟角。

2015年生理学或医学奖得主大村智，是从山梨县的山村走出来的科学家，他的经历要比梶田隆章曲折复杂。大村智从县立高中毕业后考入山梨大学，山梨大学与埼玉大学差不多，也属于普通的地方性公立大学。

大村本科毕业后，到东京都立墨田工业高中夜间部教物理和化学，夜间部的学生几乎都是半工半读的。大村为学生的刻苦学习精神所感动，萌生重新学习的念头，于是也以"半工（教书）半读"形式，在东京理科大学大学院（研究生院）完成硕士学业。

大村在取得硕士学位后，到山梨大学工学部当了助教，算是走上研究员之路。但是大村的父亲对于儿子走的这条路不放心，不知道这碗饭好不好吃，为此咨询了一位著名的"老先生"。这位"老先生"看了大村的简历，做出的判断是："依这种经历，没有什么前途。"

那时大村只有硕士学位，本科与硕士念的都不是名校；本科毕业后有5年工龄，但与专业无关。作为大学里的研究者，这种经历的确显得苍白。

消息反馈给大村后，大村立刻采取行动：先是辞去山梨大学助教的工作，跳槽到东京的北里研究所，然后抓紧时间写论文攻博士学位。1968年，大村拿到东京大学药学博士学位，两年后，又拿到东京理科大学理学博士学位。成为双博士后，大村又赴美当卫斯理大学的客座教授。

这时，大村的学历与职历不再苍白，而是响当当的了。实际上，他在拿到东京大学药学博士学位后，便成为北里大学药学部副教授；赴美研究回来后，先后当上了北里研究所抗生素研究室室长、北里大学药学部教授。2015年获得诺贝尔生理学或医学奖时，大村的头衔是北里大学"特别荣誉教授"。

在大村那个年代，硕士学位也有可能在大学当上助教，现在则几乎不可能。由于高学历者越来越多，即使有博士学位，也难以在大学获得正式教职。在日本的大学，只有正式教员才能被视为专业研究者，从而有权得到独立的研究室和研究费。博士学位和论文是作为专业研究者被承认的必备条件，否则，哪怕你"学富五车""满腹经纶"，也不会得到承认。

海外遭遇：只因没有博士称号，被人瞧不起

2014年物理学奖得主中村修二，本科与硕士都是在德岛大学读的。德岛大学与山梨大学、埼玉大学一样，属于普通的地方性公立大学。中村硕士毕业后就职于德岛的日亚化学工业，日亚化学工业属于中小企业，中村本人自嘲为"三流大学""三流企业"。

中村在日亚化学工业开发科搞研究开发，成绩卓然，受到公司器重。在职期间，中村获得到美国佛罗里达大学留学的机会，但是在那里待得并不惬意。起因是周围的美国人知道中村没有博士称号，也没发表过论文后，态度变得很冷淡。在美国人眼里，中村不算研究人员，开学术会议也不通知他，甚至把他当作操作工使唤。

中村本来对于留学美国抱有很大的期待，不料却因为没有博士称号受到冷遇，结果生了一肚子气。中村对此感到很不甘心，于是又来了"倔脾气"，燃起拿博士学位和写论文的斗志。

　　1994 年 3 月，中村的博士论文在德岛大学大学院工学研究科获得通过，取得工学博士学位。1999 年 12 月，中村博士离开日亚化学工业，不久后就任美国加利福尼亚大学圣塔芭芭拉分校教授。2014 年中村获诺贝尔奖时的身份，就是加利福尼亚大学教授，国籍为美国。

　　与中村修二的"只因没有博士称号，被人瞧不起"的遭遇相比，2008年化学奖得主下村修当年赴美留学的经历简直就太幸运了。

　　1928 年出生的下村修，少年时代在战乱中度过，初中时曾疏散到父亲的故乡长崎县，在那里目睹了原子弹爆炸。二战后，下村就读于旧制长崎医科大学附属药学专业部（长崎大学药学部的前身），1951 年毕业后在长崎大学药学部的安永峻五教授门下担任实验实习指导员。

　　实验实习指导员属于教务人员，安永教授想把下村培养成研究人员，于是让他利用"国内留学"制度到名古屋大学当研究生，在平田义正教授门下学习有机化学。根据平田教授的指示，下村攻关"海萤发光素的结晶化"，仅 10 个月就获得成功，随后又根据实验结果发表了论文。

　　大西洋彼岸的美国普林斯顿大学生物学教授弗兰克·约翰逊，对下村的论文十分欣赏，邀请下村到自己的实验室研究水母。当时下村只是硕士，也没有"履修"博士课程，按照"惯例"是拿不到博士称号的。平田教授是个"海归"，曾经留学哈佛大学，深知博士称号在美国的重要性——可以使报酬倍增。在平田教授的努力下，名古屋大学打破"惯例"，依据下村的《海萤发光素的构造》的论文，授予下村理学博士学位。

　　有了这张博士文凭，下村得以作为"博士后研究员"，于 1960 年赴普林斯顿大学留学，师从弗兰克·约翰逊教授。后来下村以美国为研究基地，长期致力于水母研究，取得了发现绿色荧光蛋白等卓越成果。2008 年下村获得诺贝尔化学奖时，头衔是美国波士顿大学名誉教授（日本国籍）。

　　下村终生感谢平田教授，每有论文发表都寄往平田家，平田教授去世后也没有停止。下村每次从美国回日本，必给恩师扫墓。

　　日本人也讲感恩，认为最应感谢的有两种人：一是给你生命的人，二是给你"饭碗"的人。平田教授虽没有给下村一个完整的"饭碗"，但肯定为他的"饭碗"添了"肉"和"菜"。

"海阔凭鱼跃"，不做井底之蛙

日本诺奖得主，多出身于"小地方"，属于"小地方人"。提到"小地方人"，人们可能会有一系列负面的联想：井底之蛙，视野狭窄，鼠目寸光，胸无大志。

但是，本书的主人公们却恰恰相反：他们视野开阔，目光远大，雄心勃勃。他们拒绝做井底之蛙，不但跳出自己的家乡，甚至跳出日本，成为世界级的科学巨匠。

中国的古人云："海阔凭鱼跃，天高任鸟飞。"20 世纪日本有一首歌曲非常流行，歌名是《昂首向前走》。本书的主人公们所展现的，就是"海阔凭鱼跃，天高任鸟飞"的气魄，就是"昂首向前走"的姿态。

"小地方"与"大地方"，其实是相对的。从地球的角度看，可能都属于"井底"。有的"井底"铺设舒服了，反而不想跳了，最后真的成为井底之蛙。2001 年化学奖得主野依良治教授，对于现在的日本人就有这样的担心：只是挖一口好井，而不到外面去。

不做井底之蛙，首先就要跳出去。如何跳？

日本的诺奖得主们，一是靠读书升学，二是靠变换工作环境增加阅历。

他们虽然多出身于"小地方"，但念的大学却都是比较难考的国立大学，且大多是重点大学（所谓旧帝国大学），一半以上毕业于东京大学和京都大学。

包括诺奖得主在内的杰出科学家，他们忠于科学，忠于自己的专业，而并非忠于某一个特定的研究机构。据野依良治教授观察，诺奖得主在获奖时平均经历过 4.6 所大学或研究机构，这也是他们不做井底之蛙的表现。

接触不同的环境、不同的人以及不同的文化，可以开阔视野，刺激灵感，扩大思路。更何况，有时还有一个"良禽择木而栖"的问题。

野依教授本人就曾经在京都大学、名古屋大学、哈佛大学和理化学研究所等多个机构工作过。1987 年生理学或医学奖得主利根川进，研究阵地横跨美日两国，包括加利福尼亚大学圣地亚哥分校、萨克生物研究所、巴塞尔免疫学研究所、马萨诸塞工科大学以及京都大学、理化学研究所脑科学综合研究中心。

　　2008 年化学奖得主下村修，先后任职于长崎医科大学、普林斯顿大学、名古屋大学、波士顿大学和森林海洋生物学研究所。

　　2016 年生理学或医学奖得主大隅良典，获奖时身份是东京工业大学荣誉教授，曾经任职于洛克菲勒大学、东京大学基础生物学研究所和综合研究大学院大学。

　　2008 年物理学奖得主南部阳一郎为美国籍，获奖时为美国芝加哥大学名誉教授，曾经任职于大阪市立大学、普林斯顿高等研究所和大阪大学。

　　1965 年物理学奖得主朝永振一郎，获奖时为东京教育大学教授，曾经任职于京都大学、理化学研究所和普林斯顿高等研究所。

　　少数诺奖得主没有海外工作经历，但在国内也曾"转战"于若干个单位。比如，2008 年物理学奖得主益川敏英，获奖时头衔为京都大学名誉教授，曾先后任职于名古屋大学、东京大学和京都产业大学。2014 年物理学奖得主赤崎勇，获奖时为名古屋大学名誉教授，但其研究生涯始于松下电器东京研究所及松下技研，是从松下系统"跳槽"到名古屋大学的，从名古屋大学退休后又到名城大学任教。

　　对于某些诺奖得主来说，没有"跳槽"就很可能没有后来的成果。比如，2012 年生理学或医学奖得主山中伸弥，1996 年就任大阪市立大学医学部助教，3 年后"跳槽"到奈良先端科学技术大学院大学遗传因子教育研究中心。大阪市立大学是山中博士时代的母校，研究环境与研究条件比较差，校方不支持他研究诱导多能干细胞（iPS 细胞）。山中经过两次"跳槽"，研究环境与研究条件越来越好。

　　日本在自然科学领域的诺奖得主，大多有在海外学习和研究的经历，其中有 3 人是在美国的大学取得博士学位，包括 1987 年生理学或医学奖得主利根川进、2002 年物理学奖得主小柴昌俊和 2010 年化学奖得主根岸英一。有 4 人是在美国的大学或研究机构任职期间获奖的，包括 1973 年物理学奖得主江崎玲于奈（获奖时为 IBM 沃森研究所高级研究员）、2010 年化学奖得主根岸英一（获奖时为普渡大学特别教授）、2014 年物理学奖得主中村修二（获奖时为加利福尼亚大学圣塔芭芭拉分校教授）和 2008 年物理学奖得主南部阳一郎（获奖时为芝加哥大学名誉教授）。

　　一般认为，诺奖学者的产生与环境因素有关。除了需要一个包容各种研究者的开放型研究室以外，一个由多国学者组成的团队也很重要。日本的学者到国外从事研究的好处之一，就是可以参加这样的团队，通过异文化间的交流与碰撞获得灵感与启发。有人还幸运地得到海外名师的指导，以致对自己的研究生涯产生巨大影响。

2008 年化学奖得主下村修，1960 年到美国普林斯顿大学留学，在弗兰克·约翰逊研究室研究水母。下村研究水母等发光生物长达 50 年，最后因从水母中发现“绿色荧光蛋白质”而荣获诺贝尔化学奖。下村称他“所有研究都是在三位恩师的引导下诞生的”，“三位恩师”之一就有弗兰克·约翰逊教授，另外两位为长崎大学的安永峻五教授和名古屋大学的平田义正教授。

2010 年化学奖得主铃木章，29 岁念完博士课程后就职于北海道大学，33 岁到美国印第安纳州的普渡大学，在哈巴特·布朗教授门下进行有机硼化合物的研究。虽然时间不满 3 年，但是对于他研究“钯催化交叉偶联反应”意义重大。1979 年，铃木与其助手合作成功发现“钯催化交叉偶联反应”，因此于 2010 年获得诺贝尔化学奖。

2012 年生理学或医学奖得主山中伸弥，1993 年作为博士后研究员到美国加利福尼亚大学旧金山分校格拉德斯通研究所留学。在托马斯·伊涅拉蒂教授的指导下，山中开始研究诱导多能干细胞（iPS 细胞）。后来在京都大学工作期间，他曾兼任格拉德斯通研究所的高级研究员，每月在日美之间往返一次，最后因研究 iPS 细胞的成果而获诺奖。

“必须是国际人，才能成为优秀的研究者”

每当诺奖评选结果揭晓，获奖者在接受采访时经常说“出乎意外”“感到惊讶”之类的“感言”。但是，据长期跟踪采访的记者观测，这些“感言”有时不过是“社交辞令”，实际上早有思想准备。“终于来了”“如愿以偿”才是其真实情感。

2001 年化学奖得主野依良治，在获奖前 10 年就被认为是诺奖的候选人，他在自传里坦言：“每年 10 月，都在心里等待获奖的消息，家里人也在盼望。”

2002 年物理学奖得主小柴昌俊，从 1988 年起每年到物理学奖揭晓的日子，都有十几名记者到他家等待消息。直到第 15 个年头——2002 年 10 月 8

日傍晚，小柴终于接到诺贝尔财团的通知电话，当时小柴的感想很简单："终于来了！"

2018年生理学或医学奖得主本庶佑，也是早就成为诺奖的有力候选人。获奖后，记者问他对于获奖是否感到意外？本庶坦率回答："并不意外。"

他们为什么"并不意外"？原因之一，就是有"内线"通风报信，甚至有推荐者透露消息。日本的诺奖得主们何以能够与这些人物结识？秘密就在于，他们通过海外留学、海外研究以及国际学术交流，建立了宝贵的"国际人脉"。

根据诺贝尔的遗嘱，获奖人不受任何国籍、民族、意识形态和宗教信仰的影响，评选的第一标准是成就的大小。但是被指定参与评选的为前诺奖获得者、特别指定的教授及特邀教授，他们主要是欧美的科学家，美国人更处于中心地位，这也是不争的事实。

日本有的研究者认为，在各专业领域实际上存在着"圈子"，这个"圈子"里是否有人了解并欣赏你的业绩，对于获奖机遇可能会有一定的影响。日本把争取更多的日本人获得诺奖作为国家战略，为推进这一战略，在斯德哥尔摩还设立了办事处。办事处的主要任务是收集信息，加强与瑞典及各国科学家的交流，但若说为建立"国际人脉"搞"公关"也未为不可。

进行国际交流，语言工具必不可少。日本的许多诺奖得主在向年轻学者传授经验时都强调要学好外语，特别是要学好英文。

2018年生理学或医学奖得主本庶佑，曾经在美国卡内基研究所和NIH（美国国立卫生研究院）工作过。这两个机构聚集了来自全世界的优秀研究者，大家相互进行各种信息交流。本庶认为，必须熟练掌握英文，而且要在成为研究者之前就学好英文。本庶殷切地对有志于搞科学的年轻人说："今后必须是国际人，才能成为优秀的研究者。"

本庶在中学二年级时，开始向夏威夷出身的日裔人学习英语会话，大约持续5年时间，高中毕业时英语说得很流利。他回顾说："后来所有的场面都不用担心英语了。"当然，这与本庶的家庭环境很有关系，他父亲是山口大学医学部教授，学习英语会话是他父亲的提议。

尽量用英文发表论文，也是日本诺奖获得者所强调的经验。

对于包括亚洲地区在内的非英语圈国家与地区的科学家来说，他们的学术成果如果不是用英文发表或者被翻译成英文，可能就不为世界所知。2015

年生理学或医学奖得主大村智，从写硕士论文开始就坚持用英文写论文。大村迄今发表过千余篇论文，其中95%是用英文写作的。

大村在1965年从山梨大学"跳槽"到北里研究所，刚开始只是当助手干杂务。有一天，美国的一个大学教授来到北里研究所，提出要见"Satoshi Omura"（大村智）。原来是美国教授看到了大村用英文写的硕士论文，对于论文中有关实验的记录很感兴趣，于是利用与京都大学进行交流的机会来到北里研究所。这一篇英文论文起了作用，使北里研究所的有关人员对大村刮目相看。

日本的两个诺贝尔文学奖得主川端康成和大江健三郎也属于高学历，两人都是东京大学毕业。其中大江健三郎毕业于文学部法国文学专业，据说英文水平也相当高。大江不但在获奖仪式上能够直接用英文发表演讲，1976年还在墨西哥用英文讲授过"战后日本思想史"。

第四章

汤川秀树：展现东方人的智慧

这就是普通人与幸运者的区别。科学发现的灵光一闪，常常就出于这种呕心沥血、朝思暮想之后的偶然。

1949 年 11 月 3 日，诺贝尔物理学奖公布，正在美国哥伦比亚大学担任客座教授的汤川秀树，面对好友第一时间发来的热烈祝贺，瞬间的反应是："天啊！怎么会是我？"

通常的获奖者都会如是表态。毕竟，诺贝尔奖不是绝对真理，更不会绝对公平，这顶桂冠落到谁的头上，是带有一定偶然性的。举些众所周知的例子，发明了元素周期表的门捷列夫，提出"哈勃定律"的埃德温·哈勃，都遗憾地与诺奖失之交臂；而聪慧如外星人的爱因斯坦，当年也没能因他超时代的相对论而得到诺奖评委会的青睐。因此，汤川秀树彼时的惊讶，既是谦虚，也是在情理之中。

但与之同时，远在日本国内的秀树的小学、初中同学，竟然也一致认为：秀树那家伙嘛，当年国文成绩还不赖，要是混个知名作家，得个文学大奖，还可以接受，如今却获得诺贝尔物理学奖，这是我们怎么也想不到的。

京都模型的匿影藏形

1907 年 1 月 23 日，秀树这粒"大自然的种子"，落在了东京的小川琢治之家。这是一个书香门第：秀树的父亲小川琢治是地质学家；父亲小川琢治的亲生父亲是汉学家；小川琢治的养父，也是岳父，曾担任过师范学校校长。秀树的母亲出身新式学堂，思想新潮，懂得英文。东京又是日本最大最开放的城市，按照正常的发展，秀树除学业优秀外，还会有东京孩子共同的特点：伶牙俐齿，能言善辩。

然而，秀树在东京刚刚开始牙牙学语，蹒跚迈步，1908 年 3 月，爸爸小川琢治接到一纸调令：去京都大学任教。

就这样，秀树一家，爸爸妈妈、两个姐姐、两个哥哥、他，转眼都成了京都客。

说起来，京都作为千年皇城，环境也是得天独厚的。不过，这和东京完全是另外一种风格。

秀树当时还小，他不能拿京都和东京相比，但他这株幼苗被移植到异乡，久而久之，耳濡目染，潜移默化，竟无师自通地悟出京都的特色，就是一个"藏"。

　　你看，庭院是藏在一个高大的围墙里，住宅又藏在幽静的庭院里，居室又藏在住宅的最深处，也是最私密处。外面一个大圈，中间一个小圈，里面又一个更小的圈，应该是核心了，人就躲在那核心里。这似乎是某种物理模型。当然，秀树那时还不懂物理，他只是感到，京都人的生存心态，仿佛刻意把自己包裹起来，尽量与世隔绝。

　　而大街上呢？街道，自然是开放的，不开放怎么做生意呢。但京都的店铺，通常是有招牌（秀树多数还不认得），无橱窗，你不掀开门帘，就不晓得里面卖的是什么玩意。小孩家口袋里没有钱，不会随便去掀店铺的门帘，因此，那些神秘的商店，对他来说，又是一种"藏"。至于店铺后面的住家，那是更幽深更隐蔽的"藏"。

　　大人们也在"藏"。父亲藏在教学和研究的深山，妈妈藏在家务的海洋（秀树又多了两个小弟弟），哥哥藏在学校的迷宫，姐姐藏在女孩家特有的叽叽喳喳声中。秀树也会藏，他把自己藏在邻近神社的树林，与各种草木和昆虫为伍。而后，稍微大了，跟外公学习汉字，他又经常把自己藏在爸爸的书房。

　　藏来藏去，就藏出了秀树特有的个性。

　　举一个例子：爸爸一天撰写论文，需要引用某本书，那是他昨天查过的，用完照例放在书架，现在忽然找不到了。爸爸问遍家人，都说没有拿。这时，爸爸想到秀树经常进屋里翻书，一定是他拿了，就传问秀树，逼他把书交回来。秀树感到委屈，因为他根本没碰过那本书；同时感到愤懑，你平常从来不管我，丢了东西就拿我是问。秀树的倔劲上来了，他决定以沉默抗议。于是，他既不解释，也不抗辩，只瞅着父亲，大声地吐出三个字："我不说！"

　　"我不说？"你这个小鬼头，究竟是拿了，就是不讲？还是没拿，赖得搭理？父亲瞪着一言不发、沉默以对的秀树，也弄迷糊了。他觉得这孩子看上去挺老实，骨子里却异常倔强。父亲一边嘟嘟囔囔，一边在屋里来回踱步。突然，他在一个角落发现了那本书。啊呀，一定是自己昨天随手放的，忘记了。父亲赶忙向秀树道歉。这小子，居然不为父亲的认错所动，扭头就走。

　　人说，爱因斯坦三岁才学会讲话，七岁之前一直沉默寡言，那是他语言功能发育迟，存在沟通障碍。秀树这里呢，他小小年纪，已经学会把自己的内心包得严严实实。这是一种绵里藏针的藏、深藏不露的藏、东躲西藏的藏。可惜小川先生不谙儿童教育，他疏忽了孩子的成长。

再举一例：小学，一次国文课上，老师提问秀树。那个问题对他来说，小菜一碟，在家里早就跟外公学过了。大概出于紧张，他刚站起来，大脑竟一片空白——这只是片刻，稍微过了一会，头脑便清醒了，绝对能说出正确答案。但是，他硬是不说。老师问他：你说话呀，究竟是会，还是不会？他就那么站着，低着头，一声不吭。

如果说从前面对父亲的责问坚持"我不说"，是掺杂交织着委屈、愤懑和抗议，可以理解；那么这一回，面对老师的课堂提问，明明知道答案，愣是不开金口，对于他人来说，就是不可理喻的了。

这不是病，这是环境造成的畸形性格。

想起年长秀树六岁的物理奇才狄拉克（1933 年获诺贝尔物理学奖）。此君小时候，鉴于父亲大人一贯扮演家庭暴君的角色，让他动辄得咎，无所适从，头痛之极，不得已，索性以钢铁一般的沉默应对。日久天长，这沉默二字，居然成了他的生活罩衣和行为符号，以至于当年剑桥大学的同事在开玩笑时，把"一小时说一个字"定义为一个"狄拉克单位"。

对比狄拉克，秀树就不仅是寡言，简直是有点自闭了。

写到这儿，笔者觉得，适度的"自闭"，也许属于内敛、内秀，有利于智力集中。注意，我指的是适度，自闭也要加上引号。真要是逾了度，就仿佛地球和太阳的距离。有科学家指出，一旦再相互靠近八厘米，地球上的生命就会灭绝。人的个性也是这样的，偶尔自闭，不妨碍最终成为大才；总是自闭，八棍子打不出一个闷屁，那就需要看心理医生了。

亦怯亦懦亦昂藏

秀树是大才吗？小川琢治先生不是这么认为的，恰恰相反，他后来已看出这孩子有自闭倾向，总是闷声不响，拒绝与人交流，将来怎么融入集体、融入社会呢？为此，他特意找了京都大学的某位同事，帮忙测一测秀树的智力水平。结果，该同事告诉他，秀树的智商远远高于平均值。小川先生这才放下心来。

　　秀树除了沉默寡言，独来独往，从全面发展的角度衡量，还有其他不少短板。比如，他拙于绘画。按说，秀树在外公的严厉督促下，学了一手好书法，人说书画同源，字写得好，学画也应该很容易，起首都是模仿嘛。可秀树就是画不好，这是怎么一回事呢？你也许认为是兴趣问题。中国人都熟知毛泽东，他小时候讨厌绘画。毛泽东认为人生精力有限，不可能也没必要事事求精，因此，他对绘画就持放弃的态度。一次美术课上，老师布置静物写生，毛泽东拿笔在纸上画了一个大大的半圆，又在下面画了一条长长的横线，题为"半壁见海日"，随即交卷，剩下的时间就用来读他想看的书了。秀树很早就有志于向科学方面发展，或许他采取的是和毛泽东相同的态度。

　　事实上，因为查不到这方面的确切资料，笔者也不好遽下判断。还好，最终总算查到一个关于制图的例子，间接证明秀树拙于绘画心理因素应该大于技术因素，而秀树的心理因素又不同于毛泽东，毛泽东是出于明智的取舍，秀树则是出于心理的脆弱和压抑。

　　那个例子是这样的：高中开设的制图课上，福田老师给大家布置好作业，便退出教室，到走廊散步。这时，班上有个调皮鬼（哪个班级没有几个调皮鬼呢），唱起了怪里怪气的歌，引发哄堂大笑。笑归笑，闹归闹，各人自顾画老师布置的作业。秀树的心情却被破坏了，制图这玩意，他本来就很"下手"（日文，笨拙的意思），何况，这次笔不趁手，纸也不趁手，笔是那种鸭嘴笔，蘸墨的程序很烦琐，纸是那种凹凸不平的瓦特曼纸，一不小心就把线条画弯。偏偏这时调皮鬼又出来捣乱，那歌仿佛就是对他的讽刺，犹如说："你画不好！你画不好！"秀树画错了一笔，赶紧拿小刀刮，刮一次，纸就薄一分，刮到后来，那厚厚的瓦特曼纸薄得近乎透明，有些地方还刮破了，画面变得一团糟。

　　临到交作业，福田老师接过他的图，把它蒙在窗户上，一边点头一边说："嗯，还不错，就是，你看，透过图纸可以看到比睿山哩！"

　　老师也许只是即兴逗乐，毫无恶意，秀树听在耳里却是如锥刺心。他认定自己画不好图，老师这句话就是对他的差评。从此他对制图萌生了本能的厌恶和畏惧，能逃避就逃避，不能逃避就勉强应付。高中毕业前，当他考虑今后的发展方向时，干脆把与制图有关的专业统统划掉。

　　如果你觉得这个例子还不足以说明他的心理脆弱与压抑，那么，我们再来说单杠。

单杠训练是从初一开始的。那天，体育老师教了几个简单的动作，就让同学练习。老师首先叫了松浦，这是一个体育特长生，人长得高大健壮，柔韧性也十分惊人，但见他一口气做了几十个引体向上，然后又表演回环、转体、腾越，宛然像个久经训练的体操选手，看得大家眼花缭乱、目瞪口呆。表演完毕，众人热烈鼓掌。接下来，老师又叫秀树上场。秀树从来没有练过单杠，凭他的力气，做一个引体向上都难，更不用说其他复杂动作了，他害怕出丑，拒绝出队，直往其他同学身后躲。老师也不再为难，转而叫了别人。那堂课下来，单杠就成了秀树的心病。他不是那种"我不行，我就多练，迎难而上"的强者心理，而是从此心怀畏惧，知难而退，看见单杠就发怵。

秀树感情脆弱，是由来已久的。早在小学毕业前，老师给他的评语，除了赞扬"学习扎实""推理正确"外，也委婉地指出，要强化心态，"不要动辄就为一点小事而哭"。

动辄就为一点小事哭鼻子，这是小孩子的脾性，也是他们借以向大人撒娇的武器。秀树已经小学毕业，还像小孩子一样动不动就抹眼泪，这也太好笑了吧。

秀树的多愁善感，也有值得称道的一面。

秀树读书的初中，四面被山包围。当时，学校除了组织爬山，还经常开展猎兔活动，旨在锻炼学生的团队意识和反应速度。一般是在冬天，天刚破晓，同学们就在操场集合，排成整齐的队伍，浩浩荡荡向岩仓、松崎一侧的后山出发。到达山顶，先观察一下兔子的活动范围，选定几个主要路口，张好猎网，然后由经验丰富的同学守网待兔，其余则分成几个横队，从山下往上赶兔子，一边赶，一边大声"嚯——咿""嚯——咿"地吆喝，让回声在山谷间此起彼伏。兔子闻声失魄，惊慌中拼命向山顶逃窜，最终落入等待已久的"圈套"。兔子落网后，守候的同学会迅速将它的骨关节折断，使之束腿就擒。

猎兔结束，同学们背着一串串战利品返回学校。这时，留守的同学已在山脚挖好土灶，支起大锅，等水烧开，把剥净剁碎的兔子肉扔进去。待到水花再度翻滚，香味四溢，又加入几大勺酒糟酱汤，使劲搅拌，直至把兔子肉煮熟炖烂。

夜幕降临，一帮同学围着火堆，一边喝剩下的兔子汤，一边回忆白天猎兔时的种种细节，说到得意处，尽显斗志昂扬、谈笑凯歌还的大丈夫气概。秀树坐在旁边却越听越不是滋味。他从篝火的明灭中，仿佛看到兔子落网后的绝望眼神，从同伴兔子汤入喉的"咕噜、咕噜"中仿佛听到了野兔腿脚的骨折声。真是残忍！他想，野兔活得好好的，为什么偏要剥其皮，食其肉？当然，他只是自个儿在想，没有说出来。他知道，一旦公开表达自己的责问，同学们一定要笑他假慈悲（你不也参加捕猎了么！你不也吃兔子肉了么），笑他心慈手软，这辈子注定干不了大事。大事？什么才是大事呢？他想到了中国哲学的"天人合一"，想到了人与野生动物应该和平共处，想到了一个中国成语"悲天悯人"。

亦怯亦懦亦昂藏。秀树小小年纪就显露出的这种悲天悯人的气质，为他后来在 20 世纪 50 年代签署《罗素—爱因斯坦宣言》，为反对战争、反对使用核武器、反对军备竞赛而奔走呼吁，做出了合乎情理的远程铺垫。

天巧从来不曾藏

大才是天生的，并不是庸才突然质变的。那么，秀树的天赋才能是什么时候露出端倪来的呢？

是从儿童时期的玩积木游戏。就这件事来说，祖母是他的启蒙老师和伯乐。祖母不懂"英才教育"，她只觉得这个小孙儿天生一个大脑瓜，是"秀才"的料，于是，就给秀树买来了寻常的积木，告诉他基本玩法的套路。接下来，就看秀树的脑瓜如何噼里啪啦地启动了。

这是秀树初次体会当"创造者"的快乐。但见他把颜色、形状各异的积木，三拼两拼，搭出一所乡间的房屋，有门，有窗，有烟囱，屋后还有一株大树；然后推倒重来，这回搭出的像一座巍峨的城堡，上下整齐，左右对称，门口站着卫兵，头戴高耸的三角帽；然后，又推倒重砌，这回砌出的像祖母带他去过的西本愿寺，宽廊飞檐，庄重肃穆，殿前还分立着左右两座宝塔。祖母见了，忍不住双手合十，说："让我们恭敬参拜吧！"逗得秀树咯咯大笑。

理想家庭的祖母是什么角色？培养出获得诺贝尔物理学奖大才的祖母是什么角色？读者各有各的想象。秀树的祖母不会想那么多，她仅是看出小家伙脑瓜好使，就又给他买了一幅组图画。这是十二个带色的立方体，任意组合，可以拼出不同的画面。秀树又一次体会了"再造乾坤"的快乐。他摆来摆去，画面常常出乎意料，简直像神来之笔。有一次，他摆出一幅特殊的画面，是他从未见过的，事先根本不敢想象的。秀树得意极了，拉来祖母欣赏，祖母也觉得匪夷所思，乍看啥都不像，细看俨然绝世奇观，无上妙境。

这应该就是寓教于乐。想起 1909 年度的诺贝尔化学奖得主奥斯特瓦尔德，他对化学的兴趣起源于少年时代自制烟花，他根据一本旧书，从市场买来硝石、硫黄和各种各样的金属粉末，成功制造出五颜六色的烟花，进而又制造出火箭；以及 1965 年诺贝尔物理学奖得主费曼，他天才的萌芽就起于儿童时期玩弄的一台收音机，是从旧货市场买来的，已经失灵，他把它拆开来，自己动手修，无非是电线没接好，或线圈没绕紧等等，稍加收拾，又和好的一样。费曼整出了兴趣，四处帮别人的忙，那时收音机问世不久，懂得修理的人很少，费曼很快成了收音机修理专家。

游戏固然生动有趣，比较起来，学习则枯燥烦难得多了。

帮秀树启蒙的是外公。外公是汉学家，他教秀树的，首先是认识汉字，一个一个教，死记，硬背。待字认识了一箩筐，就转为读《大学》，读《论语》，读《孟子》……那些艰深晦涩的道理，四五岁的小屁孩哪儿懂啊，多半是云里雾里，莫名其妙，外公也不给讲解，一味强调背诵，背不下来，就要吃木棒、敲脑壳。那真是郁闷！有一天，秀树从屋角的蛛网联想到了"武士蜘蛛"，这种蜘蛛是颇具武士血性的，当它被人捉住无路可逃，会毅然决然地"剖腹自杀"。秀树觉得自己就是被汉学大网抓住的蜘蛛。他当然不想"剖腹"，但总得设法出逃啊。上学后，他终于觉悟，唯一的出逃之路，不是逃离，而是征服；借助于跟外公打下的汉学基础，他学习国文，以及理解其他功课，觉得相对容易——毕竟比同学多了一门"武功"。

借助汉学，秀树也爱上了中国的古典文学《水浒传》和《三国演义》，这是儿童的共性，逞强好胜，打打杀杀，血气方刚的小男生，谁不喜欢呢。难得的是他特别喜欢《老子》和《庄子》，他赞赏老庄"无为而治"式的"自由"，他渴望能像庄子《逍遥游》中的鲲鹏，在学问天空自由自在地飞翔。他认为老庄的"自然之道",指的就是自然规律,是宇宙的大道。

秀树家人都喜欢日本古典文学《源氏物语》,秀树受家人影响,也读出了浓厚的兴味。秀树感悟《源氏物语》中的事和人都"在一种朦胧的光辉中运动着,慢慢地晃动着",某个节点,像舞台上的灯光突然聚焦于主角,也有一束强烈的光照射在其中某一人身上,使他(她)的情感凸显,不过其轮廓与线条却恍兮惚兮,始终模糊不清。正是这种明暗的对比和幻化深深吸引了秀树,让他在后期的科学研究中"学以致用"。

举一个例子。1943年的某日黄昏,秀树乘车从京都去大阪,途中无事,习惯性地拿出一本翻旧了的《源氏物语》,耽读起来:"源氏公子排场并不盛大,服装也很朴素,连前驱也不用,微行前往。经过中川近旁,便看见一座小小的宅第,庭中树木颇有雅趣。但闻里面传出音色美好的筝与和琴的合奏声,弹得幽艳动人,源氏公子听赏了一会儿。车子离门甚近,他便从车中探出头来,向门内张望。庭中高大的桂花树顺风飘过香气来,令人联想到贺茂祭时节。看到四周一带的风物,他便忆起这是以前曾经欢度一宵的人家,不禁心动……"这对于秀树而言,不仅是在工作之余舒缓的放松,更是移情换景、攫取灵感的绝佳通道。

前文说到,单杠是秀树的弱项。其实不仅单杠,跑步、棒球、足球,都不擅长,但也有拿手的,譬如游泳。

日本是岛国,近海的居民都把游泳当作生存的基本技能。秀树初中阶段,每年暑假,都要参加三个星期的海上游泳训练。学校规定的及格标准,说出来吓中国学生一跳:初一,五十町(约5公里);初二,三日里半(约14公里);初三,五日里(约20公里)。有句话说:"魔鬼在细节里。"这个细节让我看到了中日在游泳训练上的巨大差异(笔者回忆中学游泳,"劳卫制"初级标准也就是50米)。

日本学生初习游泳,采用的是传统的"观海如陆"流,即:不讲究速度和技巧,只要求保持体力,在水上做持久的漂浮。那三个星期,学生从早到晚,除中午上船吃饭,稍事修整,其余时间都泡在水里。泡久了,自然渐渐熟悉水性,速度和技巧也跟着提高。然后,就可以展开远游,完成校方规定的指标。在远游方面,秀树表现出极强的耐力和毅力。他总是游在最前面,在大出风头的同时,也找回了在单杠、棒球等项目上失去的自尊与自信。

藏得乾坤，此理谁人会

前面三篇大致讲了秀树的长短。优点：善于思考，崇尚创造，热爱文学，在游泳上显露出非凡的耐力和毅力；缺点：孤僻，寡言，脆弱，笨手笨脚。综合以上两点，可以看出秀树的潜质。然而，仅此，尚不足以说明他未来必成大器。

接下来，我要特别指出秀树的怀疑精神。初中开设生物课，老师讲到达尔文的进化论，物竞天择、适者生存；还讲到拉马尔克的"用进废退"学说，器官只有经常使用，才会不断进化，反之则会逐步萎缩。

秀树观察他家饲养的小鸡，相同的环境、相同的食料，看不出如何优胜劣汰。按照教科书上说的，同类生物个体之间的差异，是一生下来就已决定了的。那么，这种赋予生物独特性状的密码又是什么呢？秀树觉得达尔文和拉马尔克的学说，虽然被奉为经典，但并不是无懈可击。当然，作为一个初中生，秀树的质疑远远构不成对进化论的挑战，但他这种初生牛犊不怕虎的劲头，却是值得大大赞扬的。

进而要强调他的数学能力。秀树的代数、几何，在各门学科中出类拔萃。高中校长森外三郎曾如是评价："秀树有个灵活的大脑，思维是跳跃性的，解题时，常常新意迭出，与别人不一样。毫无疑问，在数学方面，他是个天才！"

并不是每位老师都有此慧眼。一次几何测验，秀树得分竟然沦为中下，有一大题明明正确无误，老师却判为错，给了零分。秀树找老师理论，老师说："你的答案虽然对了，但解题的方法，不是按我教的做的，你还是学生，这种别出心裁的发挥，是不被允许的。"秀树听了哭笑不得，他觉得这样的教学是误人子弟，气愤之下，竟然做了个决定：永远不当数学家！

更为重要的是选对了专业。秀树的父亲是地质学家，满心希望他能接自己的班。秀树犹豫再三，还是说出了"不！"他选择了钟爱的物理。在物理这个大学科，他又选择了新兴的量子力学。

选对方向，即意味着成功了一半。

还有一条也至关重要，他选择进新型的理化学研究所，拜有八年留欧经历、在物理大师玻尔研究所深造、享有"日本原子物理学之父"隆誉的仁科芳雄为师。

20 世纪初叶，是物理学大放异彩的年代，在短暂的时间内，就涌现出了普朗克、爱因斯坦、卢瑟福、德布罗意、玻恩、海森堡、玻尔、薛定谔和狄拉克等一批顶级的大家。而且，很多人都是少年成名，一飞冲天。以量子力学领域为例，海森堡仅比秀树大六岁，二十四岁创立矩阵力学，并提出不确定性原理及矩阵理论；狄拉克比秀树大五岁，十八九岁就引人注目，也是二十四岁创立狄拉克方程；泡利比秀树大七岁，二十五岁创立不相容原理。

秀树选择了量子力学，得以站在同代大师的肩膀上继续攀登。这期间，发生了两件大事：一是 1932 年，二十五岁的秀树与汤川玄洋的女儿组成小家庭，并因入赘而改姓汤川；二是 1934 年，二十七岁的秀树预言了基本粒子的一个崭新家族——介子，揭开了量子物理学新的一页。

且慢，汤川秀树预言的"介子"是什么意思呢？

话说 20 世纪 30 年代初，虽然科学家已经知道原子核是由质子和中子组成的，但是却无法解释其中的一些现象。比如：质子都具有正电荷，而正电荷是互相排斥的，它们靠得越近，彼此间互相排斥的力量就越强。在原子核内部，几个、几十个质子紧紧地挤在一起，排斥力极强，然而，原子核并没有因此而分崩离析，这是为什么呢？

汤川秀树对这个问题思索了很久，他认为：一定是存在着某种特殊的拉力，使那些质子维系在一起。这种拉力必定很强，它能够克服把质子互相推开的"电磁力"。他又发现：当质子位于原子核外时，它们互相排斥，丝毫没有任何吸引的迹象。也就是说，这种力非常特别，它仅在非常短的距离上起作用。汤川秀树把这种只在原子核内才能觉察到，但又极强的吸引力称为"核力"。

1934 年，汤川秀树发表了基本粒子相互作用的论文，预言用 β 粒子轰击某种原子核能产生一种新的粒子，并推测它的质量介于电子和质子之间，称作"介子"。

第二年，汤川秀树在对核力进行了更加深入的研究后宣称：这种核力可能是由原子核内的质子和中子不断交换介子而产生的。质子和中子在来回抛掷介子，当它们近得能抛掷和接住这些介子的时候，它们就能牢牢地维系在一起；一旦中子和质子离得较远，那些介子不再能抵达对方时，核力也就失效了。

汤川秀树的理论很好地解释了核力，但是，这种介子是否存在呢？当时谁也说不清楚。如果这种介子根本不存在，那么，汤川秀树的理论也就不成立。

当时科学界的权威们，相信基本粒子只有电子、质子和中子，除此之外，不会再有新的成员。锋芒毕露如泡利，他面对物理界的"精神领袖"玻尔，也敢于当面顶撞，不客气地说："住口，别冒傻气！""你说的，我一个字也不想再听！"饶是如此强悍的角色，当他发现了中微子，还是小心翼翼，不敢推翻成见，犹豫迟疑了三年，才试探性抛出，结果呢，如其所料，遭到同行一致的嘲笑，被批得一塌糊涂。

杰出的狄拉克也是一样。他根据泡利的理论，提出可能存在一种携正电并具电子质量的新粒子。鉴于泡利的前车之覆，他也不敢贸然提出，仅仅将之归类为质子。狄拉克错过了发现的良机，与新粒子失之交臂。他事后回忆："那个时候，我不敢假设宇宙中还有一种新粒子，因为这违背整个物理学界的定论。"

可见，传统的壁垒有多高，突破的难度又有多大。

在如此的大气场下，名不见经传的秀树公然提出介子理论，理所当然地招致一致的否决。即便伟大如玻尔与海森堡，也认为这小子是走火入魔。1937年4月，玻尔访问日本，见到秀树，竟然面带讥讽地反问："难道您希望新粒子存在？"

玻尔有一句名言："谁要是第一次听到量子理论没有发火，那他一定没有听懂。"

仿此，秀树当时面临的窘境是："谁要是第一次听到介子理论没有摇头，那他一定是门外汉。"

秀树试着把介子理论译成英文，寄给美国的《物理学评论》。他指望目光如电的大主编奥本海默能高看一眼——哪能呢，奥氏自然是圈内人，他毫不犹豫地将稿件束之高阁。

秀树四处碰壁，被西方的物理学界权威不屑一顾。这局面是令人尴尬的。秀树呢，他没有动摇，更不会屈服。他坚信东方人的智慧绝不输于西方人，自己的理论终将会赢得承认。秀树自述："我不是个非凡的人，但我是在深山丛林中寻找道路的人。"汉语有"藏诸名山，传之其人"，秀树就在等一个人，等一双慧眼来证明他的发现。秀树这一等，就是十三个春秋，直到 1947 年，英国物理学科鲍威尔等人在宇宙射线中发现了另一种粒子，众人这才恍悟，汤川秀树当年的预言是千真万确的。

这事也证明，实践是检验真理的唯一标准。

如是实至名归，两年后的 1949 年，汤川秀树水到渠成，凭借当初的介子论获取了诺贝尔物理学奖。

顺便说一下，鲍威尔等人发现的是 π 介子，并由此开创了物理学的一个新分支——粒子物理学。鲍威尔本人则成了粒子"物理学之父"。凭此贡献，他也在紧接汤川秀树之后的 1950 年获得了诺贝尔物理学奖。

1958 年、1980 年两次获诺贝尔化学奖的桑格曾经在致中国青年科学家的一封信中说：

> 有时候我问自己："要获得诺贝尔奖，什么是我必须做的？"
>
> 我的答案是"我不知道，我从没试过"，但我知道有一种方法是得不了奖的。有的人投身于科学研究的主要目的就是为了得奖，而且一直千方百计地考虑如何才能得奖，这样的人是不会成功的。

难怪获奖后的秀树为人题词，借用的是庄子《秋水》中的最后一句"知鱼乐"。

秀树曾把他的学术之因归功于失眠症。他由于长期高强度的思考，神经严重衰弱，每晚一躺到床上，头脑意外清醒，种种奇思妙想，五花八门，光怪陆离，不请自来。话说 1934 年 10 月，某夜，熄灯后上床，照例，各种思绪如天马行空，在脑际奔腾撒欢。突然，秀树锐声大叫："是它！就是它！"他看到了什么？原来，他眼前出现一颗颗晶莹闪烁的粒子，如宝石缀在天鹅绒般的夜幕。刹那，他记起儿时卧在樱花树下，仰面朝天，透过稠密的枝叶，看到的那一束束荡神迷睛的阳光。

那些"晶莹闪烁的粒子"，若干万年以来就在闪耀，在任何人的眼前。它没有称谓，不知来路，莫明去径。人们看了都是白看，不觉得有什么稀奇。只有秀树，因为他肩负着"寻找"的使命，他在"众里寻他千百度"之后，蓦然回首，终于醒悟：天哪！原来就是它！

这就是普通人与幸运者的区别。科学发现的灵光一闪，常常就出于这种呕心沥血、朝思暮想之后的偶然，如阿基米德发现浮力，牛顿发现万有引力，瓦特发明蒸汽机，伦琴发现 X 光，弗莱明发现青霉素，加伐尼发明电池，等等。

汤川秀树透过在夜空中闪烁的粒子而成功预测了介子的存在。他是诺贝尔奖自 1901 年创立以来，第一个登上领奖台的日本人，也是继印度作家罗宾德拉纳特·泰戈尔（1913 年获诺贝尔文学奖）和物理学家钱德拉塞卡拉·拉曼（1930 年获诺贝尔物理学奖）之后的亚洲第三位诺奖得主。1949 年，这个时间节点选得正好——汤川秀树破空而出的非凡业绩，不啻于是一颗精神上的原子弹，使刚刚从二战的废墟中爬出来的日本国民，重拾振兴家园的信心。

第五章

朝永振一郎：天生坯钻，但看谁人识

在学问领域，有幸得名师指点，非常关键。所谓"听君一席话，胜读十年书""一语点醒梦中人"，绝非妄言。

好奇心是创造之母

朝永振一郎生于 1906 年，论自然生命，长汤川秀树一岁，但论科学生命，却排在汤川秀树之后，属于小弟弟。为什么呢？这好解释：朝永出道迟，成名晚；尤其是获得诺贝尔奖落后汤川 16 年（汤川是 1949 年，朝永是 1965 年）——江湖就是这般势利。

换个角度看，汤川和朝永，委实像一对孪生兄弟。两人都是生于东京，1 岁多随父母迁往京都；小时候都爱哭鼻子；都不擅长体育运动，最怵单杠；中学都是读京都三高的；大学都就读京都大学，且同级同系。

只是朝永振一郎没有汤川秀树那么帅，虽然论高颅、宽额、俊目，两人有得一比，但论精神气质，明显偏于虚弱；成绩么，也没有汤川秀树那么拔尖，除了病怏怏的身体拖累外，他还有个致命的倾向——厌学。

倒不是公然地逃学，翘课，而是动不动就请病假，尤其在考试前夕。

为此，汤川没少嘲笑他："你这家伙，一到考试就肚子疼！"

这已不单单是"厌学"，还要加上"恐考"了。

读者自然想知道，这么个"厌学"加"恐考"的家伙，怎么会成为物理学大家的呢？

朝永自述，起因十分简单。小学三年级时，他家的防雨窗上有个小孔，早晨醒来，坐在榻榻米上，透过小孔即可眺望庭园的一隅，不仅能欣赏天际的浮云，还能捕捉到树梢盘旋的麻雀。进而发现，桌子的抽屉底部有一个小孔。他把抽屉拉出来，竖在地上，在小孔前面贴上一张薄纸。你猜怎么着？透过薄纸遮蔽的小孔也一样能领略朦胧的外景。

朝永家附近有个木匠铺，因为这个"近水楼台"，他在屋后的空地经常捡到一些木片、钉子，有时还捡到螺丝帽、合页。一次，竟让他捡到一柄放大镜。他灵机一动，试着把放大镜和抽屉的小孔叠合在一起，心里想，这么一来，图像一定会放得很大吧。然而，让他惊讶的是，图像不仅没有被放大，反而缩得很小，变得异常清晰。他自觉发现了一个不为人知的秘密，心里乐开了花。

四年级时，朝永缠着父母买了一本石井研堂编写的《理科十二个月》。

此书介绍了多种简单的手工实验，例如，用红墨水在纸上作画，然后把它贴到白色墙壁上，目不转睛地盯着看，过一会儿把画移开，墙上会留下同一图案的绿色印迹。又如在若干边缘带齿的啤酒瓶盖中间打个孔，用轮轴串联成齿轮；用几块木板组装起一台水轮机。诸如此类，都是些小玩意，对于朝永来说，却是大名堂，他满怀兴趣，乐此不疲。

　　到了五年级，学校开设理科课程，朝永最感兴趣的，就是老师做的示范实验，其中有一种是在氧气瓶中燃烧细铁针，效果就像点燃了一根纸捻烟花。有些大规模的实验是在体育馆做的，老师把五、六年级的学生集中起来一起观看。这时理科的带头老师担当指挥，其余老师做助手。记得一次实验氢气，老师给许多橡胶气球充满氢气，然后让大家拿到操场上放飞。气球腾空之际，众人鼓掌欢呼，就像自己也飞上了天一样。

　　每当此时，朝永就想自己动手做一些高端的实验。他去学校的图书馆，找到石井研堂编写的另一本理科入门书，从中学会了很多小制作，比如：将钉子缠上石蜡线，连接电池，制造出简单的电话机；用导线、铜片、电磁铁、铃锤、铃碗制作电铃；等等。

　　进入初中，亲戚送给朝永一批老旧的幻灯片，里面有关于日俄大海战、波罗的海舰队全军覆没的场面，以及贝加尔湖上坚冰破裂、行走的俄军猝不及防、瞬间溺毙的镜头。看到这些幻灯片，朝永很激动，立即动手制作幻灯机。谁知放映时，只能看到一点模糊的影像。他仔细观察学校的幻灯机，才知道需要一个高倍数的聚光镜。那玩意儿很贵，买不起。他冥思苦想，最后用一只装满水的烧瓶来代替，效果相当不错。

　　日俄战争的影像太过血腥，令人毛骨悚然，朝永想做一些风流儒雅的。他想到父亲出国留学期间拍了好多照片，家里还留有底版，能否把它们印到玻璃上呢？他把硫酸纸贴在玻璃上，涂上图片药水，试着一印，出来的画面颜色浅淡，透明度也差，无法放映。他又试着把熔化的琼脂涂在玻璃板上，干燥后，再倒上图片药水，使之慢慢渗透，然后印上底版，这回得到的结果远超预想，色彩鲜艳，图像透亮。成功了！他随即召集小伙伴，为他们演示了一场自制的幻灯片。

　　朝永想要一台显微镜，父母觉得他只是玩，就买了一台简易的，仅仅放大 20 倍。有总比没有强，朝永就拿它来观察跳蚤、花粉、蝴蝶的鳞粉，以及后院古井水中的草履虫。他想提高显微镜的放大倍率，从学校拿回一些玻璃管的碎片，搁在煤气火上烧，然后将之拉成条形，再把条形玻璃的一头搁回煤气火中，熔化出一滴一滴的玻璃珠。他将这些圆珠做成物镜，虽然像差偏大，图像也偏暗，但是倍率却提高了 200～300 倍，能清楚看到古井中草履虫的身躯和脑袋。

后来，朝永又想做一台玩具水泵，他把盛阿司匹林胶囊的空瓶当作汽缸，装入铅块，放在火盆上烤，待其熔化，插入一根铁针，冷却后，铅再次凝固，就得到了恰好嵌在汽缸中的活塞。随后，他小心翼翼地穿透瓶底，嵌入软木塞，连上两支玻璃管，再放入一颗气枪的球形子弹，堵死管内的部分空间，以之作为阀门。于是，一台小水泵就这样问世了。

朝永晚年回忆："现在的孩子资源丰富，条件优越。即使小学生，也能动手组装一台收音机。中学生用模型发电机做出逼真的电车，更是轻而易举。从前不行，只有富贵之家的孩子，才敢打模型发电机的主意，穷人家的孩子，买一节电池也得眼巴巴地看父母的脸色。少年时代的我只能因陋就简，东拼西凑。然而，一旦预想的实验变幻为真，那种快乐，比现在的孩子组装一台精密的收音机要大得多吧。"

朝永的物理学大门就是这样打开的。爱因斯坦曾经自述："我没有别的天赋，只有强烈的好奇心。""思维世界的发展，就是对惊奇的不断摆脱。"是的，兴趣第一，好奇心是创造之母；当然，好奇心如果再加上理性的饥饿，那就会大大缩短怀孕与分娩的时间。

仁科芳雄慧眼识钻

读者想象中的物理学大家，必定是少年早慧，聪明绝顶，一般在小学、中学，至迟在大学，如爱因斯坦、海森堡、狄拉克之辈，就已一飞冲天，一鸣惊人。

朝永呢，虽然少年时代受石井研堂编写的科普读物的影响，早早培养起对理化实验的兴趣，但他的学生时代并无光芒四射。只能说，人是聪明的，数学、物理成绩优秀，但短板、缺陷一大堆，尤其是多病多痛，搞得情绪抑郁，乃至就读京都大学期间，差点走进了死胡同。

请看他的大学回忆（已经笔者压缩和整理）：

跨进大学破旧的砖瓦大门，迎面是脏兮兮的暗黑走廊，空气污浊得令人窒息，这是我对大学的第一印象。

现在想起来，整个大学时代，我没有做过一件值得庆幸、自豪的事情。首要原因是身体不好，总是发低烧，经常失眠。每年入冬，感冒频繁光顾，还伴有胃疼、神经衰弱、神经痛。其次是老师授课的内容极其陈旧，毫无新鲜感——也许我对物理学的期望过殷，才产生了如此巨大的心理落差吧。

1922年，科学巨匠爱因斯坦访日，各大报刊闻讯立刻开始抢发报道，宣传铺天盖地。彼时，连对科学不甚了了的我辈初中生也被卷入，争相谈论时间与空间的相对性、四维空间、非欧几里得几何学等等。我当时想，物理学真是一个奇妙的世界，如果能以此为专业，是多么幸福啊！

1923年到1925年，新量子力学横空出世。是时我读高中，化学课讲到原子的结构，玻尔理论被推崇为最新的研究成果。化学老师说："这是个具有划时代意义的新理论，连我也似懂非懂。"其实现在回想起来，老师讲授这个"最新知识"的时候，已是在它出现十年之后的事了。

高三时，学生为报考大学的专业做准备。例如，考生物系的练习动物解剖，考数学物理系的学习力学。我并没有明确的方向，犹豫再三，选择了力学。

前面说到，进入大学，看到凌乱不堪的实验室，沾满灰尘的老旧机器，心已凉了半截。课堂上，老师讲的全是枯燥无味的数学公式，而且还得把它一点不落地抄在笔记本上，耗精费神，无聊透顶。

大三时，我自不量力，打算研究新量子力学。学校里没有一位老师能胜任此课，只有几位雄心万丈的师兄组织自学，我申请加入他们的团队，获益匪浅。与我同级的汤川秀树也加了进来，他目光如炬，进展迅速，对众人是巨大的刺激。

自不量力的恶果随即降临，因为经常生病，我推迟了许多科目的考试，大一的推到大二，大二的推到大三，到了大三，推无可推了，于

是，各种科目的考试集中到一起，就像面临一座又一座高不可攀的大
山。重压之下，我只有知难而进，孤注一掷。结果，虽然勉强通过，却
落下了疲惫不堪和极度自卑的后遗症。

总算熬到大学毕业，毕业即失业，无奈，只好留校当实验室的义务
助手（没有工资）。身体依然病病歪歪，最痛苦的，是不知道究竟应该
研究什么。那当口，量子力学的发展已接近尾声，在各个领域的应用正
方兴未艾，每个月涌现出的论文不计其数——我置身这个大潮中，有点
被淹没的恐慌。

汤川在这个大潮中，似乎找准了自己的方向。他比我高明，不服气
不行。

与汤川这种明确而积极的行动相比，我已近于被淘汰的状态，整天
想的是如何找个轻松的活儿，无论干啥都行。将来呢，唉，我根本不敢
奢想成为科学家，只寻思如何找个穷乡僻壤，默默度过余生。

这样萎靡不振的日子大约持续了三年，直到遇见仁科芳雄。

当时，研究室有一位叫木村正路的老师，研究光谱的，目光远大，
创造力惊人，他发表的论文经常被国外同行引用。有一年，木村老师去
海外考察，看到新量子力学的势头如同惊涛骇浪，席卷了全世界的物理
学研究。他痛感日本如果不采取措施迎头赶上，势必被远远抛在后头。
恰好这时，仁科芳雄自欧洲求学归来。他曾辗转追随拉瑟福德、玻尔、
爱因斯坦等巨匠，见证了量子力学的蓬勃发展，并与瑞典的克莱因联手
导出"克莱因—仁科公式"。木村老师喜出望外，立刻请仁科芳雄来京
都大学，为年轻人讲解量子力学的来龙去脉。

仁科芳雄在京都大学只停留了短短的一个月，留下的影响却是无可
估量的。他全面介绍了量子力学的产生背景和发展方向，使大家如醍醐
灌顶，大彻大悟。

最使我难忘的是课后的讨论。

当时，日本学者还不习惯于这种课后讨论，尤其是与重量级的人物
在一起。我呢，因为人病志短，马瘦毛长，自惭形秽，更是躲在一隅，
只带耳，不带嘴。

过了几天，基于仁科老师的平易近人和循循善诱，我终于鼓起勇

气，针对老师的讲课提出自己一些不同的见解。

事后证明，正是这种破天荒的大胆发言，引起了仁科老师的注意。

仁科老师正计划在东京理化学研究所（简称理研所）成立个人研究室。他回东京不久，我收到了一封来信，直接说："你来东京，和我一起干吧。"天呀，有这等好事！但是我回复老师："理研所是日本顶级的学术殿堂，英才云集，我，恐怕没有资格加入吧。"

仁科老师坚持："要不然，你先过来试两三个月，怎么样？"

如果仅仅是两三个月，那么不妨一试。

我就这样去到仁科老师的实验室。

三个月后，我开始收拾行囊，准备回家。想不到仁科老师出面挽留，他对我说："感觉怎么样？还好吧？你不打算一直在这儿干吗？"

事出意外，我对仁科老师说："这儿的人都很优秀，我配不上他们啊！"

老师拍拍我的肩膀，说："大家都是普通人，你绝对不比其他人差！"

因为仁科老师的这句鼓励，我留了下来。

在理研所，最让我享受的是那种自由自在的气氛。老师和大家讨论问题，相互之间坦诚交流，毫无隔阂，真正起到了开风气之先的头脑风暴的作用。

理研所里的人虽然学得拼命，玩得也尽兴。他们熟知酒精的味道、曲艺场的美妙、爬山的快乐，还懂得鉴赏戏剧和音乐。有人专门负责培训我这位京都来的乡巴佬，促使我尽快脱胎换骨。

往昔的萎靡渐渐烟消云散，健康也大有好转。

如果没有仁科老师给我的这次机会，大概我会终老在某个乡村吧。我不像汤川那样很早就找到了自己的研究方向，因此这是一个决定性的转折。感谢仁科芳雄老师，是他把我领进了创造的门槛。

朝永的这段回忆使我想起了世界上最大的钻石的发现。那是 1905 年，在南非的一座矿山，一个叫威尔士的经理人员无意中踢到了一块石头。肯定有好多人也见过或踢过那块石头，在他们看来，那玩意儿与其他的石块并无二致。威尔士却蹲下仔细看了看，原来，那是一块硕大的坯钻。

据说，这块坯钻在朝永出生的那一年，被奉献给英国国王爱德华七世。国王看到那块原石，说："如果是我踢到这块石头，可能连看也不会多看一眼吧。"

原石后来被切割成好几块钻石，最大的一块，重达530克拉，嵌在国王的权杖，命名为"非洲之星Ⅰ"。

天生灵巧、敏感多思的朝永，正是一块硕大的坯钻。他自己没有意识到，旁人也没有认识到，但是仁科芳雄看出来了，并且亲自动手加以切割、琢磨，终于使之破坏而出，大放异彩。

乐园，朝永的诺奖之路

晚年，朝永振一郎在回忆录中，把理研所及其下属的仁科实验室，比喻为他通向诺贝尔物理学奖的乐园。

其乐何在呢？

朝永说：

一是资金充裕，财务宽松。实验室的办公物品，特别大型的除外，使用者均可凭发票报销，不需要多说一句话。

实验室每年有预算，由于科研的不确定性，经常出现超标。超标了也不怕，所里自然会给补上。假如出现剩余，所里也不会在年终收回，更不会因此而减少下一年的预算。

这些经费从哪里来？朝永当时只是个小职员，他不用管，担子全在所长大河内正敏身上。据说有相当一部分来自于专利和发明的创收，但是朝永所在的实验室是搞纯理论研究的，换句话说，就是只管花钱，不管创收。饶是如此，在所里也无人歧视，彼此亲睦，其乐融融。朝永觉得，这要归功于大河内正敏所长对科学的高度理解。

二是专家治所，长才群集，不拘一格。专家之首为主任研究员，他拥有自己的实验室，以及研究员、研究助手、研究生，地位相当于一城之主，麾下招募多少人马由他一人拍板，所里从不掣肘。招来的人员，也是不讲派系（如出身的学校），不论专业，但看专长。选择课题和研究方法也是听凭各人自主。实验室虽然各自独立，但不设樊篱，鼓励自由交往，共同竞争。讨论问题，专家和职员一律平等，不看地位，只论真理。

三是不坐班，不考勤，不搞形式主义，唯一的指标就是工作成效。一开始，朝永很不习惯，每月按时领工资，却从没有人对他提出具体要求。你可以睡懒觉，你可以根本不上班，但他很快发现，有很多人是白天黑夜连轴转，没有了琐事缠身，除了研究之外不附加任何义务和规定，研究欲望就会得到最大的激发，人才也得以迅速成长。

从以上三条看，理研所无论搁在当日，还是现在，在素以刻板、教条著称的日本，恐怕都属于特例。

还有第四条：得遇伯乐，有幸追随仁科芳雄的足迹前进。朝永进理研所仁科老师实验室，是仁科老师一手促成的。要不是偶然与仁科老师相遇并被看中，他就无法展望未来——他曾经想象的终老乡间，那不是未来，那是无数大才被埋没的过去——而他必然会被时代的列车抛弃，永远留在"坯钻"的远古。

想想真是既庆幸，又后怕。

仁科芳雄是自己时间的主人，他的日常安排紧张而又富有弹性。朝永回忆，仁科老师大概是天底下最忙碌的角色，唯一可以跟他搭话的机会，就是午休时间，那时，他一定会出现在网球场。

仁科先生在忙什么呢？在忙于研究宇宙射线和原子核，在忙于建造回旋加速器，在忙于将理研所打造成培养日本原子物理学精英的摇篮。

1937 年，仁科芳雄建成了日本首座 23 吨的回旋加速器；1944 年，又建成了 200 吨的回旋加速器。这都是要耗费巨资的，以理研所当时的财力，几乎到了要砸锅卖铁的程度。1941 年 5 月，仁科芳雄接受内阁密令，负责代号为"仁"的原子弹研究计划。对此，有人说他主观上阳奉阴违，故意怠工；有人说是客观上捉襟见肘，条件不具备。总而言之，该计划以流产告终（见仁见智吧，正好像有人说德国之所以没能造出原子弹，是由于研制者海森堡存心拖延）。那段记忆，无论取哪个角度，对仁科芳雄来说，都是灰暗的。更何况，他所研制出的热扩散设施也因美军的空袭而毁于一旦。但有一点是肯定的，即使在战争期间，仁科芳雄和他的一些学生并没有放弃对纯科学的追求，为日本在二战后的崛起积聚力量。

二战后，东京大学理化学研究所解体，改成株式会社科学研究所，仁科芳雄担任第一代董事长和社长，此外还担任日本学术会议副议长、联合国教科文组织日本协会会长等职。1951 年仁科芳雄去世。朝永振一郎回忆：

> 有人曾经评价仁科老师是日本物理学界的哥伦布。哥伦布不是一名成功的贸易商人，他的志向不在于做那些平凡的贸易，而是首先计划开辟新航线，但是最终也没能发现黄金遍地的东方。如果从贸易的角度来看，他发现的只不过是一片未开化的美洲土地，但是这个美洲却是后代人活动的大地盘。

> 仁科老师留给我们的不是学术上的大发现，也不是回旋加速器，而是更为重要的东西。老师让我们领悟到物理学近代研究方法的重要性。按照这个想法能够产生什么结果，需要靠我们这一代人的努力。老师的计划非常宏伟，不会终结在老师那一代，需要我们后辈人继续传承下去。

为了纪念仁科芳雄，1970 年，国际天文学联合会将月球内侧南纬 45 度，西经 171 度的巨爵星座命名为"仁科"，月球上一环形山也以其名字命名——这可喻为天文界的诺贝尔奖。1990 年 12 月，日本邮政省发行的《50年纪念邮票》中，采用的就是仁科的肖像及其业绩图，以彰显他的卓越贡献。

纵观仁科芳雄的一生，我想到了英国诗人白朗宁的一首小诗：

> 我们要有远大的愿景，
> 在天空画一个大圆吧。
> 也许，你穷极一生都无法画出那个大圆，
> 但你一定能画出大圆中的一段弧形。
> 圆小，我们自己一个人就能画得出来，
> 但那永远只是一个小圆。
> 圆大，只要后继有人，
> 将来它就是个令所有人赞叹的大圆。

> （赖庭筠译）

仁科芳雄的远大愿景，就是在日本物理学的天空画上一个大大的圆。他画了第一笔，汤川秀树画了第二笔，朝永振一郎又接过他俩的笔继续往

前画。

1937 年，朝永振一郎在仁科老师的推荐下，前往德国莱比锡，跟随物理学大师海森堡深造。注意，这是他科研生涯中的又一个台阶，是从东京理研所的乐园前往欧洲的另一处科学研究的洞天福地。

为什么这么说呢？因为海森堡是继爱因斯坦之后，20 世纪最伟大的科学家之一。1925 年，24 岁的他就创立了矩阵力学，并提出不确定性原理及矩阵理论，一跃成为量子力学的主要创始者，哥本哈根学派的代表人物；1933 年，32 岁的他更因上述成就收获了 1932 年度的诺贝尔物理学奖。

在学问领域，有幸得名师指点，非常关键。所谓"听君一席话，胜读十年书""一语点醒梦中人"，绝非妄言。想当年，年轻的海森堡幸遇世界物理大师玻尔，仅仅散了一次步，得到对方的点化，就如拨云见日，茅塞顿开。海森堡后来常对人说："这是我一生中最为重要的散步，决定我命运与成功的一次散步。我的科学生涯就是从这次散步开始的。"

还是想当年：1929 年，28 岁的海森堡和 29 岁的狄拉克联袂访日，23 岁的大学生朝永振一郎挤在人丛中听了他俩的讲座，顿觉神为之迷，目为之眩。而 1937 年至 1939 年，朝永振一郎得以登堂入室，成为海森堡的亲炙弟子，朝夕相随，时时接受指导，其意义又岂是一次散步、一次讲座所能比拟！这是海森堡的世界，这是多维的、立体的空间和时间。万里之外，异族他乡，朝永的每一次呼吸都是带着温度的扬弃，每一根神经都在谛听着科学前沿的动静。他五感俱化，六觉皆融。一阵创新的风从天外吹来，立刻为他飞扬的发丝攫取，并化为他生命的一部分。

他后来提出了耦合理论。

19—20 世纪，科学研究的重镇在欧美，出国留学，向高手学习是创造的捷径。

1941 年，朝永振一郎担任东京文理科大学物理学教授，提出量子场论的超多时理论。二战期间，他曾经参与研究雷达技术中磁控管的理论，发表了高水平的论文。二战后，他继续研究和发展他的超多时理论和介子耦合理论，同时参与《理论物理进展》杂志的创办工作。朝永振一郎以他的超多时理论为基础，找到了一种避开量子电动力学中发散困难的办法，这就是著名的重正化方法。利用这种方法，可以成功地解释兰姆移位和电子反常磁矩的实验。几乎在同一时间，美国物理学家施温格、费曼也独立地完成了类似的研究。英雄所见，不谋而合，他俩的研究使得描写微观世界的量子电动力学理论成为一个精确的理论，并对之后的理论发展产生了深远影响。1965 年，朝永振一郎与施温格、费曼因"在量子电动力学重整化和计算方法的贡献，对基本粒子物理学产生深远影响"而获得诺贝尔物理学奖。

现在，在笔者写作此文的 2020 年，仁科芳雄当年的愿景是否实现了呢？答案是，成就卓著，八字已见一撇。君不见，在汤川秀树、朝永振一郎之后，又有坂田昌一、小柴昌俊、南部阳一郎、益川敏英、小林诚、江崎玲于奈、赤崎勇、天野浩、中村修二、梶田隆章等英杰跟进画圆。现在虽然还没画完，但一个大圆的半弧，已完美地呈现在日本物理学界的高空，像一道逼人仰视的彩虹。

朝永随笔：普林斯顿的物理学家们

1949 年春，汤川秀树应哥伦比亚大学之聘，前往担任客座教授；是年 11 月，他荣获了诺贝尔物理学奖。

同一年，朝永振一郎应奥本海默之邀，前往普林斯顿大学访问。

这是国际科学界对他的承认。彼时，他虽然还没有获得诺奖，但他的重整化，或曰重正化理论，已经日益引人注目。

朝永在普林斯顿待了十个月，接触众多世界一流的科学大师。他有一篇随笔《普林斯顿的物理学家们》，是极其珍贵的第一手素描，相信他本人非常感动、感慨，对后世的读者，也是空谷足音，可遇而不可求。

原文如下：

> 说到普林斯顿的物理学家，人们都会想起爱因斯坦，那么我就从爱因斯坦说起。
>
> 爱因斯坦老先生住在门撒大街，紧挨神学研究院。到达普林斯顿的第一天，宿舍管理员秘书用自行车载我去宿舍的路上，指着一栋小木房说，那儿就是爱因斯坦的家。那是个小巧玲珑、粉刷成淡黄色的双层建筑。那时，老先生正站在大门口和谁说话。秘书告诉我，老先生去研究所工作的时候从来不坐车，在研究所里从来不坐电梯，等等。从他家到

研究所大约有一英里的路程，他总是踱着去。那是一条宁静优美的道路，两旁有精心修理的草地，有橡树和枫树的森林，非常适合这位老物理学家行走。

老先生的一头白发总是乱蓬蓬的，打个不好听的比喻，就像长白毛的狮子狗一样。他穿肥大的裤子，灰色的毛衣，不坐汽车，不乘电梯，当然也从来不系领带。

下雨天，研究所里年轻的物理学家在开车上班的路上看到冒雨走路的他，就停车询问："要不要载您一程？"他回答："不了，谢谢，我走路就行……"

天气晴朗的星期日，我有时会碰到叼着雪茄散步的老先生。我向他问好，他总是微笑着举起一只手朝我打招呼。我是个懒汉，下午一点钟才上班，那时正好是老先生的下班时间。

高级研究所所长奥本海默教授的白色公馆矗立在树林中，和研究所隔着一片草坪。他经常在那里举办鸡尾酒宴会招待我们。我抵达普林斯顿的当天傍晚，他邀请我说："来我家吧。给你引荐一批来自欧洲各国的学者。"那天，他演示了引以为豪的看家本领——马蒂尼鸡尾酒的制法。我觉得微微散发着针叶树气味的这种鸡尾酒非常美味可口，而且为了掩盖我拙劣的英语口语，不知不觉喝了很多。那天，教授的小儿子和小女儿捧着花生盘子来来回回地为客人们服务。

奥本海默家里养了一只肥硕的牧羊犬，经常跟着他到研究所的办公室，趴在秘书桌子旁边。这只狗和经常在美国见到的那种肥硕庞大的狗一样，中等肥胖，性格温和。

奥本海默的思维非常敏锐。他身体瘦长，那双清澈的蓝眼睛总是给人锐利的感觉。我打个不好听的比方，他就像豹子一样，行动敏捷，毫不犹豫。但是当他微笑的时候，又变得截然不同，让人感到非常亲切。真是一张不可思议的面孔。

从哥本哈根远道而来的玻尔博士，比以前到东京访问时明显变老了。长长的眉毛一直下垂到眼睛旁边，微微驼背，给人一种慈祥的感觉。握手的时候，他的手就像棒球手套那样又厚又大。但老先生讲的话很难听懂。他曾经在研究所里以他最精通的互补性原理为核心做演讲的时候，研究所的沙龙里挤满了听众。他演讲的内容十分艰涩难懂，加之声音微弱，英语发音不标准，很难听懂。于是听众里有人喊道："请您稍微大声些好吗?"而且他总是面对着他左前方的一部分听众，致使右边的听众要求："请您也看看这边好吗?"就这样，演讲会上总是会出现许多不太礼貌的要求。

一位年轻的物理学家问我："你听懂玻尔的演讲了吗?"我说："根本听不懂他的英语。"年轻的物理学家笑着说："开始我还以为他说的是丹麦语呢!"这位年轻人是英国人，于是我释然了：至少听不懂玻尔的英语，并不是我英文不好的缘故。

普林斯顿的研究所里聚集了世界各国、各种风貌、性格迥异的老少学者。逐一描写出那些人的特性是一件非常有趣的工作，但是由于篇幅限制，我不得不在此搁笔，以后有机会再继续写吧。

世间事，常常是千载一时，机缘难再。以后，朝永先生再也没有接着往下写，至少，我没有查到。不过，有这篇短文就够了，这也是他留给后人的一笔宝贵财富，其价值不亚于他后来的名著《物理是什么》。

也可以说，普林斯顿是他研究生涯中的第三处乐园。

第六章

江崎玲于奈：要做就做第一流的选题

江崎的激动是无法用语言形容的。他窥穿了上帝的游戏规则——是的，在上帝，这就是游戏——原来制造某一特定物质，需要某一特定温度。

一头初出山林的小狮子

江崎玲于奈，1925 年 3 月 12 日生于大阪，比起汤川秀树、朝永振一郎，分别小十八、十九岁。不要小看这十八九岁，这可是一代人的差距。汤川、朝永出生于明治年代，江崎出生于大正年代，国情丕变，际遇殊途，其成长的道路自然是大相径庭的了。

首先讲名字。望文生义，汤川秀树突出一个"秀"，亭亭如盖的秀，长松绣天的秀；朝永振一郎突出一个"振"，一郎也泛指老大，寓意期待他这个长子将来能出人头地，振兴家族；江崎呢，取名"玲于奈"，这三字的组合，貌似风马牛，必须用日文读，玲于，发音为 Reo，又必须用拉丁文解，Reo，即狮子，奈，为语气助词。江崎玲于奈后来就读于东京帝国大学理学部物理学科，同班有一个学生，叫森礼于，乃著名文学家森鸥外的孙子，礼于的发音，恰恰跟玲于一样，也读 Reo。是以，物理学科的主任清水武雄教授戏说："今年班上来了两头狮子啊！"

"狮子！""狮子！"江崎整天被别人当万兽之王呼来唤去，既凸现了父母望子成龙的热切希望，也给予了他与众不同的强烈自信。

话说他三四岁的时候，那是在大阪。每到傍晚，母亲常常带着江崎，穿过门前的田间小道，去接大他五岁的哥哥放学。有一天傍晚，他不等母亲招呼，独自一人去哥哥的学校。途中，突遇一头黑色的牯牛朝他猛冲过来。说时迟，那时快。他一跃而起，跳进旁边的庄稼地，伏倒身子躲藏。敢情自个儿目标太小，牯牛旁若无人，径直冲过去了。母亲随后赶来，听他说起刚才的惊险，大为震怒，怪他不该擅自独行。玲于奈却把胸脯一挺，嘴巴一撇，一副满不在乎的神态，心里想：您忘了我是小狮子哈！

江崎出生的大正年代，日本伴随着一战的胜利，经济一派欣欣向荣。父亲在大阪开了一家建筑事务所，生意十分繁忙。江崎自述："那段时期，父母的社交极为活跃，总是带我进出形形色色的场所，比如马戏场啦，无声电影院啦，心斋桥的百货商店和餐厅啦，电气科学馆和博览会啦，以及到处游山逛水。记得四岁那年夏天，去了福井县的若狭高浜小镇，饱享山林、沙滩、海水浴之乐。此外，还去过大阪中之岛的中央公会堂与京都的日出会馆，坐在母亲的膝头，听父亲在台上滔滔不绝的演讲，至今印象还如刀辟斧刻。总而言之，我那幼小的脑袋瓜，是在远远高于常人的刺激中发育成长的。"

　　父母为了给孩子创造良好的教育环境，在江崎五岁半时，把家迁移到京都。次年，江崎上了小学。老师对他的印象是孺子可教。同学对他的印象是鹤立鸡群。注意，这鹤立鸡群，亦褒亦贬。褒嘛，说他聪明，成绩好；贬呢，喻指他又高又瘦。按，江崎虽然有个狮子的大名，但除了头发有点卷曲，其他都和狮子沾不上边。

　　老师对小江崎颇有期待，一次，询问他将来的理想，江崎响亮地回答："做个像爱迪生那样的发明家！"

　　谁也没有料到，这个见多识广、成绩优秀而又胸怀大志的男孩，却在小升初上遭遇滑铁卢。

　　那是 1937 年，江崎十二岁，报考京都府立一中。笔试通过，面试惨遭淘汰。江崎被淘汰的原因在于：时值日本军国主义跋扈，视学生为未来战争的后备军，对其体质要求极为严格。江崎生得单薄清瘦，望上去一副手不能提、肩不能扛的样范，自然被扣分；加上他患有口吃，回答问题吞吞吐吐，结结巴巴，又被扣分。两方面一扣，就被刷掉了。

　　江崎的口吃不是天生的，源于一次意外事故。据江崎回忆："那是 1927 年 8 月，我两岁零五个月，全家在淡路岛以南，一个叫沼岛的地方歇暑。借宿的人家有个五岁左右的女孩，她在走廊里碰见我，不知触动了哪根神经，突然出手将我推下走廊。那一跤肯定跌得很重（当时还没有记忆）。母亲见状，慌忙跑过来，俯身抱起我。我却不哭，也不吱声，哑巴一般。过了好久，才张开口，竟然期期艾艾地说不利落话。母亲急坏了，到处为我延医诊治，症状有所好转，终未能除根。读小学后，由于畏惧课堂上的自由表达，口吃又一度加重——如今回想，我之所以在小学就确定将来当发明家，大概觉得发明家整天待在实验室，不需要跟人多接触，也就不需要多说话。嘻嘻，说不定正是因为口吃，才导致我最终走上诺贝尔奖领奖台的吧。"

　　笔者听说，牛顿、达尔文都患有口吃，爱因斯坦小时候也说话结巴，口吃果然是科学家的催化剂乎。

　　回到江崎的小升初失利。不管什么因素，反正他是被刷掉了，而且开了日本诺奖获得者留级的先河，这是很伤自尊的。父亲考虑他的心理，安排他去另外一所小学复读。第二年再考，江崎回避了之前折戟的府立一中，改报同志社初中，顺利入学。

　　初中阶段，江崎憋着一口气，暗暗和府立一中高他一级的小学同窗较劲，结果，初中五年他只读了四年，就跳级考上京都最有名的第三高等学校——把小升初失利耽搁的一年又追补了回来。

关于江崎在同志社初中的卧薪尝胆、发扬蹈厉，有当年的一位同窗好友谷冈道夫的回忆为证。谷冈在写给江崎的信中说：

> 回想起来，仁兄获得诺贝尔奖，早有预兆。下面这段话，你大概早忘了。初中三年级时，我在府上和你讨论参考书上的习题。当我说"这些题目真难啊"，你回答："谷冈君，这些题目都是有答案的，所以算不上难，只要按照路数去做，总会解决。世界上最难的，是那些答案若有若无的题目，那才费脑筋。"

> 显而易见，从那时起，你就在思考"答案若有若无"的世界性难题。

比起汤川、朝永两位前辈，江崎的中学、大学教育显然成色不够。回顾历史就知道，日本在1937年7月发动全面侵华战争，1941年12月8日又发动太平洋战争，成千上万的中学生、大学生统统被驱赶上前线，充当炮灰。江崎侥幸没有上战场，但也免不了丢下书本，到军工厂劳动。江崎的回忆充满遗憾和感伤：

> 1941年12月8日，日本海军偷袭珍珠港。消息传来，举国疯狂。那天夜里，我偏偏不予理会，躲开众人，独自埋头书本，复习迎接中考——终于考上心驰神往的三高。

> 1943年春夏，我高二。前线阵亡人数剧增，物资供应吃紧，劳动力严重缺乏——学校停课，大批学生被赶往工厂、农村。入秋，文科学生的延期征兵被取消，统统以"学徒出阵"的名义走上战场。我是理科生，记得数学老师小堀宪先生的嘱咐："无论遭遇怎样的牺牲，你头脑中的知识，永远不会丧失。记住，社会越动荡，越要奋发学习。"

1944年9月，同盟国转守为攻，日本军事濒临崩溃。江崎这一届的高三理科生没有经过统考，仅仅履行申请手续，便直接上了大学。江崎进的是东京帝国大学物理学部的物理学科，若干年后，他还清楚记得科主任清水武雄教授对新生的致辞：

> 我们物理学科，旨在为国家培养攀登世界科学高峰的骨干力量，为社会输送优秀人才。这一光荣传统，将在诸君的身上得到继承和发展。

今天我在此欢迎各位，满怀无限喜悦。记住，诸君从现在起不再是普通的学生，而是高贵的绅士，希望大家能以绅士的标准严格要求自己。

"1944 年 10 月，我有幸聆听汤川秀树先生讲授的《原子核理论》"，汤川先生是江崎心仪的偶像，若干年后回首，犹是历历在目，"这是为高年级开设的课，我这个大一新生，也忍不住跑去旁听。汤川先生是京都大学教授，那会儿也在京都大学兼职。先生一边手拿防空头巾，一边认真宣讲的姿态，无论隔了多少岁月，总也忘不了。"

"1945 年 3 月，美军对东京进行了频繁轰炸。是月 12 日，我迎来自己二十岁的生日"，这是空前的狼狈，江崎回顾，"当晚，我通宵达旦一眼未合——因为根本就没有睡觉的地方，终于省悟战争对文明的撕裂摧残，以及对生存根基的彻底颠覆。"

"当天早上，在熟悉的 25 号教室，田中务先生讲授《物理实验学第一》，风度，语调，与平日丝毫不改。"——这是历史的实录，并非笔者有意要美化什么——江崎说，"我拼命记笔记，强压下昨夜死里逃生后的惊魂未定，奋力泅渡在物理学的海洋。那一刻，我切肤体验到了东京大学的存在意志：崇尚学术。"

"我如今正遥望物理学那雄伟壮观的殿堂，心头溢满喜悦。"这是数日后，江崎给母亲信中的一段话，"物理学绝非微不足道的学问，它是自然科学，乃至一般科学的基础、支柱。我的幸福之情，并非出于指日可成大学问家的自信，而是觉得，能够致力于将自然之美和人类的智慧对接，是何等神圣的伟业！"

要做就做第一流的选题

战争改变一切。

江崎就读的东京帝国大学在二战后改为东京大学，学制从三年改为两年半（限于他们这一届）。1947 年春，好歹迎来大学毕业。

他面临的第一个选择，就是干什么。

潮流——社会总是有潮流的——出于对汤川秀树、朝永振一郎这拨大家的敬仰，物理学科的毕业生争相投入粒子物理学与核物理学的研究。

江崎却是别具只眼。他在大学后期接触到新兴的量子力学，敏锐地看出潮流已经转向。

"我的想法与众不同"，江崎在自传里说，"二战后产业尽毁，百废待兴。当此之际，让日本工业接受量子力学的洗礼，才是我们物理学者崇高的使命"。

"此时的我，着手谱写人生大戏的剧本，坚信虽然初出茅庐，将来必能荣膺重任——为日本的电子工业送去掀天揭地的'量子之风'！"

于是，江崎瞄准与工业有关的物理学领域。他没有选择留在东京、大阪等大都市，而是去了兵库县神户市的川西机械制作所（后来的神户工业）。

江崎接手的第一项工作，是研究真空管的阴极电子放射。这是一个群星闪烁的领域。在江崎之前，欧文·理查森已于1928年获取了诺贝尔物理学奖，厄文·朗缪尔又于1932年获取了诺贝尔化学奖。如今轮到他来继续开拓。江崎一头扎进项目，就像狮子扑向猎物。他理论基础好，实验干劲大，运气也佳，初试身手，旋即旗开得胜。他的论文，关于钨的电子放射刊登在日本《应用物理》上，算得上是研究生涯的第一声狮吼。

当他抬起头来，重新打量世界，愕然发现，在他埋头研究真空管的日子里，美国贝尔研究所已经推出了升级换代的半导体晶体管。

这是一场革命。江崎明白："无论就其革新性，还是就其影响力，晶体管绝对称得上20世纪最伟大的发明。如此一来，继续故步自封，守着真空管不放，只能被世界拉得越来越远。"

那是1948年。江崎当机立断，改弦更张，把课题调整为硅锗半导体方向。他坚信，只要站上研究的潮头，即使二流的学者也能写出一流的论文。这就如同企业经营，面对有限的市场和激烈的竞争，常规状态下，只有一条道，非赢即输。而一旦进入创新领域，因为前无古人，每个参与者，不论成就大小，都有成为赢家的机会。

也就在那一年，神户工业和美国RCA公司开展创新合作。公司的同事去和对方商谈业务，带回了一块高纯度的锗单结晶，直径2厘米，高4厘米，状若铃铛，闪烁着幽雅青涩的黄光。同事把它交给跃跃欲试的江崎："喏，所谓半导体，就是这种玩意！"

江崎如获至宝，立即投入研究。此事说起来容易，做起来难。实验室的事，无非是失败接着失败，再失败，还是失败，直到……那已是1953年，江崎才完成论文《锗的热处理》。文章发表在美国的《物理评论》，虽然谈不上后来居上，也算是奋起直追，加入到世界半导体研究的大军。

美国RCA公司那边，如约为神户工业提供了半导体制作的有关材料，虽说还不够完善，但公司毅然拍板上马。江崎主动请缨参与其中。1954 年 1 月，他们用自制的晶体管制作出了无线电，并于东京上野的精养轩公开发布。这比东京通信工业（后来的索尼）的开发，早了整整半年。

　　形势大好！公司却没有趁热打铁，乘胜前进，相反，借口财政困难，拒绝整修老化的设施，更甭说添加新设备，导致研究陷入泥沼状态，进也不得，退也不得。江崎意识到，这个环境已不再适合他的发展，要想让人生大戏不偏离预先设计的剧本，必须更换表演的舞台。换句话说，就是必须另择高枝。

　　在讲究终身雇佣、年功序列、集团至上的日本，跳槽是犯大忌的，也是很难被允许的。江崎为此付出精神上、经济上惨痛的代价。饶是如此，他还是快刀斩乱麻，和神户工业挥手拜拜，转奔东京通信工业而去。

　　大代价也获得了大回报。在东京通信工业，江崎如愿以偿地站到了半导体研究的最前沿：利用量子的穿隧效应，制造晶体二极管。

　　这里需要交代一下：早在 1934 年，美国物理学者克拉伦斯·梅尔文·齐纳通过量子力学的隧道效应，对绝缘破坏展开了精彩的理论建构。然而，现实中的绝缘破坏源于电子雪崩现象，与隧道效应了无瓜葛。齐纳的精彩理论被喻为"创造性失败"，再也无人问津。

　　江崎从齐纳失败的地方出发，他用自己的方法把 PN 结合层逐渐做薄。正如预期的，其顺向特性没有发生什么变化，但逆向的耐电压却不断降低，这样一来，逆向就比顺向更容易产生电流，前所未闻的新二极管就此诞生。江崎给它取名为"逆向二极管"。毫无疑问，齐纳理论在这里得到了新生，江崎成功地观测到了隧道电流。

　　"宇宙中的一切存在，都是偶然和必然结合的产物。"古希腊的自然哲学家德谟克利特，堪谓一语道破天机。对江崎来说，走到这一步，可说是势有必然。但继续走下去，直至最后成功，就要等待偶然现身。

　　偶然在哪儿呢？

　　来了！那是 1957 年，盛夏的一日。酷热使研究室的冷气失去功效。没奈何，只好把逆向二极管放入零下 80 摄氏度的槽中。此时，观测顺向的隧道电流发现，施加的电压越高，电流变得越小，就是所谓"负性抵抗"——这正是发明江崎二极管的开端。江崎的激动是无法用语言形容的，他窥穿了上帝的游戏规则——是的，在上帝那里，这就是游戏——原来制造某一特定物质，需要某一特定温度。哈，天时地利，恰好酷热使研究室的冷气失去功效，恰好实验用槽为零下 80 度，恰好"负性抵抗"应运而生，对江崎来说，这零下 80 摄氏度就是改变他命运的契机。

事后想来，这本是理所当然的特性，只不过制订研究计划时，没能想到而已。负性抵抗在应用层面上价值很大，与通常的二极管不同，它具有产生振荡、增幅、开关的功能。此外，因为是隧道电流，所以是超高速运作。如此一来，一直纠缠着隧道电流的"创造性失败"获得了机遇女神的眷顾，摇身一变成了"创造性成功"。

这一创造发明，迅速得到国际物理学界的认可。32 岁的江崎登上了他人生的高坡：齐纳盛情邀请他去自己的西屋研究所工作；更有科学界的大佬预言："江崎二极管"终将会赢得诺贝尔奖。

远渡美国，寻求更大舞台

1959 年，江崎玲于奈应邀访美，作为新晋的大牌年轻科学家，所到之处，莫不受到热烈的欢迎。人们向他伸出橄榄枝，希望他能留在美国工作。起初，江崎不以为然，一笑置之；直到访问电话发明者贝尔的实验室，在其大门入口处，见到贝尔的一行名言：

> 偶尔远离寻常路径，钻入丛林，你一定会发现一些前所未见的东西。

江崎心旌一动，想：是啊，自己也应该趁着年轻，离开日本轻车熟路的"寻常路径"，钻入美利坚这片大木槎枒、奇崛万状的"丛林"。

次年，江崎 35 岁，正当年富力强之际，他下决心远渡重洋，赴美研究。"江崎二极管"是他的通行证，他想到哪儿，就可以去哪儿；他想搞什么研究，就可以搞什么研究。牛吗？牛。酷吗？酷。然而，他去美国不是为了显摆，而是为了借助人家的舞台，摆脱"江崎二极管"的相关课题，开展那种超大规模的，也只有在美国才能实施的巨无霸型研究。这要花很多很多的钱，也许是天文数字；而且旷日持久，或者十年，或者二十年，甚至更长。这是他的梦。谁能满足他的条件？谁能帮他圆梦？

江崎最终选择了 IBM 公司。当然由于其超强的实力，更因为其灵活的机制。IBM 效仿商业模式，两条腿走路：一是抓热门课题，立竿见影；二是立足创新，着眼长远。前者风险低，参与者云集。后者风险大，投身的就少。江崎的创新梦，注定了他走第二条路。

江崎开始组建团队，首要是如何挖掘人才。IBM 门槛很高，应聘者都得有博士学位。他们选定一流大学的博士毕业生，逐个进行面试。没有成见，全凭实力。结果，录取的人员半数属于外籍；其中，以来自中国香港、台湾地区的为最多。

美国属于竞争型社会。在这里，论资排辈、家庭背景、人事关系都在视野之外，只有能力，才是评估与被评估的唯一标准。研究所如果有一百个人，就会像学校成绩排名一样，从第一名排到第一百名。这是每年年底公司的重大事项。排名前十的，进入绿色名单。他们是技术精英、行业骨干，通常是猎头公司的挖墙脚目标，为了留住他们，相应地要提高待遇；排名后十的，进入橙色名单。这些人属于"垃圾分子"、清洗对象，对于他们，公司着重考虑的，是如何既不伤其自尊，不招惹事端，又让其痛痛快快走人。

1967 年，江崎因为创意新颖与能力出众，被公司任命为特别研究员。特别研究员之特别在于：在这个事事都经评估的美国社会，可以"跳出三界外，不在五行中"；其他还包括待遇优渥、经费优裕、人才配置优先等。江崎得此便利，当即决定把自己琢磨多年的超晶格制作付诸行动。

这是一个追慕上帝的擘画，它贯彻了一种全新的思路：按照人类的需求来设计新物质，使用高度薄膜结晶成长技术进行操作。这一实验被认为是纳米技术的开端。

这是在日本享受不到的威权，这种威权从根本上来说，还是拜"江崎二极管"所赐。他或许能以此为台阶，在科研上"更上一层楼"——他自己也是这么想的。谁知，正当 IBM 公司倾心支持，团队成员奋勇投入之际，1973 年 10 月 23 日，传来一个特大的好消息：江崎玲于奈与美国的贾埃沃、英国的约瑟夫，因在半导体中发现电子的量子穿隧效应而同获该年度的诺贝尔物理学奖。

江崎名字中的雄狮，不，他深埋心底的雄狮，一下子被诺贝尔奖给唤醒了。那一刻，全世界都听到了它的吼声。

获奖后自然名声大振。但名声是把双刃剑，江崎接过了诺贝尔奖，同时也被诺贝尔奖掳获。从此，他不得不拿出很多精力，去参加各种各样的会议，出席形形色色的演讲。江崎回忆录讲到一个诺奖得主和他司机的故事，可供大家玩味：

　　美国某大学一位教授获得了诺贝尔奖。学校顿时名声大噪，校长更是欣喜不已，他赶忙和教授打招呼："你现在是大名人了，各地都会邀请你去演讲。这样吧，我那辆校长专车和司机，今天起专门归你使用。"

教授自然感激不尽，他乘着校长的专车四处巡回演讲。获奖后的一个显著变化，就是听众开始认真听取你的每一个字。教授看在眼里，喜在心头，乐此不疲地到处大吐满腹经纶。可同样的内容重复十次、二十次，任谁也会觉得疲惫，甚至无聊。总是坐在后方角落当听众的司机，对教授十分同情，一次前往某大学的途中，司机忍不住说："教授，您看，您演讲的内容我已熟烂于心，如果您愿意，今天，我可以代替您上台，您就坐在后边休息吧。""嗯，说的也是。"教授拍板，"今天这学校没人认识我，我也实在太累，就请你代劳吧。"于是，两人在车中互换了服装。

学校的演讲大厅照例人满为患，只不过，这次诺奖得主坐在了后排，司机登上讲坛，面对大家开始滔滔不绝。司机以前做过观光导游，惯于演讲，加上特具磁性的语音，效果竟然比教授本人还好，赢得满堂喝彩。

宣讲完毕，前排有学生起立提问，问得很专业。司机倒也不慌不忙，边听边点头，待提问结束，他说："这是个很好的问题，反映贵校学生的水平。巧得很，在来时的路上，我和司机刚刚讨论过，司机说他也懂了。那么，我们就请坐在后排的司机给大家回答。"

这里无疑有江崎本人的影子。科学家是崇尚寂寞的，唯寂寞才能出真知。整天在聚光灯下、热闹场上抛头露面，是无奈，也是悲哀。

人生大戏的"五不原则"

江崎在 IBM 大展宏图，似乎没有了下文——下文肯定是有的啦，只是叫诺贝尔奖的光芒掩盖了，反正江崎在"江崎二极管"之后，再没能闹出更大的动静。那个"二极管"被诺奖引爆得轰轰烈烈，惊天动地，把他后半生的灵气都轰跑了。

这不是科学的论证，这是我的猜想。

江崎在美国又待了十九年，他在诺贝尔奖的时光里老去。直到1992年，江崎六十七岁，日本筑波大学把他从美国接回，并把他推上校长的宝座——才再度在诺贝尔奖的时光里焕发青春。人生角色也从科研工作者变成了管理者。

　　获得诺奖的人都是演讲大师，到处唇掀热浪，舌灿莲花，哪怕他从前曾经口吃。

　　笔者总结江崎在校长任上讲得最多的一点，不外乎是人才和人才的培养。

　　江崎指出：

　　　　当今世界正处于激烈变动之中，纵向的阶层社会正在逐渐被横向的网络社会所取代，互联网文化日趋繁荣，全球化竞争格局已然成形。如此时代背景之下，日本等发达国家纷纷通过 IT（信息技术）的发展，实现从第二产业向多元化的第三产业转型。风险企业，也在此次产业结构的改革中功不可没。多元化的社会，不拘一格的各色人才必将大显身手，形成百花齐放，百家争鸣。时代需要的，已不仅是具备产业社会所需知识与技能的"集体主义人才"，而是更多倾向富于个性、富于创造的"个人主义人才"。

　　20 世纪，在"科学之心"孕育下应运而生的最大发明，应是巴丁和布拉顿的半导体晶体管（1947 年）。这一发明，使得如今的高度信息化成为可能。而最大的发现，则属于沃森和克里克，他俩提出了承担遗传信息的 DNA 这一化学物质的结构模型（1953 年）。这都是超乎寻常的发明、发现，为我们带来了技术革新与社会变革。

　　我们拥有各人独有的遗传基因，从而获得了各不相同的容貌、资质、个性。现在任意选出两人，比较其 DNA 中多达三十亿对的碱基排列，不难发现，99.9% 是相同的，差异仅约千分之一。但正是这仅约千分之一的差异，使得个人识别成为可能。

　　我们以往总是秉承"99.9% 的相同，就是全部相同"的理念，对所有人实行整齐划一的教育。时过境迁，社会已迎来了"个性时代"，这 0.1% 的差别，被当作每个人独有的"个性"而获得高度重视。

　　如今，发达国家已日益呈现多元，兼容并包成为共识，特立独行为人激赏。因此，教育也需要相应调整，一改大教室大一统的模式，注重挖掘每个人与生俱来的天赋，并最大限度地予以呵护培育。

　　人的认知能力是二元性的。其一是"分辨力"，就是对所获知识进行解析、理解、判断和选择；其二是"独创力"，它基于深刻的洞察力与强大的创造力而得以形成。洞察力指向探索发现，创造力则联结着发明创造。

　　日本历来重视"施教教育"，这样的模式纵然能成功培养"分辨力"，但在洞察力和创造力上却有所不足。科学的世界不适合"大器晚成""年功序列"这样的词语。现代科学的进步很大程度上需要依靠年轻人的"独创力"。

除了教育，江崎的话题自然离不开诺贝尔奖。作为过来人，他总结了获得诺奖的五项忠告，又叫"五不原则"。他写道：

第一，不可受制于迄今为止的行事经验与规范。如果甘受阻碍束缚而裹足不前，则无法指望发挥果断的创造力。

第二，接受教诲自然是多多益善，但不可唯大学者、大教授马首是瞻。言听计从，则难以摆脱来自权威的束缚，作为年轻人特有的自由奔放将逐步丧失，自己的创造力也会渐趋萎缩。

第三，不可沉迷于无用无价值之信息。我们的头脑是以约20瓦特的功率进行有限运作的，应对其能力加以充分思虑和考量，使其集中用于处理那些挑选出来的必要信息。

第四，发挥创造力，贯彻自己的主张，奋起抗争，从不逃避。

第五，孩子般无止境的好奇心与天真烂漫的感性意识不容错失。

这五条都是江崎的经验之谈、甘苦之谈。他从一个从小口吃、小升初失败、留级一年的差等生，一步一步走上人生的顶峰，成功诀窍就全在这"五不原则"。

从江崎玲于奈的口吃得到启发，笔者还想在这里推荐一条爱因斯坦的语录。爱氏说：

成功的方式可以用下列方程式表达出来：$X = A + B + C$。其中，X代表成功，A代表艰苦的劳动，B代表正确的方法，C代表紧闭嘴巴！

千真万确，成大科学家者，除了方向正确，以及呕心沥血、艰苦卓绝奋斗之外，还要学会适时紧闭嘴巴。

第七章

福井谦一：科学因"突出"而进步

他效仿汤川秀树，一旦头脑里闪过什么，马上就取出一个小本子记下来。

为此，他每晚就寝前，都要在枕边放好铅笔和便条本。

纸签的花絮

福井谦一生于 1918 年 10 月 14 日，1981 年 10 月取得诺贝尔化学奖，他是日本获得这项大奖的第一人。

话说自 1977 年起，每年诺贝尔奖揭晓的日期，总有媒体人对福井谦一"围追堵截"，押宝他会获得此项殊荣。如是周而复始地闹腾了四年，年年花落别家。到了 1981 年，媒体放弃对他的关注，把目光转向别个。这也好，闭门谢客，悠游度日。

悠闲的岁月终于被一阵午夜的电话铃声打破，那是 10 月 19 日，东京新闻社传来消息："您获得诺奖了！"是吗？这是真的吗？福井谦一以手抚膺，将信将疑。然而，紧接着，报社、电台、电视台的新闻猎手便蜂拥而至——这是错不了的了！哈哈，此时此刻，要像汤川先生当年（1949 年）获奖那样，说"天啊！怎么会是我？"或者像费曼先生获奖（1965 年）那样，说"现在是夜里，我要睡觉，你们不能天亮再来电话吗？"那未免矫情。说实在的，他等待这一天，心心念念，已经念了几十年。

大喜之际，福井谦一想起一则花絮。

1981 年 3 月，他和太太一起到美国佛罗里达半岛的帕姆库斯特，出席在那儿召开的国际量子化学学术研讨会。会后，应好友罗伯特·帕尔教授之邀，到他任教的南卡罗莱纳大学进行演讲。

那天晚上，帕尔夫妇在一家中餐馆宴请他们夫妇。餐桌上放着一个签瓶，这是美国许多餐馆都有的玩意，作用相当于"甜点"，精神上的。只要投入几美分，就可以弹出一卷小纸签。上菜前，出于消遣，他也出手一试。

几分硬币投进，弹出来一个小纸卷，打开，上面印的是："Rest in like fuel—it fires your greater ambitions." 根据前后文，他认为，这里"fires"也可以用"tires"代替，但从字面上看，"fires"的意思更恰当一些。

直译："走进去，像干柴一样静静地休息一会，也许会激发你更炽热的理想之火。"

帕尔教授问他签上的内容，他正欲交出，突然一个闪念，又缩回手，迅速插入上衣口袋，连夫人也没给看。

"哇！保密！"帕尔教授露出诡谲的坏笑，"是关于女人的吧！"

"笃，笃。"他故作神秘地敲敲餐桌，压低嗓音说，"这是一个重大启示，现在还不宜公开。"

回到日本，未久，他收到美国科学院的电报，通知他已当选为外籍院士。

这是一个好兆头。他想，也许跟签上的暗示有关。诺贝尔奖是在秋天颁布，届时若能如愿以偿，就可以把签上的内容向帕尔教授公开。

真的获奖后，他对那签上的寓意又将信将疑，不知道究竟应该如何解释。一天，他把纸签拿出来，向一位英语教授请教。

教授说，你把"fires"念作"tires"，是正确的，这句话的完美翻译应该是："稍作休息吧。就像火柴一样，虽然燃烧结束了自己的生命，但却实现了生平最伟大的理想。"

哈哈，不管怎样，正如"ambitions"是一个复数词那样，这一年，他既当选为美国科学院外籍院士，又获得了诺贝尔奖，两者都是国际性殊荣，堪谓双喜临门。这么说来，那签果真很灵！

笔者感慨，如果这次没有荣获诺奖，抽签的事就会被他搁起，绝口不提。可见，小运气是被大运气放大、染红的，没有大运气，生活中的种种小运气，包括抽到一张好纸签的事，就会被忽略，甚至彻底遗忘。

大自然与化学

福井谦一出生于奈良县押熊村，那里是他外祖父的家。他的父亲福井亮吉是次子，当时正住在岳父母家，形式是上门女婿，实际不是，这一点后面再说。

押熊村离京都很近，现在已并入京都府，当时还是地道的农村。福井谦一对他出生的乡村一往情深，他晚年回忆说：

　　我小时候住过的大阪市南郊岸里，如今房屋鳞次栉比，完全变了模样，当年可是一派芳草萋萋的自然风光。

　　附近的阿倍野神社和帝冢山一带，曾经是我接触和发现大自然的圣地。我经常带着捕虫网到那一带玩，每当发现一个稀缺的昆虫或昆虫产卵的隐蔽场所，就像发现宝藏一样激动万分。

姥爷家周围的大自然充满了生机，常常让幼小的我乐而忘归。

残冬，严寒将逝未逝，鹅肠草和酸模菜的嫩叶，已悄悄在苔衣间露了脸；紧跟着，地杨梅的小芽一冒头，笔头草便尾随着破土而出，这便是初春了。院子里何处长着地杨梅，何处长着笔头草，我都记得一清二楚。

夏天，我会挨个拜访昆虫在院子里的蜗居地，站在那儿，聚精会神地盯着它们的一举一动，是我最陶醉的时刻。茂密的矮竹丛中，照例有瞿眼蝶在飞舞；仔细看，还有长尾蜻蜓，以及日影蝶和蛇目蝶在翩跹。

花圃中，少不了蚬蝶、金花虫、瓢虫在勤奋地忙碌。夏橙花、金橘、紫阳花的花丛，永远是有翅类昆虫的乐园。偶尔见到一对梅雨虫夫妇，在水仙花丛里恬然自得地过着自家的小日子。

从懂事起，福井谦一看到大人给菜圃、果园除草，知道杂草不是好东西，他就常常一人跑到自家菜圃，把杂草的芽一根一根揪下来，拢在一起，盯着观察。没有人教他，半天半天地看下来，若有所思，也说不清思索的是什么，反正，就是觉得兴味无穷，比看小人书和摆弄玩具有趣多了。

长到四五岁，他把观察的范围扩大到自家周围的田野，常常弄来一堆昆虫呀，花草呀，石头呀什么的，一玩就忘记了时间。

福井谦一对童年生活无限怀念，作为一个科学家，他后来从幼儿教育出发，总结道：

每个儿童，只要有机会接触大自然，就会被她特具的美感动，并引发思考。譬如，当他看到美丽的彩虹，就会禁不住想："彩虹怎么会有七种颜色的呢？""它为什么出现在与太阳相对的另一侧天空？"等等。这种好奇心与探索心，是人类天赋的本能，是教育和学问的最佳起点。

科学的天性，是在和大自然的接触中萌发的。只有在尽可能早的幼儿时期与大自然亲密缠绵，才能有效地培养出对科学的直觉。

亲近大自然是人类的第一大特权。

六岁那年，父亲断然脱离岳父母家，把家搬去大阪，宣布放弃当上门女婿的权利。对于这，福井谦一是想不通的。他小小年纪，考虑的当然不会是改姓以及对土地、房屋的继承，而是对乡村生活的眷恋。

　　这个家由父亲说了算，他只有乖乖地跟父母搬进大阪城，在那儿上小学。不过，每到假期，他都要到外祖父所在的乡里"撒野"。

　　待到升入初中，有了零花钱，他就攒起来买书。一次，他买了一本法布尔的《昆虫记》，这本书对他启发很大。法布尔是法国著名的昆虫学家、文学家。若论本职，他只是法国南部乡村的一位中学教师，业余从事昆虫的生态研究。为了赚取活动经费，法布尔一度把目光转向对天然染色剂茜草与茜素的研究。这个项目进展很快，他成功获得三项专利。为此，拿破仑三世决定授予他荣誉勋章。法布尔应召来到巴黎，受到皇帝陛下的接见。其间，文部大臣奥易对他说："你就在巴黎多待几天，去博物馆之类的地方参观参观吧。"法布尔却回答说："山里到处是百里香（花木名称）的芬芳，橄榄树上挂满了蝉儿，这是大自然赐予的天然博物馆，它比巴黎的博物馆更适合于我。"就这样，他又匆匆返回乡下。

　　遗憾的是，法布尔的染料研究功亏一篑，在他刚刚进入中试时，两位德国化学家通过人工合成，率先完成了茜草色素的提取。这对法布尔是当头一击，筹措经费的路子没有了，以后怎么办？痛定思痛，他决定放弃研究，改为撰写科普著作《昆虫记》。

　　《昆虫记》长达十卷，在日本是分卷出版的，译者每完成一卷，就出一卷。初时，福井谦一朦胧地感觉到，法布尔的染料研究是生态的，他是大自然的真正代表，而德国化学家的人工合成染料是反自然的，是应该被谴责的。因此，他对使法布尔惨遭失败的"化学"油然滋生了一分厌恶。

　　然而，随着对《昆虫记》的跟踪阅读，福井谦一逐步认识到，法布尔本人并不拒斥化学，相反，他在后期的写作中，已预见到人工合成迟早会登上舞台。

　　历史的脚步就是这么走过来的：正是茜草素的人工合成拉开了新型染料的时代大幕，为近代化学工业打下了坚实的基础。

　　而且，更为巧合的是，福井谦一日后从事化学应用理论研究时，选择的第一个课题，就是"共轭分子"，也就是让法布尔功亏一篑，形成合成物质用于染料的那个分子。

　　还有，在法布尔的笔下，他对昆虫的诱因物质怀有强烈的好奇心。注意，这正是现代昆虫化学的研究热点。法布尔努力想搞清楚这种物质的本质，他煞费苦心地捕捉到几种不同种类的雌蛾，将它们放在容器中，观察雌蛾究竟是利用什么物质吸引雄蛾。一天，他偶然发现雌蛾是利用分泌物引诱雄蛾的。法布尔认为，刺激雄蛾嗅觉的是"分子"，这种物质的"感应力"，远远超过人的感知。可惜，他无法弄清这种物质的结构。

"大约过了半个世纪，1959 年，这谜底由布迪南德（1939 年诺贝尔化学奖得主）解开，他成功地从雌蛾体内提取到性激素。"福井谦一晚年回忆，"法布尔早在半个世纪前就注意到这种物质的存在，可见他拥有出色的预见性。"

"我从小在大自然的怀抱里摸爬滚打，昆虫给我留下难以磨灭的深刻印象。"他进而指出，"法布尔作为化学家的才能与昆虫研究紧密相连。正是这种联系，成为我选择化学作为专业的最大动因。"

跟着直觉走

福井谦一的父亲毕业于东京高商（一桥大学的前身），终身从事国际贸易，母亲是传统的家庭妇女，两人对孩子学习的态度，是任其自然，从不干涉。

福井谦一上小学的时候，体质很差，这一点倒有点和朝永振一郎类似，弱不禁风，动不动就感冒。整个小学六年没获过一次满勤奖。

成绩嘛，还是出色的——这话属于多余。初中当过班长——这也不用多说。小学期间他迷上油画，发誓要当一名伟大的画家。中学爱上国语和历史，又想当一位历史学家。同时爱好音乐到痴迷的程度。晚年，他感悟："音乐对科学家来说是一个美丽的话题，爱因斯坦之于小提琴，艾根（1967 年诺贝尔化学奖得主）之于钢琴，其水平之高，都是众所皆知的。据说斯佩利（1981 年诺贝尔生理学或医学奖得主）认为，主管音乐鉴赏、支配艺术创造的是右脑。也许科学上的直觉中枢也在这附近吧。"

福井谦一的另一个特点，就是喜欢博览，比如他对夏目漱石全集的通读，对法布尔《昆虫记》的偏爱，对生物俱乐部的热衷，尤其在上大学期间，他虽然选择了化学，却一直没有放弃对物理和数学的钻研，还因此被视为怪人。

这就是专与博的问题。

当他未出道时，人们说他怪。当他出道后，他也就有机会为自己的"怪癖"正名。福井谦一指出：

> 有这么一些学者，对于专业以外的知识，总习惯性地加以拒绝。他们的口头禅是："对不起，这不是我的专业。"
>
> 然而，作为专业的学问，如果仅仅局限在一个狭小的点，不管如何努力，也很难深入。学问是互相交叉渗透的，学习专业以外的知识，会对本门的专业大有帮助。

福井谦一回顾："1970 年，我在提出一种化学反应路线的论文中使用了空间概念，这和爱因斯坦一般相对论中的空间是一致的，其中使用的数学知识，也是通用的。这样一来，就不得不考虑所谓'钻研'专业的实际意义。学者大致分两种类型：一种是知识领域窄而专业知识深的'I 型人才'，另一种是知识领域宽而特定知识深的'T 型人才'。我看好后者，期待今后的 T 型人才越来越多。"

福井谦一相信："越是拼命学习那些远离自己专业的知识，对今后从事的创造性工作就越有意义。"

因为小时候体质差，所以福井谦一的体育成绩也差，体操、单杠、跳马，都是玩不来的，这一点倒和汤川、朝永两位前辈相像。为了增强体质，高中阶段，福井谦一选择了剑道。实践中，他体会到："体育对于增强体力、培养团队精神，以及强化大脑功能，有说不出的好处。譬如，面对时速一百几十公里飞来的棒球，击球手要在刹那间挥棒将之击中，这种间不容发的判断力和本领，全赖脑部的功能。这是计算机都难以企及的（指 20 世纪 80 年代前）。专业选手不用说的了，就是一般学生选手，也会拥有相当出色的身体素质。"

"四肢发达，头脑简单"，这是国人的一种误解。你看，运动健将和科学家，在爱因斯坦、玻尔（1922 年诺贝尔物理学奖得主）、图灵（计算机科学之父）以及福井谦一之后的野依良治、山中伸弥等人身上，结合得多么完美！

与锻炼身体有关的是，福井谦一特别强调锻炼大脑的功能。他举例说：

现代社会步入了汽车时代，人们不再像过去那样经常步行，因此，腰腿功能逐渐弱化。

于是我们看到，作为生物性的人，不是无法适应科学化社会的速度，就是正好相反，由于已经适应了科学化的社会，人本来的生物性机能大大减弱。

所以，人应该保持走路的能力，以便在无车代步的情况下，也可以继续生存。比如我，只要时间允许，我总是从京都火车站步行回家。我家位于北白川，路上信号灯较多，走起来大约需花两个小时。

扩展说，机器和人的关系也是这样。随着科学化社会的发展，信息量不断增大，我们不得不借助机器的帮忙，否则无法处理海量的信息。

但是，人脑功能却不会随机器的使用而得到提高。譬如玩计算机的孩子，无论对计算机的运用有多么熟练，他的心算能力未必很强，相反，由于过分依赖计算机，心算能力只会下降。

文学方面也是一样，仅需敲击打字机和文字处理器的键盘，文字就会出现，背诵的能力必然得不到锻炼。

现代社会不能缺少机器的辅助，人们有必要学习如何操作机器，同时也要训练记忆或心算等逻辑思维，这都是人脑的基本功能。

人脑本来是在母体内一点点发育成网络状的，但这种脑部网络的形成，主要还是靠后天外界的不断刺激才发育成熟。

诚哉斯言！

高中阶段，福井谦一外文选的是德语，偏爱是数学。报考大学前，父亲帮他征求京都大学一位化学老师的意见。那位老师说："如果懂德语，又喜欢数学，那么，就让他到我这儿来读化学吧。"

喜欢数学，不妨选择物理，这是常识。而数学又怎么会跟化学扯上瓜葛？谁也说不清楚。

回过头来看，这一决定无疑十分明智。因为，化学而后引进了物理学中的量子论，量子论离不开数学。此外，计算机的发展，检测仪器的进步，也都离不开数学。当然啰，这一切变化，老师当时是不可能预见的。

福井谦一更不会预见。

凭的是什么？他说，凭的就是直觉。

前线电子轨道理论

1938 年，福井谦一考入京都大学工业化学系，依然跟着感觉走，同时选修了数学和理论物理，打下坚实的数理基础。

1941 年，福井谦一大学毕业，进入京都大学燃料化学系儿玉信次郎教授的实验室，攻读硕士学位。

儿玉信次郎早年留学德国，带回大量欧洲的书籍、资料。福井谦一通过那些书籍、资料，得以接触到当时理论科学研究的前沿，比如量子理论等。

1943 年，福井谦一担任京都大学讲师。

1948 年，福井谦一获得博士学位，尔后留在京都大学燃料化学系，从事理论研究。

1951 年，福井谦一担任京都大学物理化学教授。

1952 年，福井谦一在美国物理学会杂志上发表了《芳香碳氢化合物中反应性的分子轨道研究》一文，首次提出"前线电子轨道理论"。

前线电子轨道理论是一种分子轨道理论，该理论将分子周围分布的电子云根据能量细分为不同能级的分子轨道。福井谦一认为，有电子排布的、能量最高的分子轨道（即最高占据分子轨道，highest occupied molecular orbital，HOMO）和没有被电子占据的、能量最低的分子轨道（即最低未占分子轨道，lower unoccupied molecular orbital，LUMO），是决定一个体系发生化学反应的关键，其他能量的分子轨道，对于化学反应虽然也有影响，但是极小极小，可以暂时忽略。HOMO 和 LUMO 便是所谓前线轨道。

在此之前，学术界的主流是"电子学说"，也就是说，决定分子反应性质的是全部电子密度之和，即电荷。

福井谦一的所谓"前线"，可以理解为"国境"或"边境"。当敌对分子来到一个国家的边境，迎击他们的不是位于国内中心地带的常规部队，而是位于边境的警备部队，也就是前线电子——看来，分子世界也和人类的世界一样，各自的位置不同，功能也不同，在其位者谋其政，不在其位者，想操也操不上心的了——"前线电子轨道理论"即因此而命名。

当时福井谦一也考虑过其他名字，如"活性电子""活泼电子"等等，权衡斟酌，最终选择了"前线电子"。

福井谦一的探索初期并不被他的国家所看好。首先是他在京都大学燃料化学系的同事和上司，他们认为福井狂妄自大，异想天开。注意，在集团主义压倒一切的日本，这可是大逆不道的罪名，闹得不好，就有可能被"村八分"（彻底孤立）。其次是日本学术界，他们对福井将物理学中的量子力学引入化学领域，感到莫名其妙，当然也就不会去做深入的理解。

这是一种普遍现象。发明电子显微镜的恩斯特·鲁斯卡（1986 年诺贝尔物理学奖得主）是过来人，他一针见血地指出："当一个人发现了新的事物，他就会面临质疑。"

你看，远如哥白尼、伽利略，近如爱因斯坦、弗洛伊德，等等，无一不是这样。科学史的无数事例说明，科学思想的独创性往往是与它的可接受性成反比的。

新发现首先是对前人的质疑，同时也要遭遇同代人，甚至后人的质疑。

新的事物总是伴随着质疑声成长。

还好，福井谦一遭遇本国拒斥的时间不算太长。仅仅过了十年，鉴于欧美学者争相引用他的论文，并称赞他的"前线电子轨道理论"名副其实，具有在化学界冲锋陷阵的"前线精神"——典型的"墙里开花墙外香"——日本人迅速回过神来，由漠视改为高度重视。

1981 年 10 月，福井谦一因他的"前线电子轨道理论"，与提出分子轨道对称性守恒原理的美国科学家罗阿尔德·霍夫曼，共同荣获诺贝尔化学奖。

追溯他的历程，从 1952 年提出"前线电子轨道理论"，到得到普遍认可，并最终获奖，花了将近三十年。

1981 年 12 月 10 日（这一天也是诺贝尔的忌日），福井谦一出席在瑞典斯德哥尔摩举行的颁奖仪式，并发表获奖致辞。作为一个研究自然并获益于自然的化学家，他最想讲的是什么呢？

福井谦一认为：人不仅是大自然的一部分，还可以说是大自然花费了漫长的时间造就出的最高杰作。

这样说，是否意味着大自然对人类就会特殊照顾，并保证人类能够千秋万代繁衍生息呢？不，不是这样。

　　正如败家子肆意挥霍父母的遗产，人类正在拼命消耗着地球上的天然资源和能源。近代文明也正是建立在这个事实上的。

　　为此，他在简短的致辞中呼吁：

　　　　地球的资源和能源越来越匮乏，这势必威胁到人类的生存。对人类未来的这种担心，是现实而又急迫的。因此，我的立场很明确：化学研究一定要有助于保护地球的永久和平。

　　　　我希望科学的所有领域带给人类的都是幸福而不是灾害。在这一精神的指引下，为了和平这一至高无上的目标，不仅是我们这些获奖人，我还想代表所有从事基础化学研究的科研人员，尤其是那些肩负人类未来的年轻科研人员，接受这项崇高的荣誉。我坚信，这些年轻的科研人员将会在更加广阔的天地里运用自己的聪明才智，为保全地球遗产，为人类的繁荣昌盛而努力工作下去。

　　获得诺贝尔奖后，福井谦一经常给各种人士传授经验，其中有一条，看似平常，实际上非常宝贵。

　　福井谦一说，他效仿汤川秀树，一旦头脑里闪过什么，马上就取出一个小本子记下来。

　　为此，他每晚就寝前，都要在枕边放好铅笔和便条本。

　　福井谦一总结：

　　　　想法或设想是稍纵即逝的东西。就好比散落在水面上的落叶，在风和波浪的作用下，某一个瞬间会聚集在一起，形成圆的或四角图形，然后很快就在波浪的作用下散去。设想也会在某个时刻突然给头脑一个刺激，然后马上就一去不复返了。

　　　　我的笔记不是文章，只是一些简单的单词、公式，是普普通通的便笺，而且还有很多是记了又想不出所以然的。但是，记下的，并对以后的研究大有裨益的，也相当不少。我认为自己的前线电子轨道理论，就得益于这种笔记的不断积累。

　　　　根据我的经验，那些不记备忘录也忘不了的想法，通常没有太大的价值，只有那些不做笔记便会立刻忘掉的"一闪念"，才是无价之宝。

　　　　这样做，也是让自己大脑的天线始终保持着高度的灵敏。

回顾既往，福井谦一也有遗憾，首先是因为二战，失去留学欧美的机会，英语也说不好，大大妨碍了与世界上那些杰出同行的交流。曾经有一次，一位英国友人问他："你用英语发表过演讲吗？"这下触着了他的痛处，感觉就像被人兜头浇了一盆凉水。

其次，也许跟日语的暧昧含混有关，日本人普遍不善于明确表达。作为一个科学家，他在与国际同行接触时感受更深，既不能清晰说出自己的观点，更谈不上去说服别人。

对于日本的教育，福井谦一指出：

日本今天的繁荣主要依靠了高质量产品的出口，而这些高质量产品又是日本高教育水平、高科技水平和先进的质量管理的成果。

但是，关键问题在于，支持这些先进技术的科研成果几乎都是对外国科技成果的模仿，并不是依靠日本自己的科研能力得到的。

仅仅被称作模仿文化也还罢了，如果繁荣起来的日本因此挤垮了其他国家的工业，造成他国失业人口的增加，那么就不仅仅是模仿文化的问题，也许还要被看成是引起经济摩擦的罪魁祸首。

1982 年，英国首相撒切尔夫人访日，她在接受日本 NHK（日本广播公司）的采访时说："日本制造了大量的高科技电器产品，英国也在进口这些产品。但是，电器产品的根本——电子，却是英国人发现的。"这段话，正中我上面提出的问题的要害。

同时，他还指出：

日本不是一个多民族国家，语言单一，所以不会采用突出个人、彰显自我的表达方式，习惯无论做什么事都集体行动，从社会维持和管理的角度来看，有其方便的一面。

因此，"不突显个人"，作为日本人的生活方式而广受尊崇，视为美德，自然也成为教育的目标。

但是，科学恰恰是因"突出"才得以进步。一个爱因斯坦的出现，就给科学带来了彻底的变革。

在这一点上，日本的国民性和社会习俗有其弊端：既压制他人突出，自己也不要比他人显眼。如果这种状况不改变，青年优秀人才的萌芽就会慢慢枯萎。

对于国家，福井谦一强调：

　　要加强对基础研究的投资。从现时的研究经费来看，日本仅次于美苏，居世界第三。但经费的来源，主要是民营企业；民营企业的着眼点，又主要是应用。因此，对于那些无法判断即刻能转化为生产力的研究，应该进行必要的投资。否则，科技立国就会成为一句空话。

对于未来，福井谦一展望：

　　现在，人类使用的是地球发给的"一次性车票"。在这张车票用完之前，如果带给大自然的是不可恢复的致命性打击，这将是科学技术的最大犯罪。倘若我们承认这一点，就必须在"知足"这一自我克制的前提下，从狭窄而又危险万分的山脊上迅速撤离，拒绝，或是拖延，都将无法保持美丽的大自然，人类也将无法继续生存。

　　当然啦，人类必须向上攀登，因为我们注定不能从科学化社会倒退到石器时代中去。

笔者最感兴趣的是福井谦一的面相：标准的团圆脸，五官轮廓鲜明，印堂开阔，目光仁蔼，人中偏长，右侧贴唇处生有一痣，于儒雅中又平添了几分敦厚——如果说从人脸上可以读出字谜，那么，福井谦一脸上浮现的就是汉字的"福"和"谦"。

另外，是他以下的一段话。福井谦一说：

　　现在我们应该明白了，自然科学上的创造性是与以下几种能力有关的：一是要有感悟自然科学模型的自然与非自然的能力；二是在评价自然科学的价值及将来的发展性时，要有超乎逻辑的判断能力；三是要具有非理性的灵感以及想象能力。

笔者十分赞赏他提出的"超乎逻辑的判断能力"以及"非理性的灵感"，自然科学如此，文化艺术也是如此。

用日本的另一位诺贝尔生理学或医学奖得主利根川进的话说："不敢冒险的人，或者只会考试得分的人，是不适合科学研究的。"

"科学家的最重要的才能是要有怀疑的能力，还要有丰富的想象力。"

福井谦一还说：

> 头脑要保持"非平衡"状态。也许这句话不应该如是表达。但我认为，如果要从培养具有高度创造性的人这一点上考虑，与其让头脑中大部分的空间装满信息，处于一种安定、饱满的状态，还不如让其空一点的好。

> 也就是说，让头脑保持一种"非平衡"状态更合适。所谓"非平衡"，就是让脑部超多维电路网远离平衡状态。1977 年度诺贝尔化学奖得主 I·普利戈金教授认为，在远离平衡的地方，必能建立一种结构，我也有同感。

所谓头脑的非平衡状态，笔者理解为一种大脑的饥饿感。当前，我们接收的信息不是太少，而是太多太多；其中，绝大部分都是垃圾。与其让铺天盖地而又乱七八糟的信息堆满大脑的仓库，不如远离它们，保持一定的空仓。

第八章

白川英树：我从来就不是学霸，更不是天才

注意，机遇不是等来的——你等不等是你的事，它来不来是它的事——老天做证，机遇是自己找上门来的。机遇有眼，它清楚应该找谁。

英树—秀树

白川英树的简历如下：

1936 年 8 月 20 日生于东京。

1937—1944 年，除中间有一段在岐阜县高山上幼儿园外，其余都是跟随在陆军做医生的父亲，先后生活在中国的台湾地区（当时为日本占领）和东北（也一度为日本占领）。

1944—1955 年，就读于岐阜县高山小学、初中、高中。

1957—1966 年，相继获得东京工业大学学士、硕士、博士。

1966—1979 年，在日本东京工业大学实验室工作。

1976—1977 年，获美国宾夕法尼亚大学化学系博士后。

1979—2000 年，担任筑波大学材料科学学院副教授、教授。

2000 年 4 月退休，是年 10 月底获诺贝尔化学奖。

从上述履历可以看出，白川英树的幼年和少年时代，是在不断地迁移动荡与偏僻的山区度过的。按常识，这对于获诺奖级人才的成长，是大大的不利。事情总是一分为二，山区生活也有它的长处。据白川英树自述，读小学时，每天散了课，他把书包一扔，就跑出去玩耍。出了门，不管东南西北，走不了多远，就是小河和田地，再往前走，就都是高山了。因此，钓鱼，游泳，爬山，捕捉昆虫，采集野草野花，成了他课余的最大乐趣。思维也随着大自然放飞，诸如：云为什么会在天上飞？某些草为什么只长在那种特殊地方？昆虫如何过冬？等等。这些都在引发他的遐想。他在图鉴上看到山里有一种捕食昆虫的茅蒿菜，就翻山越岭到处找，好不容易在一处湿地找着了，却发现在家附近的湿地也有，只是以前没注意罢了。这种看似寻常的"发现"，让他感觉一下子长大了，眼界变开阔了，懂得了学问随处都有。

其实，不光山川原野，家里也到处有学问。日常，他在家里帮忙烧火。他有时把报纸洒上盐水，塞进炉膛，火焰嗤地一下由暗红转为明黄。这就是他在杂志上读过的焰色反应，如今由自己亲手试验，体会到说不出的快乐。又比如，有时味噌汤开了溢出来，洒到炉火上，也会产生类似的变色效果。他进而想到夜空里放的烟花，利用的也是同样的化学原理吧。

白川英树真正对化学产生兴趣，是在初中。那时，塑料制品问世，是实用材料的一个划时代变革。他穿上了尼龙袜，上学用的便当也用塑料布包装。他发现塑料制品受热就变形，而且再也回不到原来的模样。因此，他在一篇谈理想的作文中说：

> 如果高中毕业，能考上大学，我想研究化学和物理。其中包括研究现在已有的塑料，去掉它们的缺点并发明出各样新塑料。虽然现在有尼龙袜子、乙烯树脂的包袱皮等塑料用品，但是包热饭盒时包袱皮伸长后就不能回复原形。耐热性非常弱，这是它的一个缺点。如果能去掉这些缺点，并能生产出各种各样价格低廉的日常用品，消费者将会多么高兴。（节选自日本高山市第二中学第五届毕业纪念文集《路标》）

还有一事值得一提。小学五年级，一次，国文老师在黑板上写了一段文章，指明要白川英树上台朗读。他站到黑板前，却开不了口，因为他的视力只有0.1，根本看不见黑板上的字。

为此，他去看了眼科医生，配了名牌眼镜。

这事也促使他认识到理科的重要。

此外，白川英树还喜欢组装矿石收音机，以及简单的家用电器。对了，他特别喜欢栽养仙人掌（城里的小孩有几人能有此经验），到老还乐此不疲。

山区的学校条件总归有限，白川英树也不是十分用功。他坦述，不是读书的种子，从未得过第一名。读者从本文开头的履历表可以看出，白川英树1955年高中毕业，1957年跨进东京工业大学，这期间的两年空白意味着什么？服兵役去了？或是生病休养？哦，都不是。白川英树连续两年高考名落孙山，直到第三年才考上大学。连续两年高考落榜，比起江崎玲于奈的小升初失利，还要加倍难堪；第三年终于考上，也证明他知耻后勇、奋发图强，有一股不认命、不服输的狠劲。

当年若有人跟白川英树说你将获得诺贝尔奖，绝对像现在跟一个普通人说你将登上月球一样的不可思议。

山区生活留给白川英树最大的纪念，就是磨炼出一副好身板。白川英树进大学后，理所当然地成为大学登山俱乐部的中坚分子。

这里插一句，日本对"文武两道"的"武"看得很重。1969年诺贝尔文学奖得主川端康成回忆，他读茨木初中时，校长规定每个学生打赤脚上学，他家离学校五公里，每天要光脚来回走十公里，以此来锻炼身体。

大学四年级时，开始分专业，一是"合成"领域，二是"物性"领域。合成之意，如字面表示，通过实验合成新的物质，这很吸引人。物性，是研究合成出的新物质的特性，等于是给他人的成果做理论上的验证。白川英树想进合成物质研究室。该研究室只有六个名额，报名的却有七人，怎么办？导师拍板以划拳确定去留——这属于不是办法的办法——结果，白川英树运气不好，他成了那唯一的落选者。

于是只好进了物性研究室。

后来读研究生，他如愿进了向往已久的合成物质研究室。但他在物性研究室养成的分析物质属性的习惯，却在关键时刻帮了他大忙。

此事稍后再说。

写到这儿，笔者无意中发现：白川英树的"英树"二字，同汤川秀树的"秀树"读音一模一样。

再加上姓中的"川"，两人的名字中就有三个字同音。

是偶然的巧合，也是科苑的佳话。

Serendipity

2000 年 10 月，白川英树荣获诺贝尔化学奖，照例，要接受形形色色的采访及演讲。次年 1 月，岩波书店把他的访谈及演讲汇集成册，书名叫《痴迷化学》。

在《大学生活》一篇中，白川英树开门见山，亮出了一个英文单词"serendipity"。

显然，他对这个词情有独钟。

在解释词意之前，让我们先看看它的出处。

白川英树指出，最早使用这个词的，是 18 世纪英国作家霍勒斯·沃波尔。据说，他在一封给友人的信中写道："印度南端有个岛国，叫锡兰（现名斯里兰卡），阿拉伯文称'serendip'。有个故事讲，锡兰的三个王子奉父王之命，去印度、波斯修学，途中遭遇种种意想不到的考验，当他们调动自身的勇气与智慧，所有的困难和灾厄都迎刃而解。原来，他们千辛万苦寻找的本领，其实就在他们自己身上。我受到这个故事的启发，创造了一个词'serendipity'，用来形容获得意外惊喜的能力。"

笔者按，霍勒斯·沃波尔创造的这个 serendipity，百度解释为"机缘凑巧；意外发现珍奇事物的本领，善于发掘新奇事物的天赋"。日本学者日野原重明译作"幸福的偶然"。

霍勒斯·沃波尔提到的那个故事的全文，白川英树没有复述，笔者查阅多种资料，综合出这样一个版本：

相传波斯萨珊王朝的国王巴赫拉姆五世审理过一件奇案，个中的悬疑和机智可与所罗门王著名的断婴案相匹敌。不同的是，这次机智的主角不是国王，而是被告。

原告：一名波斯商人。

被告：来自锡兰王国的三个王子。他们奉父王之命，到繁荣的波斯都城见识见识。

罪名：偷窃骆驼。

案情陈述：原告丢失骆驼一匹，遂循脚印追寻，遇到三名被告。以下是原告与被告当时的对话。

"你在寻找一匹骆驼？"

"对，你们怎么知道？"

"你的骆驼有一条腿跛了、一只眼睛盲了、一颗牙齿缺了，正驮着一个孕妇和两大袋货物，左边是黄油，右边是蜂蜜。对不对？"

"对对对，你们见过？"

"不，我们没有见过。"

没有见过，又怎么连细节都知道得一清二楚呢？非常可疑。三名被告被抓了起来，带到国王面前，听候发落。

巴赫拉姆五世给锡兰三个王子辩护的机会。

其中一个王子解释说："我们在路上发现一匹骆驼走过的轨迹，其中三个脚印清晰可见，第四个则拖出一条直线，由此判断，这条腿是跛的。

"我们又观察到路两旁的草丛，一边完好无缺，另一边不时缺少一块，显然是被骆驼吃掉的。为什么它只吃一边的草？原因只能是骆驼看不见另一边，也就是说，它有一只眼睛瞎了。而它吃过的地方，总是残留一片草叶，这是一颗牙齿已经脱落的证据。

"此外，我们还注意到这条轨迹的左边有一些蚂蚁聚集，右边则有一些苍蝇飞舞，遂推断，骆驼驮着的货物一边是黄油，另一边是蜂蜜。"

"至于那个女人，"另一个王子接着说，"我们向前走了一会儿，看到一处骆驼跪下的痕迹，旁边有人的脚印，脚印旁边还有疑似尿液的东西。我用手指蘸了一点，嗅出一股肉欲的味道，这个人无疑是一个女人。"

"除此之外，还有两个掌印，"第三个王子说，"女人小便时需要用双手支撑，只有怀孕的女人才会那样做。"

在场所有人无不为锡兰三个王子强大的推理能力而惊杲。就在这个时候，一名士兵禀告，失踪的骆驼和孕妇已经找到。失踪的原因是骆驼有一条腿受了伤，跟不上商队而迷路的。顿时，王宫内响起一片赞叹的欢呼。

锡兰三个王子获得国王丰厚的赏赐以及热情的挽留。据说，他们以后还治好了国王的心病，并战胜了海上的暴风雨和恶龙。

三个王子回到锡兰，向父王复命。

父王高兴地说："如果你们一直待在宫里，就不能挖出自身潜在的能力——这，才是你们真正拥有的宝物。"

白川英树为什么要提到"serendipity"？换句话说，这个故事跟他获奖有什么直接关系？

有啊！而且关系十分重大。

我们知道，白川英树之所以能站上诺贝尔奖领奖台，在于他首次推出能导电的塑料。

金属导电，塑料绝缘，这是常识，他是怎么颠覆常识的呢？

说来话长。那是 1967 年秋，在东京工业大学，白川英树与韩国来的一位助手做聚乙炔的合成实验。（按，聚乙炔是塑料的一种）从道理上说，人们很早就知道聚乙炔是一种很特殊的高分子材料。一个世纪以前，就有人预测聚乙炔可能会导电。但直到 1958 年，才由意大利一位科学家 G. 纳塔合成出来，他也因此获得了 1963 年度的诺贝尔化学奖。不过，纳塔合成出来的只是聚乙炔粉末，也无法导电。这一次，也就是 1967 年秋，白川英树他们实验中反应物的表面，突然莫名其妙地生出了一层铁灰色的薄膜。

注意，不是粉末，是薄膜。

白川英树大吃一惊，这种铁灰色的薄膜是怎么形成的呢？他反复检查，结果发现，也许是语言不通，那位韩国来的助手将催化剂的剂量搁错了，浓度竟然超出常规标准的 1000 倍。

1000 倍是什么概念？等于规定搁 1 克盐，结果却搁了 1000 克，聚乙炔粉末的反应体系岂不发生翻天覆地的变化！

弄明真相，助手懊悔不迭，说要把实验毁掉，从头再来。

白川英树挥手阻止。他陷入沉思：这层铁灰色的薄膜是什么？它像金属一样闪着冷光，是否也可用来导电呢？

　　<u>人生的每一步都不会白费——白川英树物性研究的素养开始发挥作用，正是这个万万不该出现的失误，促使他向世纪大发明的角度遐想：只要搁对了催化剂，塑料也有可能导电的吧。</u>

　　灵感就在于薄膜的冷光一闪，白川英树眼前立马浮出了那个科学家最钟爱的词："serendipity"！

联想之联想

　　由霍勒斯·沃波尔发明的"serendipity"，白川英树在他的自述中展开联想。

　　他首先想到的是牛顿因苹果落地而发现万有引力——这故事家喻户晓，尽人皆知，姑且略过。

　　其次想到的是瓦特看到水壶盖在热气的冲击下激烈跳动，因而发明了蒸汽机——这故事也老掉牙，同样撂过一旁。

　　我倒是想起了科学史上两个"梦中得道"的佳话。

　　之一：1825 年，英国科学家法拉第最先发现了苯，它是由 6 个碳原子和 6 个氢原子组成的。发现是发现了，但此后数十年，人们始终搞不懂它的结构，所有的证据都表明苯的分子高度对称。奇怪，这"6＋6"的原子家庭，它们是如何排列，从而形成稳定的分子结构的呢？

　　话说 1864 年冬天某日，德国化学家凯库勒也在琢磨这个问题。他久思而不得其解，坐在壁炉前打盹。恍惚中，瞅见长长的碳原子链在眼前嘲弄般地旋转不已。突然，有一条碳原子链像蛇一样咬住了自己的尾巴，构成了一个圆形环。霍然梦醒，凯库勒恍悟苯分子的碳链是一个闭合的环。——这就是如今在化学教科书中随处可见的那个正六角形。

　　之二：18 世纪中叶，科学家已经发现了多达 63 种的元素。这时，摆在他们面前的一个难题是：自然界是否存在着某种规律，从而使各种元素分门别类、井然有序、各得其所呢？

　　1869 年 2 月，35 岁的俄国化学家门捷列夫也在为此绞尽脑汁。一天，他倦极而卧，进入梦乡。梦中，他看到一张表格，各种已知的元素，按原子序数的递增而各得其位。醒来后，他立马记下这张表格的设计理念。

　　门捷列夫借此发现了元素周期表。在已知的 63 种之外，他还为众多未知的元素预留了空位，而后的陆续发现证明，他的设计完全正确。

毫无疑问，这和白川英树的"serendipity"触类旁通。

还有一个例子，也许更加贴切：

1928 年 9 月，某天早晨，英国细菌学家弗莱明像往常一样，来到了实验室。

为了研究治疗扁桃腺的方法，近来，他在培养皿中放入引起病症的化脓性链球菌，并加上肉、汤汁、蔬菜等食物，以促使病菌大量繁殖。

那天，他一如既往地打开培养皿，没想到，里面竟然滋生了大量的青色霉菌。

大概是培养皿里混进了杂质。弗莱明想："这个不能用了。"

正当他准备出手将培养皿扔掉，忽然灵光一闪，又瞧了一眼。

"咦，不对哦……"

仔细观察，他发现青霉旁边完全没有化脓性链球菌的踪影。

"难道青霉有抑制化脓性链球菌的功效？"

弗莱明停止丢弃，陷入沉思——注意，他之所以没有将培养皿扔掉，是因为六年前，也曾受惠于"意外的偶然"。

那源头竟是鼻涕与眼泪。某日，弗莱明患感冒。他心血来潮，弄了一点鼻涕在器皿中培养。起先一切顺利，细菌迅速占满了器皿，然而，就在这当口，他眼睛受到细菌的刺激，流下一滴泪，恰恰落入器皿。过了一刻，他再去看，发现泪水滴落的部位，细菌逐渐消失。

弗莱明马上意识到："眼泪具有杀菌的功能，因为它是人自身分泌的，所以对人体无害。"

弗莱明因此发现了溶菌酶。

如果没有六年前那次偶然的幸运，弗莱明大概不会对青霉投去关注，因而也不会制造出抗生素盘尼西林的吧。

我们知道，世界上有成千上万种霉菌，但可以分离制造出盘尼西林的，只有青霉这一种而已。"唯一的一种霉菌"恰巧落入弗莱明的培养皿，除了"serendipity"，还有什么更好的形容词呢。

"serendipity"的升级版

拢回话题。白川英树对结果进行了测定，那层铁灰色薄膜既不是导体，也不是绝缘体，而是介于两者之间的"半导体"。这是苗头，这是曙光。关键在于：一是催化剂，二是催化剂的数量。他由此坚定信心，继续实验，"继续"的意思，就是失败，重来，再失败，再重来，直到在聚乙炔薄膜内加入适量的碘和溴，终于看到电子状态发生了极大的变化，薄膜成了结构和结晶度都高得多的铝箔状"胶片"。

更为重要的是，它可以导电了。

开启上帝密码的钥匙，终于握在手里。

面对铝箔状的聚乙炔，白川英树观察到跟在粉末状态下截然不同的变化。他仔细分析了新物质的分子结构和各种各样的特性，并分别就其分子结构和制膜方法写出两篇论文，前篇，发表在 1971 年的日本英文杂志，后篇，发表在 1974 年的美国学术期刊。

因为导电性能欠佳，论文发表后，反响平平，学术界、企业界并没有对之表现出特别的兴趣。

与之同时，国外也有科学家在做同样性质的研究。1973 年，美国宾夕法尼亚大学艾伦·马克迪尔米德教授，在没有受到白川英树论文启迪的情况下，独自制出了一种金黄色的晶体。

1975 年，艾伦·马克迪尔米德到东京工业大学讲学，会上展示了他的"金黄色的晶体"。白川英树没有出席那次会议，其间，有人告诉马克迪尔米德，本校的白川先生也在做同样的实验，而且制出了一种铝箔状的薄膜。

马克迪尔米德的目光瞬间变得煞亮，凡科学家，都是那种每根神经都是接收器，一听到有关讯号就立刻起跳的人。马克迪尔米德随即拜会白川英树，看了对方铝箔状的样品，一见钟情。他对白川英树说："你到美国来，我们一起研究吧！"

这就是机遇。科学上一种发现、发明的迟与早，往往都和机遇有关。注意，机遇不是等来的——你等不等是你的事，它来不来是它的事——老天作证，机遇是自己找上门来的。机遇有眼，它清楚应该找谁。

对于白川英树，既然在日本引不起重视，发明停留在半成品的阶段，那么，还有比去美国更好的选择吗？

就这样，1976 年，他去美国寻找聚乙炔的科研梦。

说白了，美国人需要日本人的聪慧和技术，日本人需要美国的高水平研究机构和实验设备。这不是政治意义上被保护者（日本在美军占领之下）与保护者的联手，而是科学意义上一加一等于三或大于三的结合。

在美国，白川英树和艾伦·马克迪尔米德以及加利福尼亚大学的艾伦·黑格教授携手，联合攻关。艾伦·马克迪尔米德是化学家，艾伦·黑格是物理学家，白川英树是材料科学家，三人互补，如鱼得水，如虎添翼（不禁令人想起故事中锡兰的三位王子），采用的方法，仍然是白川英树发明的添加碘和溴等卤素杂质——学术名称叫"掺杂"——奇迹出现了！仅仅两个月后，薄膜的电导率就提高了一千万倍！

而后，更提高到一万亿倍！

这是石破天惊的飞跃！

三人联合撰写了实验论文，1977年公开发表。

科学界为之震动。

产业界更是喜出望外：金属比重大、成本高，塑料比重小、成本低，塑料导体一旦投入应用，前景无比广阔。

一场新材料革命的大幕为之拉开。

请思考：

如果白川英树大学四年级不是因为划拳失利，不得已去物性研究室干了一年，他在见到助手错误的实验时，是否还会将错就错，继续展开戏剧性的探索？

如果白川英树不是在招致冷落的至暗时刻，巧遇艾伦·马克迪尔米德，并接受他的邀请赴美共同研究，他的无机物导电的花蕾，不知道还要拖多久才能迎风绽放，香飘万里？

这说明，知识从来就不会多余，机遇的种子只钟情那些做好准备的土壤。

科学跨学科，跨国界。

对于白川英树来说，英文能力也很重要。假如他像后面将要提到的益川敏英（2008年诺贝尔物理学奖得主）那样，因为英文太烂，从而拒绝申请护照，拒绝参加任何国际交流，他的发现发明恐怕只能胎死腹中。

说到外文重要，请允许我在这儿插一段闲笔：日本的很多名作家、大文化人，都来自外文专业。比如，东京大学外文系出身的佐藤亚有子、小谷野敦、松浦寿辉、藤原伊织、帚木蓬生、古由吉、大江健三郎、柴田翔、阿部昭、柏原兵三、井出孙六、石川乔司、三浦清宏、涩泽龙彦、中野武彦、辻邦生、丸谷才一、中野孝次、纲渊谦锭、隆庆一郎、清冈卓行、谷川健一、福永武彦、中村真一郎、小岛信夫、武田泰淳、太宰治、高见顺、高木卓、神西清、今日出海、竹山道雄、阿部知二、上林晓、中野重治、梶井基次郎、川端康成、田常久、芥川龙之介、久米正雄、岸田国士、丰岛与志雄、内田百闲、菊池宽、长与善郎、山本有三、江口涣、谷崎润一郎、中勘助、下村湖人、志贺直哉、森田草平、尾崎红叶、夏目漱石、坪内逍遥，等等。

　　细察这份跨度长逾一个世纪的人员名单，发现越是生活在前半个世纪的人，越是认识到外文的重要性，因为当时开国不久，多了一种外文，就多了一扇窗口，多了一个观察世界的参照系。而生活在后半个世纪的人，因为不管学的是什么专业，都能掌握一种乃至数种外文，外文系出身相对就显得不那么重要了。

　　把笔收回来。2000 年，白川英树、艾伦·马克迪尔米德和艾伦·黑格三人，凭借他们仨的学识和可遇不可求的"serendipity"，共同摘下了 20 世纪最后的诺贝尔化学奖的桂冠。

　　获得诺贝尔奖，对于白川英树来说是意外的惊喜。

　　因为发明塑料导体的事已经过去了 23 年。虽然 1991 年诺贝尔基金会在瑞典召开了一个专题讨论会，邀请了各国在导电高分子领域的重量级研究人员参加，会上推荐出三位诺贝尔奖候选人，正是黑格先生、马克迪尔米德先生和他本人，但那只是一说，一个美好的愿望，当不得真。科学发展日新月异，一日千里，"江山代有人才出"，他觉得，诺贝尔基金会可能早就把他忘了，包括媒体。

　　2000 年 10 月，白川英树已从筑波大学退休，正在享受安逸的晚年生活。他在自家院子里辟了一个菜园，种植茄子、西红柿、黄瓜等蔬菜；还把住宅的二楼改成温室，从育种开始，栽种多达数千株的仙人掌。

　　话说当年 10 月 10 日晚上，夫人接了一个电话，回头告诉他："说你得了诺贝尔奖。"

　　"哪有这样的事？"白川英树边说边接过电话，得知是某媒体打来的，"噢！谢谢！感想吗？嗨，等诺贝尔奖评委会的通知吧。在那之前，什么都不好说。"

　　难以置信。谁知对方是什么人？出于什么动机？

　　紧跟着，电话铃又响了，仍是报喜，报他摘取诺贝尔化学奖的喜。

　　搁下，铃声又响。

　　再搁下，再响。

　　铃声不断，报喜的人不断。

没有来自诺贝尔奖评委会的正式通报，这些统统不算。

他干脆把电话线拔掉。

拔掉了，又不放心，万一评委会来电话呢？

就这样，将信将疑，将疑将信，心猿意马，意马心猿，吃也不香，睡也不甜。直到 10 月 18 日，斯德哥尔摩方面正式来了通知，一颗悬着的心才放下，开门接受各家媒体的采访。

白川英树告诉大家："10 日晚上接到媒体的通知后，我曾经想过，如果是真的，那可是件麻烦事，我已退休，我需要安静，不想被卷入万人瞩目的旋涡之中。

我，甚至想到了拒绝接受。不是矫情，此事有先例，1964 年文学奖得主保尔·萨特、1973 年和平奖得主黎德寿，就主动弃领。还有一位被动弃领的，是 1958 年文学奖得主，苏联作家鲍尔斯·帕斯捷尔纳克。

随之而来的各界热烈祝贺，包括一些小学、中学、大学生以及普通市民，使我认识到，这事不仅关乎自己，还关系到民族的荣誉和肩上的责任。我只有把大家的激励作为动力，一如既往地尽自己的绵薄之力。"

白川英树还反复强调："大家千万别误会，我从来就不是学霸，更不是天才。诺贝尔奖从 1901 年开始颁发，到 2000 年，正好一百周年。比起那些熠熠发光的获奖前辈，那些活跃在传说中、教科书里的大师级人物，譬如获初期化学奖的范特荷甫、阿伦尼乌斯、卢瑟福，物理奖的伦琴、居里夫人、爱因斯坦、玻尔等等，我仅仅相当于一粒微尘。我只不过是运气比较好，在错误的实验中抓住了正确的思路，在发现陷入不上不下的僵局时刻，又得到了国际同行的慷慨协助。正是这两番幸福的偶然，赋予了我由丑小鸭成功蜕变的'serendipity'！"

第九章

小柴昌俊：大学学渣的强势逆袭

　　世人只看到了小柴昌俊和他的团队的欢乐，焉知那些 17 万年前从宇宙深处出发的中微子，也和他们一样欢乐——终于完成了历时 17 万年的使命，幸甚至哉！物我同欢，这正是宇宙的多情之处；也是上帝他老人家，或曰宇宙大神，对小柴昌俊多年来坚持不懈、艰辛探索的褒奖。

长达十五年的煎熬，总算结束了

自 1988 年起，每年的 10 月 8 日，小柴昌俊的家里都聚集着二三十位记者，在翘首等待诺贝尔奖颁布的消息。这就是下赌注，把筹码押在小柴昌俊的身上，以便在第一时间抢得第一手的新闻。

鉴于汤川秀树、朝永振一郎、川端康成、江崎玲于奈、佐藤荣作、福井谦一、利根川进、大江健三郎、白川英树、野依良治等相继获得诺贝尔奖，日本人已由战败的自卑转为重新崛起的自信，对于象征世界最权威奖项的诺奖，他们不再像汤川秀树那么低调，极力掩饰获奖后的内心激动，也不再像朝永振一郎那样，虽然获了奖，却害怕瑞典 12 月份的严寒，以及着燕尾服、戴礼帽的麻烦，找借口谢绝参加颁奖仪式。他们眼界大开，他们野心膨胀，他们开始年复一年地急切等待，等待诺贝尔奖的彩球更多更多地抛落扶桑。

2002 年 10 月 8 日，傍晚 6 点 20 分，同样的等待再度上演。在经过十四轮的失落后，这一次，在预定的时刻，小柴昌俊家的电话铃欢叫了起来。小柴夫人迅速拿起了话机，转而交给丈夫，渴盼了十五年的喜讯终于从斯德哥尔摩传来：

"祝贺您！由于您在探测宇宙中微子方面做出的开拓性贡献，我们决定授予您诺贝尔奖。"

说话的，是诺贝尔基金会的理事长。

小柴昌俊脑门充血——任谁经过连续十五年的"守株待兔"，也会感觉喜从天降，如释重负——禁不住脱口而出："这真是太好了！"

稍微回过神来，他赶忙向理事长阁下连声道谢。

记者们采访的采访，拍照的拍照，一阵忙碌，便赶紧告辞去发他们的独家消息了。

人去室空，小柴昌俊仰躺在沙发上，长舒一口气："啊，这种长达十五年的煎熬，总算结束了。"

他回想起本文开头提及的 1988 年——煎熬，也正是从那一年开始——事先，据江崎玲于奈先生向记者吹风："今年的诺贝尔物理学奖，恐怕与中微子有关。"鉴于江崎先生是 1973 年诺贝尔物理学奖得主，科技传媒界普遍认为："老先生的话不是随便说的，他一定有其特殊的信息管道。既然是关于中微子，那么就应该是在这方面做出超前贡献的小柴先生了。"因此，1988 年的 10 月 8

日傍晚，到小柴昌俊家等待见证奇迹发生的记者多达二十余人。

幸亏小柴昌俊夫人想得周到，事先预订了足够三十人享用的外卖寿司。可惜，她的这番心意全都打了水漂。本来正逢晚餐时分，小柴殷勤地劝大家边吃边聊，众人却无动于衷，他们的兴奋点集中在诺奖，谁也没心思用餐。当然，茶还是要饮的，不然就太无聊了，就这样，有一口、没一口地啜饮着茶水，默默地等待、等待。直到传呼机炸响。说是炸，是因为不是一个人的，几乎是所有记者的（那时还没有手机），室内顿时爆响成一片。手快的记者给总部回了电话，得知诺贝尔物理学奖揭晓，今年得主是美国的莱德曼、施瓦茨以及斯坦伯格，成就是"发现了 μ 介子中微子，论证了轻粒子的对称结构"。

当然，这结果令众人大失所望。不过，从这次获奖的内容来看，小柴觉得自己也有理由入围。他半带玩笑也是半带安慰地对记者们说：

"如果是我获奖，那理由一定是开创了中微子天文学。"

"如果？"那毕竟是茫然的未知的将来。众人难免扫兴，纷纷怏怏离去。

浴室里的奋起

小柴昌俊出生于 1926 年 9 月 19 日，小江崎玲于奈一岁，求学背景大致相同；也与汤川秀树、朝永振一郎类似，儿时有东京生活经历。他的出生地是爱知县丰桥，小学四年级第一学期之前，就读于东京的大久保学校，而后转回老家丰桥。

小柴昌俊的求学道路，却与前面所述诸位大相径庭，原因在于：一是他的父亲不是教授，不是老板，而是军人，军人以兵营为家，顾不上管他；二是生母在他三岁时病逝，抛下姐姐和他，继母又生了两个弟弟，一个女人要照顾四个孩子，实在忙不过来。因此，小柴的儿童时期，基本上是个野孩子。野性一旦养成，就很难改。进入小学，他是出名的捣蛋鬼。有一次，因为看区政府明晃晃的大玻璃窗不顺眼，他就和一个同学拿石子把它砸碎。这下闯了大祸，在个人操行一栏，永久留下了不良记录。

小柴在丰桥只读了一年半，又转到横须贺读初中。这时，他的父亲被派往（被日军占领下的）中国东北，全家跟着去，单单留下他一个，借住在一位亲戚家里。这下更没有拘束了。父亲给他的指令是报考陆军学校，他就时时刻刻以"武士"为标榜，违反校规的事，不断发生。所谓违反校规，说起来，也不是什么恶劣的大事。比如，学校规定，不准爬山，不准损坏农作物等等。对于正在发育期的少年，山岭就在学校后边，怎么能不爬呢；爬山，顶多是弄一身泥巴，算得什么风险呢；玩饿了，溜进附近的农田拔一棵芜青，掰下它的块根，既显出胆力过人，又解馋痛快。

如是吊儿郎当而又无忧无虑的日子，戛然而止。初一下学期，他染上了一种重症：小儿麻痹。

为此不得不中断学习，入院治疗。

担心，苦闷，寂寞，甚至绝望，接踵而来。这个病很不好治，即便治好了，也会落下后遗症。

在小柴住院的日子里，班主任金子英夫老师经常来看望，一次，还给他带来了一本大书，是科学巨匠爱因斯坦的，分上下两卷，书名叫《物理学是怎样产生的》，内容包括了狭义相对论和广义相对论。尽管对于一个初一学生来说，这本书太深奥了，但他十分喜欢，不时翻开来看。也许他对物理学的热爱，就在那时播下了种子吧。

两个月后出院，恢复学习。问题来了，他住的地方，离学校有四公里，过去是乘公交车往返，现在呢，虽然病算是治好了，但手脚还很不利索，走路、拿东西都很困难，更不用说乘公交车爬上爬下了。

怎么办？

小柴做了一个勇敢的决定：步行。

开始，他走得很慢，身子摇摇晃晃，就像蹒跚学步的婴儿。去学校的路上有一个小小的斜坡，对于他而言，就好比是高不可攀的大山。一天，他在爬坡时，突然摔倒了。仰面朝天，挣扎着想爬起，却怎么也翻不过身来，就只能那样无助地躺着。他一边望着天上的浮云，一边悲哀地想：这样下去如何是好呢？幸亏后来得到一个路人帮助，终于站了起来；幸亏这样的惨剧也就这一次，经过一段时间的锻炼，他的左胳膊、左手和双腿、双脚渐渐恢复正常的功能；而且，他也勉强跟上班级进度，顺利升上二年级。

说实话，由于他从前不知道用功，基础打得不牢，生了一场大病，功课又耽误不少，初中二年级时，因为父亲所在的部队从中国东北改调蒙古，继母、姐姐和两个弟弟都回到了日本，大家一起在横须贺租房住，作为长子，他要努力打工，养家，养自己，不能把全部精力放在学习上，因此，他四年级时，报考第二高级中学（军校是只能放弃的了）一败涂地，五年级时，改报第一高级中学，依旧榜上无名（瞧，又一位诺奖得主受挫于中考）。换了谁，这都是巨大的打击。假设他就此歇手，世间就少了一位大才。上天垂爱有恒心的人，人必自助而天助。小柴找了家学校补习一年，再次挑战一高，谢天谢地，这次，他总算挤了进去。

一高当然是最好的学校，小柴的考试成绩，据说名列理科甲等第三，也是相当不错的了。但他入学后，成绩却断崖式下跌，这又是怎么一回事呢？

特别说明，那已是 1945 年 4 月，再过 4 个月，日本就无条件向盟军投降。小柴的爸爸，在蒙古前线被盟军俘虏，家里失去固定生活来源，小柴打工的任务就更重了。加之他在学生宿舍的自治会里还担任副主席的职务，日常杂务很多，花在学习上的时间，自然也更少了。所以，他的成绩，在一百九十人的同学中间，已经沦为中游。

高中毕业前，小柴准备报考东京大学。一天晚上，他去浴室洗澡。那是冬天，浴室里灯光暗淡，加上热气蒸腾，朦朦胧胧的，对面看不清人。忽然，小柴听到有人在议论他。有人问："小柴那家伙准备考哪个系？"有人答："大概是印度哲学，或者是德国文学吧，反正他不会报考物理。"问话的，是个学生。答话的，是个老师，教小柴物理演算课的。小柴的物理演算成绩的确不好，但老师不知道，他是因为右胳膊、右手留有小儿麻痹后遗症，举不起来，举不起来就不能在黑板上做演算，为了逃避这尴尬的一幕，他常常逃课。按理，老师这么说，也没有大错。但因为印度哲学、德国文学是成绩极差的学生才会报的，小柴觉得物理演算老师如此小看自己，实在是奇耻大辱；因此，他趁人不注意，悄悄从浴室里溜出来。同时下定决心：我一定要报考东京大学物理系！啊不，我一定要考上东京大学物理系！

要考上东大物理系，他就必须在短期内把成绩提高到前十几名。

人的潜力是惊人的，爆发之道无非为二：一是夜以继日、废寝忘食、殚精竭虑、苦心孤诣地恶补；二是不懂就问、虚心请教、逢山开路、遇水搭桥地强攻。一个月后，小柴昌俊参加高考，经此破釜沉舟、背水一战，谢天谢地，他果然考上了！

大学学渣的强势逆袭

说小柴昌俊是大学学渣，是用不着加引号的，他自己就经常直言不讳地承认。

比如，2002 年 3 月，小柴昌俊应邀在东京大学的毕业典礼上致辞，他就把自己的毕业成绩在屏幕上晒出来：全部 16 门功课，"优"仅仅为 2（"物理学实验一"和"物理学实验二"），"良"为 10，"可"为 4，这成绩在全部毕业生中垫底，不是学渣又是什么?！

为什么会落得这么惨?

告诉你，钱是个硬指标。小柴家里是母亲、姐姐、他以及两个弟弟五人生活，其中四人要上学，光这学费，母亲就难以筹措，四个孩子只能半工半读。而在小柴考上东京大学的时候，父亲从盟军的俘虏营放回来了，作为二战的罪犯，被驻日美军剥夺工作的权利，成了一个吃闲饭的。如此一来，本来就捉襟见肘的生活，愈发困难了。作为长子，小柴义不容辞地挑起重担，每周六天的课，他只听一天半，其余的时间，加上周日，统统拿来打工。赚得的钱，除了缴学费、饭费、房租，还要支持家里。为了解决房租问题，他只好找带住宿的家教。小柴找到的那份差使，是教一个初中的男孩，外带他读高中的姐姐，有时也得捎上他的弟弟。家教工作如此繁重，大学成绩垫底也就是理所当然的了。

眼看就到大学毕业，下一步怎么办? 右手残疾，就业无法跟别人竞争。思来想去，只有考研究生。可自己这样差的成绩，哪个导师会要他呢? 他想到了山内恭彦先生。山内先生是从事理论物理学的，整个大学时代，小柴几乎没正经上过课，但山内先生的实验课却一堂没落，因为实验课是必修课，考不及格就要留级，所以无论如何也要把实验报告完成。他凭借在实验课上出色的表现，终于得到山内先生认可。那时读研究生不要考试，只要导师点头，你就算进入研究生院了。

读研的头等困难依然是经费，研究生院设有奖学金制度，那是为成绩优秀的学生提供的。贫穷激发了小柴的勇气，他立马申请"汤川奖学金"，并非没有自知之明，而是那奖学金实在诱惑力太大，每年 4 万日元呐! 冲着这令人目眩的数字，他强迫自己完成一篇论文，题目是《μ 粒子的核相互作用》。他请了高年级的研究生做指导，一改再改，反复斟酌，鼓勇交卷，谢天谢地，竟然幸运地通过了。

当然这里也有山内先生的帮忙，听说山内先生把小柴作为奖学金申请人推荐到教授会议上，有人竟然失笑，说："就凭小柴君那成绩啊?"

山内先生的坚持，让小柴勉强过关。

奖学金到手，可以放心攻读研究生了。小柴明白自己基础不牢，起点太低，他得想办法迎头赶上。但从何着手呢？他想到一个点子：去其他大学听课，也就是补习。

这时，恰好著名的理论物理学家南部阳一郎老师，在大阪市立大学开办理论物理教研室，小柴决定前往接受培训。他与南部老师素无交接，也没请任何人居中介绍，就一个人独闯大阪，毛遂自荐。南部老师本来犹豫，经不起小柴再三恳求，就答应了。条件是：跟班学习一个月，没有宿舍，晚上权且睡实验室。

这一个月，是小柴对大学内容的重新反刍，也是他获得跟高手朝夕相处、见贤思齐、取法乎上的良机。

一个月后回到东京大学研究生院，他已经能胜任一般课题，研究渐渐走上正轨。

尽管有汤川奖学金支持，小柴的日子依然过得紧紧巴巴。那时，东京大学研究生院每年都会收到各地的申请书，希望派员去当地任教。这工作是有偿的，有善解人意者就把下一次的机会推荐给了小柴。他去的是横须贺，是他曾经住过的地方，学校的名字叫荣光学园，他负责教初中物理。

小柴有过多年的家教经历，懂得如何循循善诱。除了把课讲得深入浅出，在考试的时候，还会出一些令人脑洞大开的怪题，例如，有一个试题就是"如果这个世界上没有摩擦，结果会是怎样？"

这个问题的奇葩之处，在于它不属于计算，也没有规定的统一答案，而是让学生绞尽脑汁尽情思考。小柴认为，最大限度的思考，才是激发创造力的最好方法。

顺便说一下，这个问题的正确答案是：一张白纸。因为没有了摩擦力，铅笔就不能在纸上书写。答对的学生，共有三人。也许，这三人里面也包括了绞尽脑汁仍旧束手无策只好交白卷的吧。这样也好。反正，小柴就是要让学生觉得物理是独特而又有趣的，这就是热爱学习的第一步。

两年研究生生活一晃而过，小柴昌俊又面临下一轮选择。在研究生院中，他是和藤本阳一合作搞捕捉宇宙射线的核胶片实验，这项工作难度大，一时半会出不来成果。毕业后，两人都想出国深造。藤本选择英国布里斯托尔大学，那里研发的感光乳剂位居世界前列。小柴呢，他选择美国罗切斯特大学，虽然不是名校，但该校对外国开放，具体到日本，此时恰好有三个名额，而这三个名额，决定权俱在汤川秀树先生手里。

时在 1953 年，汤川秀树已于四年前获得了诺贝尔物理学奖，而紧排在汤川先生之后的另一个物理界名人，乃朝永振一郎，而小柴在上东京大学时，因高中校长的介绍，和朝永先生相识。于是，他就去见朝永先生，求他向汤川先生写封推荐信。

朝永先生爽快地说："好吧，那么你就按照你所希望的内容，用英文写一封推荐信吧。"

用英文写作这并不难，难的是推荐信必须附上大学成绩单。前文说过，小柴在东京大学毕业时成绩垫底，这如何拿得出手呢？他反复考虑，着实伤透了脑筋，最后想出一种暧昧的措辞，抹去那些"优""良""可"，坦白而又不失自信地译成："成绩嘛，看上去不是那么出色，但也绝对不是那么孬。"

朝永先生一看就笑了，毫不犹豫地在信上签了名。

这签名重若千钧，小柴顺利拿到了去罗切斯特大学留学的名额。

到了目的地才知道，在美国读博，原来是有工资的，每月 120 美元，扣除纳税，剩余 108 美元。当时，1 美元兑换 360 日元，黑市上甚至可以兑换到 500 日元，因此，如果按日元计算，几乎相当于东大教授的工资。加之，学费也免交。这真让小柴喜出望外。

尽管美国租房贵，伙食费、生活用品贵，小柴还是有一种解放了的感觉，自上学以来，第一次体会到不用为生存生活操心，可以无忧无虑地全力投入学习。

又一个更带刺激性的消息传来。有人告诉他，如果拿到博士学位，每月津贴可以涨到 400 美元。天哪！这可是日本大学教授工资的 4 倍！小柴顿时热血沸腾，两眼放光：这比打工要挣得多了！我一定要努力学习，尽快拿到学位。

在罗切斯特大学，小柴研究的是"宇宙射线中的超大能量现象"。他每天一门心思地埋头研究，清晨去研究室，傍晚回到公寓，随便做点食物果腹，然后又返回学校，直到深夜。在这种高强度的焚膏继晷、夜以继日的苦学中，他反而觉得时间流得慢了——这可是爱因斯坦的相对论啊——慢得足以让他在一年零八个月的时间内，稳稳当当地取得博士学位。据说，小柴创下了罗切斯特大学取得博士学位的最快纪录，截至他获得诺奖后的 2003 年，依然没被打破。

小柴坦言："这个速度的创造，应归功于每月 400 美元的动力。在动机明确并且可行的情况下，人是可以战胜一切困难的。"

来自 17 万年之外的褒奖

眼看学位在望，小柴立刻向美国比较著名的大学研究室发出申请，内容不外是："我因某某题目取得学位，不知您那里是否有空缺的职位?"第一个做出回应的，是芝加哥大学的夏因教授。

夏因教授乃研究宇宙射线的权威，他说："欢迎您转来芝加哥大学继续研究，年薪是 6000 美元，月薪为 500 美元。"

回想起两年前刚到美国时的窘境，一切恍如梦寐。

小柴飞快地来到芝加哥。他晚年在回忆录中说："在芝加哥的三年，是我人生中最自由的一段时期。我不用为钱发愁，也有了学习以外的兴趣。我租了一间大房子，还买了一辆克莱斯勒。买车不光是为了旅游，主要还是为在观察宇宙射线时追赶气球用。那个年代，已经开始有录音磁带和 LP 盘（密纹唱片）了。想到自己小时候对音乐的迷恋，于是心情激动地买来唱片，立刻就放着听。芝加哥交响乐团是全美首屈一指的管弦乐团，我有时去听他们演奏的古典音乐会，有时也去听新奥尔良爵士乐。"

在芝加哥大学期间，小柴完成了一篇重要的论文《宇宙射线是由什么组成的》。在研究即将结束时，他苦恼于一个令人费解的现象，就是测得的宇宙射线中，出现超常多的重元素，这是怎么一回事呢？他去请教一位印度籍天体物理学权威钱得拉卡塞尔教授，教授告诉他："星体有各种形态，其元素构成也各不相同，重元素多的，大概是比较年轻的星体吧。"小柴恍然大悟，他迅即把目光瞄向宇宙星体，并且在论文中添上有关超新星的内容。

谁能想到，正是与钱得拉卡塞尔教授的一席晤谈，推开了他日后获得诺贝尔奖的研究之门。

芝加哥的研究告一段落，小柴接受了日本东京大学新成立的原子核研究所的邀请，职务是副教授，任期是五年。

一年后，小柴刚刚解决终身大事，芝加哥大学的夏因教授又传来信息："正在实施与宇宙射线有关的国际合作研究项目，希望你能代表日本参加。"

日本同意他出马。因此，阔别一年有半，他再次回到芝加哥大学。不同的是，这次是携夫人同行。

项目集合了十二个国家的有关专家。何谓研究宇宙射线？简而言之，就是把核胶片放到硕大的气球上面，让它暴露在宇宙的 X 射线中，用以调查基本粒子的运行轨迹，并对结果进行分析。为了实验顺利进行，项目组还征用了运载气球的航空母舰。当一切准备就绪，轰轰烈烈地上马时，意想不到的悲剧发生了：整个项目的负责人夏因教授，因在一场滑冰运动中诱发心肌梗死突然去世，终年五十一岁。

主角没有了，这戏还怎么唱？究竟是继续进行，还是半途而废？这时，恰逢核胶片的世界权威、意大利的奥凯里尼博士，应邀出任麻省理工学院客座教授，项目组就把奥凯里尼请来，倾听他的高见。奥凯里尼审查了项目的整体计划和执行情况，认为："无论从国际意义出发，还是从学术研究意义出发，都绝对应该继续进行。"

那么，夏因教授逝世了，由谁来接班呢？奥凯里尼当仁不让，他分别找项目组的成员谈话，也就是面试，结果拍板，让日本的小柴先生担任项目负责人。

小柴的能力得到奥凯里尼博士的赏识，这当然令他激动。但这是一个国际项目，除了自己苦干，还必须有协调、指挥能力。这是一次艰苦的锻炼。就像当初在罗切斯特大学为获得学位而夜以继日一样，每天连轴转的日子又回来了。如是度过了三年，虽然疲惫不堪，但研究总算顺利完成，个人也积累了处理大课题的经验，对他日后开展的"神冈探测器"项目，可谓是收获良多。

项目结束，小柴决定返回日本。消息传出，众人都大惑不解："日本的工资，只有美国的二十分之一，你为什么要弃高就低呢？""难道你就这么讨厌美国吗？"众人的关怀，小柴表示感谢，但一个日本游子的思乡之情，也只有他自己体会最深刻。临别饯行，芝加哥大学把一块核胶片的底版送给了他，这既是对他在美工作的感谢，也是对他归国后研究方向的期望。

小柴回到东京大学原子核研究所，他想的是如何分析从美国带回的那块核胶片。可是，他的计划一提出，就遭到所内权威们（实则是学阀）的反对。日本跟美国不一样，在美国，哪怕你是初出茅庐的新手，也可以提出任何大胆的设想，只要你坚持，尽管放手去干；日本则是年功序列，论资排辈，你才三十几岁，从美国回来又怎么样，你还嫩得很，这里没有你的发言权。小柴这才明白，不仅是在空间上斩断了美国，在时间上也斩断了美国。换句话说，彼岸科研人员遵循的是爱因斯坦的时间，"山中七日，世上千年"；此岸遵循的仍是古人的时间，老牛破车，蜗步龟移——路旁立着与年龄相应的栏杆和标着与身份相应的车道——小柴忍无可忍，凡与当代科学思想、科研精神相背离的，他都不屑一顾。因此，他与所内的几位权威大吵了一架，断然拂袖离开。

小柴改换门庭，去了东京大学物理教研室。

相信小柴的离开，使原子核研究所的权威们大为快慰，这是他们的天下，他们又少了一条闹事的泥鳅——焉知放走的是一条出水的蛟龙。

在东京大学物理教研室，小柴担任研究生和本科生的课程。第一次给研究生讲宇宙射线，他在黑板的左端写上大大的"宇宙"两字，转到黑板右侧，又写上"基本粒子"，然后，指着黑板的中间说："这个部位是把两端联系起来的地方，也是我的夙愿所在，也许，它就是中微子。"

中微子当时尚未被发现，学生们闻所未闻，像听神话。他们哪里知道，这是小柴先生的直觉，也是他惊人的预见。

小柴从研究生的实际水平出发，先带领他们研究夸克。什么是夸克？原子核是由质子和中子构成的，而构成质子和中子的就是夸克，也是最最基本的粒子。待取得一定的操作经验，研究生们也对实验大感兴趣之后，他又指导大家进行电子方面的实验。

这是 20 世纪 60 年代中后期，地点选在岐阜县神冈矿山的地下。

注意，这是初次接触神冈，与后面小柴做出开拓性贡献的神冈探测器还不是一回事。

小柴一边教学，一边利用三菱基金会提供的经费，在欧洲多国飞来飞去，包括参观苏联的正负电子对撞机，参与在德国、英国、瑞士进行的正负电子实验，等等。说到经费的来源，这里有一个彰显日本企业家特色的优美插曲：

话说小柴团队经人介绍，来到三菱基金会所属的"星期五会"，请求资助出国考察、研究经费。

该会的社长先生说："一直想拜会小柴先生一次。据说你们想去苏联考察正负电子对撞实验，请问，假如日本的科研人员也去参与这类实验，对日本的产业界究竟有什么实际好处呢？"

这可是个棘手的难题。说没有任何实际好处吧，差旅费就拿不到了。说好处大大的吧，也不符合现实。小柴硬着头皮回答："暂时看不出，但一百年后，必然会发生巨大的作用。"

社长先生笑了："你说的是实话，我同意。旅途请多加小心！"说罢，就把旅费递了过来。

小柴日后获得诺奖时感慨：在日本，还真有一些高瞻远瞩的企业家！

长话短说，小柴团队在积累了丰富的理论和实践经验后，于 1978 年提出，并于 1983 年实施神冈探测器实验。那时，他已经五十七岁，离退休只有三年。这个复杂的过程我就不讲了，直到 1987 年 2 月，离他退休的日子只有二十天，科学界测到银河系发生于 17 万年前的一次超新星大爆炸，这机遇是千载难逢的，而他们的神冈探测器，也成功捕捉到了 11 个中微子。

事情怎么如此巧呢？一批在 17 万年前，从宇宙深处出发的中微子，就这样，在小柴昌俊退休前夕，被他从芝加哥大学带回的核胶片捕捉了，从而揭开天文学崭新的一页。

这里正好用得上那个英文单词 "serendipity"（解释见白川英树篇）。

爱因斯坦先生认为："没有侥幸这回事，最偶然的意外，似乎也都是事有必至、理有固然的。"

世人只看到了小柴昌俊和他的团队的欢乐，焉知那些 17 万年前从宇宙深处出发的中微子，也和他们一样欢乐——终于完成了历时 17 万年的使命，幸甚至哉！物我同欢，这正是宇宙的多情之处；也是上帝他老人家，或曰宇宙大神，对小柴昌俊多年来坚持不懈、艰辛探索的褒奖。

第十章

野依良治：要拿就拿诺贝尔奖

科学家、艺术家的许多悟，常常是出于偶然。

它得益于环境的宽松。

它得益于心态的放松。

当然，它还得益于对"serendipity"（意外发现）的把控能力。

野依良治的"身外身"

对于诺贝尔奖得主，生命中哪一刻最难忘？无疑是走上领奖台的那一刻。

若换个角度，对于诺贝尔奖得主，生命中哪一刻最重要？应该是做出获奖成果的那一刻；或者是命运大转机的那一刻；或者是做出专业选择的那一刻；或者是……

习见的诺贝尔奖获得者的雕像，往往都是老翁或老姬，这不奇怪，因为从出成果到获奖，有个漫长的过程，需要验证，或是公认，还有机遇，等等等等——这里每一个"等"，都是以光阴为代价的，于是等啊等，等啊等，等它个几十载是寻常事。如此一来，青春少年也会被时光雕刻成花甲老人。

这还算幸运的。但看：奥地利精神病医师、心理学家弗洛伊德（1856—1939年），以其别树一帜的精神分析学说横扫学术殿堂，颠倒众多苍生。自1915年起，弗洛伊德就连续多年被提名为诺贝尔生理学或医学奖候选人。弗洛伊德本人也信心满满，认为评委手里有一项桂冠非他莫属。然而，该死的然而，直到他苟延病榻，大限将至，那个望穿秋水的通知也没能飞来。又，美国诗人弗罗斯特（1874—1963年）晚年也有类似的悲剧上演。他已经获得了四次普利策奖、一次柏林根诗歌奖，还有无数令人眼花缭乱的光环罩顶，只差一项诺贝尔奖为之"点睛"。据说，每到诺贝尔奖颁发的日子，老先生总是坐在收音机旁，苦候从斯德哥尔摩传来的佳音。结果，期盼愈切，失望愈深，终于含恨而逝。

说到本篇的诺奖得主野依良治，不言而喻，此公乃万人钦羡的幸运者。1938年出生，1966年仅28岁的他就提出了用化学方法合成手性分子的独创性设想，并首次实现了使用手性分子催化剂合成手性物质的不对称合成设想；1980年，42岁的他又与他人合作，发明了催化效率极高的催化不对称合成技术；2001年，63岁的他获得了诺贝尔化学奖。

那一天是10月10日，下午6点30分，位于爱知县日进市野依家里的电话响了起来，纮子夫人拿起听筒，电话是从斯德哥尔摩瑞典皇家科学院打来的，说找野依良治先生。

纮子夫人受过高等教育，懂得英语，她告诉对方野依先生在工作室，电话号码是……

　　转瞬，电话打到了野依良治工作室，对方通知他获得了今年的诺贝尔化学奖，消息将在 10 分钟后发布。

　　6 点 45 分，瑞典皇家科学院正式公告：2001 年诺贝尔化学奖授予美国科学家威廉·诺尔斯、日本科学家野依良治和美国科学家巴里·夏普雷斯，以表彰他们在不对称合成方面取得的杰出成就。

　　野依良治本来就是日本化学界屈指可数的权威之一，这一来更是锦上添花，名声大噪。笔者旅行日本，经常在街头、公园、校园、博物馆，看到一些名人的雕像——创造学术胜景的人最终也变成了别人眼中的风景。偶想，那其中也有野依良治的一尊吗？大概现在还没有吧。将来呢？以他的成就，不出意外，将来一定会有。那么，如果要制作一尊他的雕像，到底是雕他哪一个时期的形象呢？嘿嘿，这个，是人家的事，留给人家回答，我不能越俎代庖。倒是在网络上，查到一座手性模型雕塑，屹立在我国华东理工大学的校园，属于野依良治的"身外身"。什么叫"身外身"？别急，看下去就明白：在 2 米多高的圆柱形基座上，一对硕大的金属手掌左右相对分开，中间隔以一块透明长方形钢化玻璃。这正是根据野依良治的获奖理论设计的。铭牌上，刻着野依良治的题词："化学是绚丽多彩的，也是令人兴奋的，更是有益人类的。"

　　（按，野依良治 2011 年当选为中国科学院外籍院士，他的成就碑立在中国，立在上海，立在华东理工大学校园，也是一个饶有国际意义的符号吧。）

化学真是太神奇了！

　　2001 年，是诺贝尔奖创立一百周年，野依良治的获奖具有里程碑意义。

　　凡事皆有因果，若问：野依良治是怎么与化学结缘的呢？

　　回答之前，请允许我把笔拐一下，将镜头转向 1901 年度的首位化学诺奖得主范特荷甫（1852—1911 年）。

　　说起范特荷甫，当代中国读者，可能很少人知道，他出生于荷兰鹿特丹市，物理化学家。1874 年，22 岁的他与法国化学家勒贝尔（1847—1930年）分别发表了碳原子的正四面体的理论，为立体化学奠定了基础，可见其是早熟的天才。那么，范特荷甫缘何会成为早熟的天才呢？

原来，范特荷甫的父亲是鹿特丹市的名医，也就是我们说的西医。众所周知，西医与化学有着密不可分的联系，因此，范特荷甫从小耳濡目染，对各种药物的合成产生强烈的兴趣，梦想将来成为一名化学家。

上中学时，范特荷甫接触到化学实验。然而，隔三岔五的化学课满足不了他的求知欲。于是，他经常趁无人时潜入实验室，动手做实验。一次，他又悄悄溜进去，支起铁架台，搁上玻璃器皿，点上酒精灯，然后，倒进各种化学试剂。天哪！器皿里突然蹿起滚滚浓烟。实验错误！范特荷甫赶紧盖灭酒精灯，撤掉火源。然而为时已晚，化学老师霍克威尔恰巧来到门口。

"你在搞什么？"老师问。

"硝基苯，"范特荷甫老老实实地回答，"我想把它蒸馏一下。"

老师仔细看了看，范特荷甫的操作基本正确。鉴于范特荷甫平时学习中的优异表现，老师没有把这一严重违规行为报告校长，仅仅为了安全起见，通知了他的父亲。

父亲呢，并没有像一般家长那样，因为老师告状，遂勃发雷霆之怒，出手惩罚范特荷甫，而是同他进行了推心置腹的交谈。得知他对化学遏制不住的热爱，父亲断然做出一个出乎所有人——包括范特荷甫——的决定：在家里腾出一间房子，作为范特荷甫个人的化学实验室。

就这样，个人一次违规的化学实验，老师一次大度的体谅，父亲一次开明的支持，帮助范特荷甫走上了化学之路。

你看，缘分常常就是这么简单。

回过头来再说野依良治，他与化学的缘分，起于两件小事。

一是 1949 年 11 月，野依良治正在读小学五年级，汤川秀树获得了诺贝尔物理学奖。

这是日本人摘取的第一顶诺贝尔奖桂冠。

"值战后的至暗时刻，在国人心头唰地升起一枚烁亮的照明弹。"野依良治回顾自己当日的心情。

仅仅是旁观吗？

不。野依良治的父母都是化学家，1939 年，曾乘游轮去欧洲访学，恰好与汤川秀树同行，一个多月的海上相伴，相互缔结了深厚的友谊。因此，父母对汤川秀树的获奖赞不绝口，经常当子女的面炫耀。野依良治由是萌生了一种自豪感、亲近感，觉得"科学"并不遥远，就在自己身边。

　　二是 1951 年 4 月，野依良治还在读初一。有一天，父亲带他参加大阪市一个产业界的新技术发布会。整个大厅人头攒动，就他一个少年。野依良治清楚记得，东洋人造丝公司（现东丽公司）的经理捧着一捆黄色尼龙丝，宣布："这是用煤、水和空气做原料合成的，比蜘蛛丝还细，比钢丝还坚韧。"

　　父亲告诉良治，这项技术是由美国最大的工业公司——杜邦公司研发的，东洋人造丝公司参与协作，研发者是华莱士·卡罗瑟斯，一个非凡的天才，他在 1935 年 39 岁时推出了世界上第一种合成纤维，可惜他在两年后自杀了，没能看到尼龙制品在其死后一年正式问世。

　　化学真是太神奇了！仅仅用煤、水和空气，就能制造出结实而又美观的合成纤维，简直是无中生有嘛！野依良治怦然心动。回家后，他向弟妹们大肆吹嘘所见所闻，并且暗下决心，将来要献身于化学事业，为社会创造更多的财富。

　　——少年人的大脑就是一块处女地，你最先播下什么科学的种子，它就会在悄无声息中扎根生长。

"不死鸟"

　　野依良治出生于兵库县，祖父是银行家，外祖父是三井生命公司的总裁，父亲是钟渊化学公司的高级研究员、常务董事。他是长子，下面有两个弟弟，一个妹妹。小学，读的是国立神户大学附小；中学，读的是神户私立滩中。这都是当地的精英学校。

　　如此家世，如此学校背景，赋予野依良治一种贵族气、英雄气，兼草莽气。他体格健壮，绰号"野猪"，喜欢交朋结友，颇具行动力、说服力、领导力，从小就是出名的孩子王。

　　小学，野依良治的成绩很平常，心思都花在玩耍上了。进了中学，稍稍收敛玩心，有所进步。野依良治拒绝死读书，认为体魄、人际关系、统率力比分数重要。为了强身健体，初一他报名参加了柔道队，六年中，除了星期日，每天都坚持训练。高二那年，他以初段身份，参加兵库县的柔道大赛，与队友共同斩获团体第三名。柔道之外，他对学校里的各种运动，如网球、排球、棒球、游泳，都相当热心，尤其擅长组织、沟通。野依良治还是出名的调皮捣蛋鬼，善于起哄架秧子，以及搞一些无伤大雅的恶作剧。反正哪儿有他，哪儿就有年轻人特有的热闹。对他这种角色，野依良治发现，老师其实是很在意的——高明的老师可以通过他们拉近与学生的距离，掌控集体的秩序。

1957 年，野依良治如愿考上京都大学。他读的是工学部，当时日本正进入"神武景气"时期，经济高速复苏，科技突飞猛进，是以，工学部非常吃香，而工学部中，又以化学科最为热门。

终于离开生活了十八年的家，离开了父母管束的视线，野依良治感到空前的解放。他没有住校，而是借宿在城里母亲的亲戚家，走读。工学部 600 名左右学生，清一色是男子汉，给了他锻炼社交能力的极大空间。野依良治经济相对宽裕，时常呼朋唤友下酒馆，一边开怀畅饮，一边纵论产业的前景和国家的未来。工学部在城外，有时他赶不上回城的末班车，干脆就在酒馆打一通宵麻将。

散学后回到京都市内，那是另一番诱惑。市内繁华街的电影院是他最爱去的地方，流行的法国影片、好莱坞影片，以及本土导演黑泽明的影片，他几乎场场必看，一部不落。他也是风华绝代的美女明星三本富美子，以及新珠三千代的铁杆粉丝。

大学主要学习基础课程，野依良治不太上心，他目光盯的是科技发展的前沿，只对那些新鲜且新奇的知识感兴趣。毕业后，野依良治进入研究院，在宍户圭一教授的门下，跟野崎一副教授读硕。这时，他开始疯狂用功，一周有两夜泡在实验室，已习以为常，人们开始叫他"拼命三郎"。如是一学期下来，脸呀，脖颈呀，腰杆呀，都瘦了一大圈。与昔日玩伴相逢，野依良治的话题也由娱乐改为学习。他感叹："研究有机化学，比打麻将有意思多了！"硕士课程将要结束时，野崎一先生找到他，直截了当地说："我即将升为正教授，要开设新的讲座，决定聘请你为助手。"

这是野依良治人生道路的转折点。本来他是打算从研究院毕业后，就像父亲那样，投身大企业，研制直接为社会服务的新技术、新产品。如此一来，他只得暂时搁下去企业的念头，跟着野崎教授，一边读博，一边搞理论研究了。

作为野崎教授的助手，野依良治充分发挥了自己在柔道训练中培养出的决策力与集中力，以及与生俱来的领导力，对研究生们要求十分严格。他常挂在嘴边的一句话，就是："实验是真刀真枪，容不得半点马虎！"，很多研究生在做实验时，因为一些微小的疏忽，而招致他的严厉批评。由是，他也得了个"魔鬼"的恶名。

　　然而，就是这个以"魔鬼"般严厉要求他人著称的野依良治，却在一次实验中，发生意外的爆炸，右颊和右下颌受到严重创伤，鲜血染红了白大褂。这真是打脸。一位研究生急忙把他背上出租车，送去京大医院，缝了十八针。出院后，野崎教授命令他回家休养。众人以为这回他该老实了，至少也得在家里歇上个把月吧。没想到，第三天，野依良治就缠着厚厚的绷带到研究室上班了。众人惊讶之余，又送了他一个绰号"不死鸟"——这是真正的加分。

撞见命运

　　野依良治命运的分水岭，是在 1967 年金秋。

　　这一年，他通过四年"半工半读"，终于取得了博士学位。读博本来只要三年，但他因为一边给野崎教授当助手，一边学习，而当助手是拿薪水的，按研究院内部规定，学制则改成了四年。

　　某日，野依良治从大学的棒球场回到实验室，随即接到野崎教授的传唤。他以为自己的工作哪个方面出了纰漏，将要遭到教授的申斥，谁知刚一推开教授的门，野崎先生就没头没脑地来了一句："你想不想去名古屋大学（简称"名大"）？"

　　名古屋大学？野依良治一下子愣住了。他和名大素无瓜葛，这种没来由的话题，又是从何说起？

　　野崎教授解释：名古屋大学化学科要扩大讲座内容，由六门增加到九门，其中增加的有机化学一门，缺乏主讲教授，打算从校外招聘。名大有关人员出面找我，让我帮忙推荐人选，我就顺水推舟，推荐了你。

　　"研究者如果没有绝对属于自己的舞台，是唱不成大戏的。"野崎教授敞开心扉，恳切地说，"到名古屋大学主持新设的讲座，机不可失啊！"

　　野依良治心头一热，由衷感谢野崎先生的抬爱——当然，野崎教授这里说的顺水推舟，也和野依良治去年在"不对称合成反应"方面做出的创造性设想有关——但如此重大的工作改变，不宜擅自做主，还是得回家和父亲商量。

父亲此时担任钟渊公司化学所的所长，对企业的运作了如指掌，在大学里也有许多朋友，可谓两边皆熟。老人家权衡利弊，建议良治别去名大，尽快投身企业。他说："在企业，只要有好的项目，就不愁大量资金和人员的投入，易于出成果。大学嘛，优秀的教授比比皆是，而资金和人员又捉襟见肘，僧多粥少，想出成果就难了。"

话是这么说，奈何野依良治在野崎教授身边待了四年，已培养出对教授生涯足够的好感，他还是倾向于去名大。

父亲见状，也不再坚持，只是提醒野依良治："你可要做好思想准备，学者要当就当第一流的，否则等于白混日子，切记！切记！"

这话，正好说到野依良治的心里，谁不知道他是"拼命三郎"，凡事不干则已，要干就一定会干出名堂！

如是这般，1968 年 2 月，29 岁的野依良治出任名古屋大学副教授。在他这个年纪，算是升得快的了。

更幸运的是，有机化学还没有正教授，暂时就由他当家，全权说了算——这正是野崎恩师的明识。

野依良治从他熟悉的京都大学优秀研究生中挑选了两名助手，有机化学讲座就这样开张了。

好戏还在后头。野依良治接手名大讲座教席不久，就接到美国哈佛大学有机化学家科里教授的来函，邀请他前往该校做博士后研究。

本来就没有正教授，现在连刚上任的副教授也要出国留学，这有机化学的讲座还怎么办？

难得的是名大居然同意放行。他们认为从长远考虑，这对名大是一件好事。

这个"长远"是多远呢？恐怕当时谁也说不清楚。现在回过头来看，名大这一招棋确实高。别的不讲，光说 21 世纪以来，名大接连有四人获得诺贝尔奖，这数字仅次于东京大学、京都大学，在日本高校中排名第三，就是最雄辩的证明。

于是，1968 年 12 月 25 日，正值西方人的圣诞节，野依良治踏上了美国国土。

由是开始十四个月的留洋生活。

　　留洋无疑有各种好处，对于野依良治，最大的好处莫过于跟大师直接碰撞。

　　就说这位邀请他前往哈佛的科里教授吧，他是位名副其实的天才型化学家，22 岁取得麻省理工学院博士学位，27 岁担任伊利诺伊大学教授，33 岁被延揽进哈佛大学，当时（1968 年）年方四十，正处于人生巅峰，主攻新型有机合成反应以及复杂天然产物的全合成等项目，并创建了独特的有机合成理论——逆合成分析理论，成绩卓著，名声显赫（1990 年获诺贝尔化学奖，此是后话）。

　　科里教授团队人才济济，他每天都到研究室巡视一至两次，听取实验汇报，当场解决疑难。科里教授"治军"极严，他对研究者的要求是：纵然不提倡使出 200% 的精力，但至少也要使出 120%！

　　作为一名日本博士后研究员，野依良治觉得不能给国人丢脸。他全力以赴投入研究，恨不得每天能变出 30 个小时。结果，十四个月下来，他得以在三篇论文上联合署名，证明了自己不俗的实力。

　　20 世纪 60 年代，正是哈佛大学有机化学的黄金时代，每个周四的下午 5 点，众多超一流的学者，如罗伯特·B. 伍德沃德（现代有机合成之父，1965 年诺贝尔化学奖得主），路易斯·F. 菲瑟（横跨产业界、教育界的泰斗级人物），保罗·D. 巴特斯特（理论有机化学家），弗立克·H. 韦斯特海默（生物有机化学鼻祖），威廉·冯·埃格斯（物理有机化学家），以及东道主科里等等，都会齐聚哈佛，举行讨论会，就世界化学行业的最新成果发表演讲。野依良治有幸躬逢其盛，其收获，套用中国的古话，绝对是"闻名之如露入心，共语似醍醐灌顶""万人丛中一握手，使我衣袖三年香"。

与诺贝尔奖同呼共吸

　　1970 年初，野依良治离开哈佛，回到名古屋大学。万幸，在他的远程遥控下，有机化学实验室运转正常。

　　1972 年，34 岁的野依良治通过相亲，与 27 岁的大岛纮子喜结良缘。

　　1974 年，实验室一切走上正轨，个人生活也步入圆满和谐，野依良治开始投入他八年前就萌发了的"不对称合成反应"试验。他牢记父亲的忠告：学者要当就当第一流的。同时他也给自己加码：项目，要搞就搞有独创性的；奖，要拿就拿诺贝尔奖。

何谓"不对称合成反应"？

我们先来科普一下。许多化合物的结构都是对映性的，好像人的左右手一样，这被称作手性。而药物中也存在这种特性，在有些药物成分里只有一部分有治疗作用，而另一部分没有药效甚至有毒副作用。这些药是消旋体，它的左旋与右旋共生在同一分子结构中。在欧洲发生过妊娠妇女服用没有经过拆分的消旋体药物作为镇痛药或止咳药，而导致大量胚胎畸形的"反应停"惨剧，使人们认识到将消旋体药物拆分的重要性。

早在一百五十年前，法国科学家帕斯茨尔下了断言："人类没有单纯只合成有益物质的能力。"这就好比我们中国人说"是药三分毒"。难道有益与有害永远共生一体，无法分开吗？科学家并未轻信帕斯茨尔的断语。一百五十年来，不断有人试图用人工合成的方法，打破这一自然法则。20世纪60年代，美国科学家威廉·斯坦迪什·诺尔斯发现可以利用过渡金属制造手性催化剂，这种催化剂能通过氢化反应过程，产生具有特定形态的手性分子。野依良治从威廉的研究成果出发，花了六年时间，开发出性能更为优异的氢化反应催化剂——BINAP。

优异在什么地方？这种新型的催化剂，旨在把光学异构体的左右手性物质分别合成。开始时，有益光学异构体的制取率只有10%，到了1980年，则提高到80%，这算是大功告成，野依良治正式向外公布成果。

而后，又经过大约两年研制，这个比率提高到了将近100%。

科学技术就是财富，就是生产力。自20世纪80年代起，野依良治的科研成果被大量应用于药品、农产品、调味品、香料以及新型、高级材料的合成制备。这种人造分子催化剂的化学合成效率，被认为可以和天然的酶催化反应相匹敌，有些应用甚至超过了天然的酶催化反应。

审视野依良治走过的道路，野崎教授功不可没。想想看，如果野依良治不是听从野崎教授的指点进入名大，成为实验室绝对说了算的一把手，而是进入急功近利的企业，就不可能有长达六年的试错时间，也就不会有如此杰出的成果。

值得玩味的是，野依良治指出，他在无数次的失败之后，之所以选择BINAP作为催化剂，并非出于理性的考量，而是"被这种物质分子美妙绝伦的结构所吸引"。

　　哈，就是说野依良治是"以貌相人"，不，是以貌相物质，科学与美大有联系。

　　这就又令我想起本文开头提到的范特荷甫。当年，他在图书馆看书，盯着空中一个假想的分子凝思，忽然想到甲烷分子的最佳空间排列，应该是正四面体——由此提出了"不对称碳原子"的新概念。

　　科学家、艺术家的许多悟，常常是出于偶然。

　　它得益于环境的宽松。

　　它得益于心态的放松。

　　当然，它还得益于对"serendipity"（意外发现）的把控能力。

　　野依良治求仁得仁。由于对"手性催化氢化反应"做出的贡献，2001年，他和美国化学界的老前辈威廉·斯坦迪什·诺尔斯以及后起之秀、在哈佛访学时的好友卡尔·巴里·夏普莱斯，共同获得了诺贝尔化学奖。

　　再次回到本文开头，野依良治获奖时，他已从名大退休，过着云游四海、随心所欲的生活。2001年10月10日下午6点45分，他正式接到了来自瑞典的获奖通知，当晚从工作室回到家里，半是喜悦半是无奈地对夫人说："今后要与诺贝尔奖一同生活，这下子可够呛了！"

　　他说的是实话。

　　在我一路写来的日本诺奖得主中，野依良治是最具英雄气的。如果说汤川秀树属于绅士型，朝永振一郎属于学究型，江崎玲于奈属于游侠型，福井谦一属于书生型……那么，野依良治则可归纳为志士型。论学术，据统计，截至2015年11月，野依良治共发表论文500多篇，被引用次数达2.2万次以上，获美国及日本专利250多项。除了诺贝尔奖，还曾获得日本化学会奖、日本学士院奖、日本文化勋章、美国化学会R.阿达姆斯奖和以色列沃尔夫奖等，堪谓著作等身，光环耀眼。论从政，1997年，他位居名古屋大学理学部部长，2000年转任名古屋大学物质科学国际研究中心站站长，2001年上半年，加入日本文部科学省科学技术学术审议委员会，并担任日本学术振兴会学术顾问。2001年10月获得诺贝尔奖之后，野依良治有了更多的头衔。2002年，他当选日本科学院院士，2003年，任名古屋大学终身教授，并于同年10月，成为日本最大的科研机构——理化学研究所的理事长。

　　这是个位高权重的实职。野依良治在理化学研究所理事长任上一直干到2015年3月。其间，他大刀阔斧，力施改革，主要成绩，据其离职报告自述：发现了 113 号元素，制造了 SACLA X 射线自由电子激光器（X-ray free electron laser）和"京"超级计算机（K Computer），开展了世界上首个诱导多能干细胞临床试验，等等。留下的遗憾，也不能说没有，如 2014 年小保方晴子"万能干细胞论文造假"事件，作为理化学研究所的掌舵者，野依良治没少向公众鞠躬致歉。

如今回眸，无论是成绩，还是遗憾，都是因诺贝尔奖而起。岂但药性分左右手，世间万物，都是正反相傍、对立统一的啊。相信野依良治的余生，仍将脱不了和诺贝尔奖一路前行，同呼共吸。

第十一章

田中耕一：生涯最了不起的失败

诺贝尔奖不会在同一课题下授予两次。先驱们已经指出了通向成功的道路，但是得到成功并不容易，要去寻找新的重要的课题，而不是"流行"的课题，不能跟在别人后面走。一个科学家应该是独一无二的。

2002 年 10 月 9 日，傍晚，日本社会还沉浸在昨日小柴昌俊荣获诺贝尔物理学奖掀起的喜悦漩涡中，从瑞典的斯德哥尔摩又传来一个振奋人心的消息：日本的田中耕一与瑞士的库尔特·维特里希以及美国的约翰·贝内特·芬恩，共同摘取了诺贝尔化学奖。

与媒体人从 1988 年起，每到诺奖揭晓日就聚集在小柴昌俊家里等候佳音的热闹状况大不相同的是，这一位，不要说事先无人猜中，就是直到田中耕一的大名公布时，社会仍普遍一头雾水，不知道这位获奖者究竟是谁。说起来，在诺奖公布的第一时间，日本文部科学省首先乱了套。在他们前期提供的候选获奖者名单中，没有田中耕一；翻遍日本优秀科学家的花名册，也不见田中耕一；扩大搜索，在日本所有的化学教授、化学博士中，也没有田中耕一；继续扩大搜索，在日本所有的硕士学位获得者中，仍旧不见田中耕一。这事简直不可想象，难道这位化学奖得主是局外人？

不仅日本文部科学省，2000 年的诺贝尔化学奖获得者白川英树，2001 年的诺贝尔化学奖获得者野依良治，这两位化学界的大咖，也是丈二和尚——摸不着头脑，闹不清这位新科得主是何方神圣。这就好比你去问日本田径协会的掌门，有谁在近期创造了世界纪录，他不可能不知道。但事情就有这么邪门，这两位化学界的泰斗级人士硬是对田中耕一一无所知。

就是田中耕一本人，也是忐忐忑忑，将信将疑。那天是星期三晚上，他正在供职的京都岛津制作所加班，突然接到一个国外打来的电话，说的是英语，通知他获得了诺贝尔化学奖。"我？诺贝尔化学奖？"——这儿插一句，网上有人说田中耕一自称英语很烂，只听懂了"诺贝尔""祝贺你"几个单词云云，这恐怕不够准确。田中耕一的英语本来就学得不错，加之 20 世纪 90 年代，他又在公司位于英国的分支机构工作了将近六年，因此，一个简单的通知内容，肯定不会听错——只是，事出突然，他有点摸不着头脑，怀疑是哪个同事、朋友的恶作剧，或者是海外某个和诺贝尔同名的山寨奖。

所里的 50 多部电话随即响了起来，此起彼伏，热闹非凡，是媒体在抢新闻。这时，轮到制作所的高层伤脑筋了，因为本所有三人同名，都叫"田中耕一"，他们确定不了获奖者究竟是其中的哪一位。

这也难怪，因为被诺奖锁定的田中耕一只有学士学位，在所内是一个普通职员，四十三岁了，头衔还仅仅是主任。注意，日本的主任，跟中国的主任完全是两码事。在日本，大学毕业后进入企业，一般干一至两年的职员，就可升迁主任。再往上，便是系长、课长代理、课长、次长、部长等等。田中干了二十多年，还停留在低层次的主任，显然是个被人遗忘的角色。众所周知，诺贝尔奖不管如何操作，绝不会颁给一个寂寂无名的鼠辈。

　　错了，大错特错！田中耕一之所以一直停留在低层次的主任级别，不是他能力弱、水平低，而是因为他酷爱在第一线从事实验，主动放弃了年复一年的晋级考试，甘心拿少得可怜的薪水，甘心忍受上司和同事的白眼。而从另外一个角度来说，这事也恰好看出诺贝尔奖委员会的公正。他们之所以把这个奖授予田中耕一，在乎的不是他的身份地位，而是他对科学发展的贡献。

歪打正着的奇葩发现

　　田中耕一 1959 年 8 月 3 日生于富山县首府富山市。注意，这富山县跟富士山是两码事，前者在西，濒临日本海，后者在其东南，靠近太平洋。

　　田中耕一的命运，几乎从一降生就和本书前述各位诺奖获得者大相径庭，他生下来才一个多月，母亲就因病去世，被过继给叔父叔母抚养。

　　田中耕一的叔叔是个制作锉刀的工匠，心灵手巧，会做多种玩具。田中耕一耳濡目染，从小就养成动手习惯，十岁时就自己组装收音机，以后又扩展到组装自行车、电车、飞机、宇宙飞船。因为家贫，他也养成了节俭的习惯，舍不得浪费任何物品。

　　小学，中学，成绩是呱呱叫的，老师推荐他考京都大学。田中耕一办事慎重，他觉得自己生活在小地方，东京、京都这样的大城市，对他来说，都过于浪漫、冒险。他把目光投向相对偏僻的仙台，那里的东北大学仅次于东京大学、京都大学，排名第三。为此，他在高二的暑假特意到仙台看了看，他很喜欢那儿的自然环境和人文气息，遂决意报考东北大学。

　　次年一举成功，田中耕一如愿考上东北大学。这本来是件大喜的事。谁知大喜之日又勾引出大悲。新生入学要迁移户口，叔父叔母隐藏多年的秘密终于曝光，原来他是抱养的。

　　得知亲生的母亲不幸早逝，田中耕一的大脑顿时一片空白，其哀其痛，旁人是无法体会的，那是情感的黑洞，是绝望的荒原，他也不记得过去了多久，终于从心底吐出一声长气，瞬间凝成一团意志——为了纪念死去的母亲，更为了造福活着的世人，他将用自己的智慧，去努力开发高端的医疗仪器。

在东北大学，田中耕一学的是电气工程，专业成绩没得说，位于年级前列。但他有弱项，不知什么缘故，他特别讨厌德语，而德语偏偏又是英语之外的必修，讨厌的结果是大二德语考试连续几次都没能及格，按照校规，不得不留了一级。这对他是终生难忘的耻辱。

——哈，又一位诺奖得主曾经蹲班！

1983 年 3 月底，田中耕一大学毕业。考虑到家庭负担较重，他放弃读研，直接就业。首选是大名鼎鼎的索尼公司，第一轮面试，直接被淘汰。田中耕一心知肚明，他大学留过一级，给人的印象就是差生，加之生性腼腆，不善言辞，人家看不上，也是在情理之中。

接下来，经大学的指导老师安达教授出面推荐，他进了位于京都的岛津制作所。

在制作所，他被分配搞医疗仪器的开发，这属于化学范畴，跟他的电气工程专业不沾边。不光是他一个，分配在医疗仪器组的一共有五人，都是由其他专业转来。

改行就改行，一切服从需要。在小组里，田中耕一负责质谱分析，就是使待测蛋白质分子带上电荷，然后根据这种离子在电磁场中的飞行轨道和飞行时间判断其质量。当时在质谱分析领域，已经出现了几项诺贝尔奖成果，其中包括氢同位素氘的发现和碳 60 的发现。不过，科学界普遍认为，这种手段只能用于分析小分子和中型分子，由于生物大分子比水这样的小分子大成千上万倍，要想使高分子带电而不破坏其分子结构，简直是难于上青天。真的是苍天有眼，鬼使神差，他人的知难而退，反而给了初出茅庐的田中耕一一个脱颖而出的机会。

那是 1985 年，话说有一天，田中耕一准备测量的样品是维生素 B12（分子量是 1350）。样品进入分析装置之前，照例要经过一些处理。田中一不留神，把甘油酯当作丙酮醇与金属超细粉末混在了一起。甘油酯与丙酮醇不同，黏糊糊的，一眼就可看出，所以他马上意识到出了大错。

怎么办？错误已经铸成，要扔，只能把甘油酯和金属超细粉末一起扔。金属超细粉末十分昂贵，扔了，觉得太浪费，未免可惜。田中想，要不就将错就错，测测维生素 B12 在这种状态下的质量。

田中之所以这么决定，不纯粹是怕浪费，也有他的专业考虑，因为测定是在真空中进行，甘油首先会慢慢气化，随之消失。田中相信，尽管错误放进了甘油酯，然而，只要耐心等它消失，里面自然会显示出样品的数据。

　　为了让气化过程加快，他启用激光频繁照射。

　　田中是关西人，用当地的话说，是个"急性子"，恨不得一分钟就能拿到数据，因此，没等甘油完全气化，他就去看质谱。

　　奇迹出现了。他的眼前出现了从来没有观察到的数据，谱峰显示，光谱的质量数在 1300 左右。在不破坏分子量为 1300 的分子的情况下，实现了分子的离子化——这正是他寤寐以求的结果。

　　歪打正着，他没想到自己竟然使生物大分子相互完整地分离了——哈哈，在这之前，这可是很多科学家想破了脑袋也没有搞定的哦！

　　<u>世界上许多重大的发现和发明都是出于偶然，而这种偶然中又莫不包含着必然。要知道，在此之前，田中耕一已测试过上百种样品，才有了如今"美丽的失误"。</u>

　　这使我想起诺贝尔本人发明炸药的经过。1864 年，诺贝尔发明了用雷管引爆硝化甘油，并取得专利。但硝化甘油炸药极不稳定，在实验和生产过程中，稍有不慎就会爆炸，因此致死的人中，就包括他的两个弟弟。诺贝尔尝试在硝化甘油中加入各种可燃与不可燃的物质，以增加其稳定性，都一一失败。有一天，他发现装硝化甘油的金属容器出现了一道裂缝，有少量液态炸药流了出来，这是很危险的啊！没想到，容器四周干燥的硅藻土却完全吸收了硝化甘油，化危险为乌有。诺贝尔受此启发，就制造出安全系数较高的炸药。

　　回头再谈田中耕一，这个"无心插柳柳成荫"的成果，使他在 1985 年8 月申请了名为"软激光解吸附离子化法"的专利，并于 1993 年 6 月获得批准。

　　1987 年 5 月和 9 月，田中耕一分别在京都举办的日本质量分析联合研讨会与在兵库县举办的日中联合质量分析研讨会上，发表了一篇当时不为世人重视，事后却对他摘取诺奖起了关键作用的论文《对生物大分子的质谱分析法》。

　　若问：论文当时为什么不为世人重视？

　　主要是社会认识滞后。尽管田中耕一测量的蛋白质质量，已经达到 3.5万，而且他自信能拿下 4 万、5 万、6 万，化学界仍然坚持认为，大分子的离子化是难上加难，甚至是水底捞月，枉费心机，所以并未对田中耕一的发明产生强烈的兴趣。

　　另外是价格昂贵。田中耕一开发的质谱分析仪，每台售价 5000 多万日元，那时日本还没有实行竞争性科研经费配置，一般的实验室，单凭公司的自筹经费和政府的有限资助，是买不起的。田中耕一的团队好不容易才推销出去一台，买主是一位美国的免疫学家，从那之后，便再也无人问津。

这从岛津制作所总裁的表现上也可看出来。对于田中耕一的发明专利，从递交申请到获准授权，他总共才奖励了区区 11000 日元（折合那年头的人民币，约为 300 元）。总裁看好的只是专利抢注在先，对其生产、销售、盈利，并不抱多大希望。

即使是这区区 11000 日元的奖励，田中耕一还觉得受之有愧。他说："这次实验，完全是由于我对化学的无知，把本当严格分开的两种物质误放在了一起。"

然而，这篇论文事后又是怎么对他获奖起了关键作用的呢？

首先讲大形势。20 世纪 90 年代初，随着科技的不断发展，解析人类遗传因子的热潮兴起，使得测量蛋白质质量成为研究的热门，田中耕一的成果开始变得引人注目。

接着，要讲到他生命中的三位贵人。其一是美国质量分析领域的世界级权威罗伯特·J. 库特教授，他参加了 1987 年的日中联合质量分析研讨会。当日会上重点讨论的，除了田中耕一的"软激光解吸附离子化法"，还有他国学者提出的"等离子解吸附离子化法"。库特教授在比较两种测定方法的优劣后，最后拍板，还是田中耕一的方法好。会后，库特教授将田中耕一的研究成果发表到欧美质量分析的学报上，引起了国外同行的广泛注意，一时成为圈子里的热门话题。

再就是德国的化学家弗朗茨·希伦坎普和米歇尔·卡拉斯。众所周知，诺贝尔奖强调的是创新，而在欧美学问界，判断谁是最初的发明者，一般是以用英文发表的论文为准。就是说，田中耕一 1987 年用日文发表的论文，通常是不算数的。而论文的发表时间，又分两个节点，即刊物收到稿件的时间和公开发表的时间。田中耕一的英文论文，是发表在英国的学术杂志《质谱学快讯》1988 年 8 月号。两个月后，这两位德国化学家也在美国的学术期刊《分析化学》，发表了名为《基质辅助激光解析离子化》的论文，他们检测的大分子量已超过 66000。仅就发表时间来说，无疑是田中耕一领先两月。麻烦在于，那两位学者的投稿时间，却比田中耕一早了一个月。这就使问题变得复杂化，诺贝尔奖到底该颁给谁呢？

结果，诺贝尔奖评委会在弗朗茨·希伦坎普和米歇尔·卡拉斯的论文里发现了一个注解，特别指明本项研究参考了田中耕一1987年发表的论文。就是这一个简短的注解，使评委会认定——田中耕一的理论，是当今生物大分子质谱分析的源头，于是选择把2002年度的诺贝尔化学奖授予了他。

田中耕一对弗朗茨·希伦坎普和米歇尔·卡拉斯的光明磊落既感激，又折服，获奖后，他主动与这两位德国专家联系，表示十二分的感谢。

更为重要的是，要与众不同

诺贝尔奖让田中耕一一夜成名，荣誉接踵而来。

日本政府临时增加名额，为他颁发了最高级别的文化勋章。

田中耕一的出生地和居住地，也都给他颁发了荣誉市民证书。

说来你也许不信，田中耕一的上司和同事面临的第一个困惑，竟然是：难道从此以后，要改口叫这个一直点头哈腰、唯唯诺诺的家伙为先生了吗？（注：先生，在日本只用于特定的令人尊敬的职业，如教师与医生，以及当选为国会议员的政治家。）

与此同时，岛津制作所的总裁从国外急急赶回，宣布奖给田中耕一数百万日元，将他的职位从主任越级提升为董事。

你猜田中耕一如何反应？

他竟然拒绝提升。理由是，只有留在实验室，他才能感觉到自己的存在价值。

这再次使我想起美国加州理工学院的费曼教授。1965年，费曼获得了诺贝尔物理学奖，有同事跟他打赌，十年之内，他会坐上某一领导位置，赌金是10美元。1976年，费曼从同事那儿成功赢得10美元。事实上，十年间，费曼从不参与学院内任何行政事务，对此，有人斥责他懒散、自私，对他而言，这却是保卫自己创造自由的最好方式。

而对于田中耕一，事情至此，已由不得他了。几经推脱，最终，他还是勉强接受了部长待遇。

不久，公司又特地为他成立"田中耕一纪念质量分析研究所"，聘他为所长，待遇仍升为董事。

田中耕一的母校东北大学特别修改条例，为他颁发名誉博士学位。

接受荣誉博士学位时，田中耕一感慨万分地说道："当初大学毕业，我决定不考大学院，是因为讨厌考德语。如今，不考德语竟然就获得了博士学位。可是，对我来说，博士的头衔只有在预订飞机座位时才能派上用场，它将使我免费提升到商务舱。"

田中耕一获奖后，许多人都向他讨教：独创性从哪儿来？如何才能提高自己的独创性？

2003 年，田中耕一在一次演讲中回答：

关于这个问题，我发现了一份有趣的资料。这是 2002 年春天，斯德哥尔摩诺贝尔博物馆馆长林格威斯特在日本召开的"诺贝尔奖一百周年纪念国际论坛"上的演讲记录。对在过去一百年的所有诺奖得主来说，这位先生是全世界最了解他们的权威之一。总之，他对有独创性的人以及他们的背景都一清二楚。

那么，对每个人来说，能发挥出创造性的条件是什么呢？林格威斯特举出了九个条件。即：勇气、挑战、不屈不挠的意志、组合、新观点、爱玩的心态、机遇、努力、瞬间的闪念。

这九条，正好可以套在我的身上。我发现"软激光解吸电离法"时，首先具备了"挑战"与"勇气"，以及屡败屡战的"努力"与"不屈不挠的意志"。要说"新观点"，就是"组合"并使用了两种辅助剂。并且没有把两个错误混搭在一起的物质扔掉，而是抱着"玩儿的心态"，对这种"错误"进行观察。错误从某种意义上讲，就是"机遇"。明知是错也要看到它的实验结果，其中就含有直觉，即"瞬间的闪念"。

"原来，我就是具有独创性的人啊！"当初想到这里，不禁有些飘飘然。

但是，请等一等！我仔细琢磨，觉得任何一个人，普普通通的人，或多或少，都具有上述九种素质。

从前，我好像把"独创性的能力"误会成非常特别的本领了。

人们通常会认定"自己还不具备那样的素质"，从而压抑了自己所具有的难能可贵的创造力；或者还有人认为"自己从事的不是什么了不起的发明"，从而放跑了服务于社会的大好机会。看了，并分析了林格威斯特先生的演讲记录，我恍然大悟，我们每一个人，都天生具有独创性。请不要忘记，"人类是具有创造性的动物"。我一个普通的职员，大学毕业不到两年，二十六岁就开发了"软激光解吸电离法"，而和我一起获化学奖的约翰·贝内特·芬恩教授，是在七十岁时开发了"电喷雾离子化技术"，与我的方法异曲同工，不谋而合。你看，无论是谁，无论什么时候，都有发挥独创性的可能。

强调独创，这是每一位诺奖获得者的共同体会。前文提到的野依良治，他在年轻时就公开宣称，讨厌模仿，力争以创新拿诺贝尔奖！2001 年，野依良治如愿以偿。2007 年，野依良治应邀访华，在一所高校，当学生问他："如果中国的大学生也有志于获得诺贝尔奖，您有什么建议？"野依良治回答：要有探索的勇气，对从事的科研项目满怀兴趣；更为重要的是，要与众不同。

野依良治说，诺贝尔奖不会在同一课题下授予两次。先驱们已经指出了通向成功的道路，但是得到成功并不容易，要去寻找新的重要的课题，而不是"流行"的课题，不能跟在别人后面走。一个科学家应该是独一无二的。

野依良治进一步解释，做到独一无二并不像想象的那般难。做到第一很难，做到唯一却很容易。科学研究毕竟不同于奥林匹克竞赛，奥林匹克竞赛有着复杂的规则，普通人很难达到高水平。

野依良治的最后一段话，似乎也为田中耕一的成功做了深入浅出的注释。

回归自我，从零起步

荣誉也有副作用，相当多的诺贝尔奖获得者，在光环罩顶之后，并没能继续开拓，更攀高峰，殊荣也就成了绝唱。更有甚者，诺奖不仅没有成为动力，反而成了压力，其间的极端者，如海明威（1954 年度文学奖）、川端康成（1968 年度文学奖）、马廷松（1974 年度文学奖），竟然选择了自杀。

"理论上，时间可以是平滑的，也可以是粗糙的；可以是如刺似的扎手，也可以是如丝绸般的柔细；可以是硬的，也可以是软的。"艾伦·莱特曼在《爱因斯坦的梦》中写道，"但是在这个世界里，时间的质地刚好是粘的。每个城总有些地区卡在历史洪流中的某个时刻而出不来。所以，个人也一样，卡在他们生命的某一点上，而不得自由。"

田中耕一无疑也受到了压力。你想，与既往的诺奖获得者相比，他的资历过于平凡，没有任何闪光点；他的长相过于大众，站在哪儿都像一方"空地"；他的成果也被人说成是狗屎运，缺乏雄辩的说服力；再说，他也过于年轻，才 43 岁，而和他共同获奖的库尔特·维特里希，是 64 岁，约翰·贝内特·芬恩，更是高龄八十有五。但是，诺贝尔奖就是这种神话，它立马把一只燕雀变成了凤凰，把默默无闻而又拙于表现的田中耕一变成了全民追捧的偶像。处于高强度的聚光灯下，田中耕一感到头晕目眩，手足无措，越来越不自在。于是，他在 2003 年，写了一本关于既往的总结，书名叫《生涯最了不起的失败》，作为对各方面的总回答，然后就断然关门谢客，拒绝一切采访和演讲，大隐隐于市，彻底消失在公众的视野。

曾记，1952 年，以色列首任总统魏茨曼逝世，时任总理古里安托人捎信，提请爱因斯坦为总统候选人。爱因斯坦婉拒道："我一生都在同客观物质打交道，缺乏天生的才智和经验来处理行政事务。所以，我不适合担当总统大任。政治是短暂的，而方程式是永恒的。"

爱因斯坦尝言，对于生活，有一张桌子、一把椅子、一碗水果，加上一把小提琴，这些不就足以使人们快乐了吗？

吾国杜工部有诗云："细推物理须行乐，何用浮名绊此身？"

是啊，田中耕一觉得，唯有关起门来，隐身于时间——那是他自己的时间，也是与科技前沿、人间疾苦联系得最紧密的时间——才能找回自己。

这一隐就是十六年。直到 2018 年 2 月，田中耕一的名字再度出现在媒体，他选择在国际著名的科学杂志《自然》现身，公布了最新的研究成果："只需体内的几滴血，就能提前 30 年预测阿尔茨海默病的发生。"这一结论，是通过对 300 多名患者的研究和测试得出的，准确率达 90% 以上。

他是怎么想到研究阿尔茨海默病的呢？

前文说过，田中耕一读大学前，得知生母在他出生后不久病逝。那一刻，正是在那一刻，他从悲伤的漩涡里挣扎出来，油然而生的第一个意志，就是为了纪念早逝的母亲，以及为了造福天下苍生，将来要致力于开发医疗仪器——这一点，无疑是他后来研究质谱分析仪的初心。

在田中耕一获得诺奖之前，他的叔父，即养父，因为阿尔茨海默病的折磨，撒手离开人世，没能分享他的欢乐——这岂不是天大的遗憾！那一刻，我想是那一刻，他已经暗暗和阿尔茨海默病较上了劲儿。

不得不说，十六年的沉默，田中耕一之所以能坐得住，除了自身的眼光、心性，也与诺贝尔奖得主的威望有关，企业相信他，社会宽容他，期待他。

《自然》杂志虽然名声显赫，毕竟属于阳春白雪，仅在相关科技领域的小圈子里流传。把田中耕一重新拉回公众视野的，还是普及万户的电视的功劳。

　　因为《自然》杂志发表的这篇论文，2019年初，日本放送协会（NHK）找到田中耕一，为他拍了一部纪录片。

　　这部片子揭示了田中耕一一夜成名后隐身的内幕：他不是功成名就，见好就收，急流勇退，而是回归自我，坚守本色，从零开始，攻克新的难题。有人做过统计，截至2018年，全世界共有904人（另有24个团体）获得了诺贝尔奖，其中，绝大多数人都很难百尺竿头更进一步，田中耕一属于极少的例外，他在登上一座高峰后，又用了16年的时间默默耕耘，其间经历过数万次的试验，也就是数万次的失败，终于在花甲之年获得又一项重大成功。

　　世人看到，经过17年的蛰伏，田中耕一再次亮身荧屏，明显变得潇洒从容。也许这时他才觉得，自己已是名副其实的诺奖得主。

　　而我，却想起了科学史上的一件逸事。

　　1862年，德国哥廷根大学医学院开学，亨尔教授迎来了他的一批新生。经过一番笔试和面试，亨尔教授大为开心，他确信这届学生中的许多人，是他教学生涯中碰到的最为出色的英才。

　　正式上课前，亨尔教授把自己历年撰写的论文手稿统统搬到教室，然后一一分给学生，让他们仔细工整地重抄一遍。

　　学生翻开亨尔教授的手稿，发现写得非常工整，根本没必要重抄一遍。何况，即使重抄，也未必能比教授写得更好。嗨，与其做这种枯燥繁重的无效劳动，还不如抓紧时间多看点书，多搞些研究。于是，亨利的嘱咐被当成了耳边风，学生们都各自忙自己的事，对教授的手稿不屑一顾。

　　但是，只有一个"傻瓜"，叫科赫，坚持每天当抄写员。

　　学期结束，科赫把抄好的手稿送到亨尔教授的办公室。

　　亨利教授既遗憾，又激动。

　　遗憾的是，那些不错的苗子都太短视，他们不知道，从事医学研究，光有聪明和勤奋，还远远不够，更重要的，是能塌下心来，老老实实，一丝不苟。医理的事，走错一步，就人命关天。他让大家抄手稿，既是系统学习导师的知识结晶，也是一种对心性的修炼——在一开头就显出心浮气躁，好高骛远，将来又能有多大发展呢？

　　激动的是，终于还是有一个学生，耐心地抄完了全部手稿。

　　亨尔教授微笑着打量科赫，高声说：

　　"孩子，我向你表示崇高的敬意！你一定会大有出息！"

亨尔教授没有说错，全班同学，后来只有科赫终成大器。他在对炭疽病、肺结核、霍乱弧菌、白喉杆菌、伤寒杆菌、鼠疫杆菌、痢疾杆菌等细菌的研究上，做出了开创性的贡献，为此获得了 1905 年度的诺贝尔生理学或医学奖。

你一定猜到了：在我的眼里，田中耕一的心性跟科赫有得一比，在名和利等世俗的诱惑面前，他也正属于那种天字第一号的"傻瓜"。

第十二章

益川敏英：灵感，自浴缸里溢出

无论是沐浴、散步，还是悠闲随意地阅读，大脑在这个时候，都属于放松状态，思维得以从"雾失楼台，月迷津渡，桃源望断无寻处"的怅惘中解脱，开始天马行空、神出鬼没地放飞——冷不丁一个闪念破空而至，那就是苏醒了的潜意识，或者说直觉。

父子两代的追梦接力

1940 年 2 月 7 日，益川敏英出生于日本名古屋市。如果人的出生可以自由选择，我想，他会避开 1940 年——那之前，日本参与发动了"愚蠢而又悲惨的"（益川敏英语）二战，那年头，日本军国主义正处于穷兵黩武、歇斯底里的巅峰；他也不会投胎于这户姓益川的人家——做父亲的仅仅是个做西式家具的木匠，做母亲的虽然能说会道，但也知识无多，缺乏培育科学大家的馥郁书香；唯有名古屋市，差强人意，排名日本大城市第四，比上不足，比下有余——总算占有一分地利。

益川敏英的父亲，其实是有头脑有抱负的，早年一边跟人学习木工活，一边接受早稻田大学的电气教程函授，梦想有朝一日成为电气技师。梦想最终破灭，不怪他没有努力，只怪基础太差。你想，连六年小学都没正经读完，不懂几何，不懂代数，怎么能通过电气技师的注册考试呢。无奈，只好认命，老老实实吃木工手艺的饭。埋头干了几年，略有积蓄，便得寸进尺，开了一爿家具厂。

正指望水涨船高，却赶上了二战，父亲被征召上前线，工厂的电器设备也一并被征用。

二战后，父亲复员回家，他把劫余的家具和厂房打包转让，没想到卖了个大价钱。意外的惊喜让他醒悟：还是做买卖来钱快！于是，改行开了一家糖业批发店。

父亲是做过电气技师的梦的，虽然一枕黄粱，但对梦的回忆，在他那个小圈子里，也是一笔足以炫耀的资本。是以，动不动就把一些电学知识、电工术语挂在嘴边。奈何周围的人都是土包子，不是听不明白，就是不感兴趣，说了等于白说。父亲就有了曲高和寡、知音难觅的失落。待到益川敏英出生，长大，自然而然成了他特有的倾诉对象。小家伙的头脑是一片空白，正好由他任意充填。那时，老百姓的住房条件很差，普遍没有浴室，要洗澡，只能去公共澡堂。父亲就常常带小敏英到老远外的澡堂洗澡，往返路途，遂成了他传授知识的流动课堂。上至天文，下至地理，旁及生活百科，父亲把他多年积攒的学问，一股脑儿地灌输给小敏英。比如，为什么三相交流电动机能够转动，为什么日食和月食并不是每个月都会发生，等等。当益川敏英老了，在 68 岁的 2008 年获得诺贝尔物理学奖，谈起往事时，关于后一个问题，他还清晰记得，父亲是如此这般解释的：那是因为地球围绕太阳旋转所形成的公转面，与月球围绕地球的旋转面，存在一个 5 度的倾斜角。

　　一来二去，益川敏英就获得了两套知识：一套是小学教科书上的，一套是父亲嘴里的。这就产生了一种畸形的知识结构：在学校里，益川敏英的成绩属于中游，不算出色，但当老师跳出课本，提出一些尚未教过的难题，他却能运用从父亲那儿听得的知识，解答得有根有据，头头是道，令老师和同学刮目相看。

　　若问：益川敏英在学校的成绩为什么会处于中游？这个么，做父母的有责任。父亲只顾向娃儿唠叨早年的梦，压根儿不过问学校的功课。母亲呢，既要照看门市，又要管理家务，整天叫一个忙！她能做的，就是敦促敏英完成家庭作业。敏英瞅准母亲的弱点，每每诳骗说："今天老师没有布置家庭作业。"然后，便把书包往货架下面一塞，跑出去找小伙伴耍了。哪个小孩儿不贪玩呢，哪棵小树苗不疯长呢。母亲觉得这样下去不行，临到开家长会，她向老师反映："请增加家庭作业，每天都要有，否则，没有家庭作业的日子，娃儿无事可干，就放任自流了。"老师瞪了母亲一眼，冷冷地回复："对不起，我们每天都留家庭作业的，只是您的娃儿不配合，常常不完成。您今后要抓紧督促！"

　　得知敏英偷懒耍骗的真相，做家长的气不打一处来，当晚，父母联手狠狠修理了他一顿。皮肤的伤疤，说好也就好了；心头的狼狈，却是一辈子也抹不掉。

　　抹不掉就是记性，长记性的孩子也长心性。益川敏英的顽皮大大收敛，成绩也逐步提升。初中阶段，稳居班级前茅，顺顺当当跨入高中。

　　也就在高一上学期，报上刊登了一则新闻，是关于名古屋大学的坂田昌一教授的。他提出了一种模型，认为所有参加强相互作用的强子并非个个都基本，"基础粒子"只是质子、中子和超子，其余的强子则是"复合粒子"，都可以由"基础粒子"及它们的反粒子复合出来。该模型还认为，介子由一个基础粒子和一个反粒子构成，重子由两个基础粒子和一个反粒子构成。所谓构成一个粒子，就是构成表征这个粒子的全部量子数。报上说，坂田的发现具有划时代的伟大意义。

　　那当儿，益川敏英还十分稚嫩，觉得科学都诞生于 19 世纪之前，而且是在欧洲，无论时间，还是空间，离自己都太过遥远。人们对于太过遥远的事情，总是漠不关心的。他曾经想过，假如某项科学是于 20 世纪，诞生于邻近的大都市东京，那影响就不一样，自己肯定会心生向往。而如今，哈哈，不是从前，是现在，不是邻近，是贴身，就在自己的家乡名古屋，也诞生了世界一流的科学！它就像一束绚烂的焰火，耀得益川敏英双眼发亮，心脏狂跳。这是一个信号，不，一个开关，仿佛他所有的神经都啪地接通电流——也就在那一瞬间，益川敏英萌生出一个大胆的欲望：将来，也要成为坂田教授那样的科学家！

这个欲望，益川敏英深埋在心窝，对谁也没掏。父亲当然不知道他坚守的秘密，但知子莫若父，他从敏英明亮的眼神，吃准了儿子已经有了明确的目标，完全不同于他期待的目标。父亲的期待是什么呢？敏英是长子，也是家里唯一的男孩（下面只有一个妹妹），自己年纪上身，岁月不饶人，日常搬运、码放那些重达上百公斤的砂糖袋子，已感力不从心。他需要助手，他盼望儿子读完高中，赶紧回来帮自己的忙。子承父业，这在日本是天经地义的事。关于这个话题，他跟敏英说过多次。到了儿子读高二，他看到敏英愈来愈发奋，他清楚这发奋意味着什么。不过，他大概想到了自己年轻时的梦想，嗨，有梦想的人，是有奔头的，是需要予以理解和尊重的。父亲思来想去，纠结万分，终于在儿子高二的暑假，找敏英摊牌，双方订了一个口头协议：只报考一次大学。考上了，继续深造；考不上，回家经营商店。

对于胸有大志的益川敏英，这是济河焚舟的一搏：只能成功，不能失败。他本来就已经足够用功了，父亲的摊牌，又像给了奔跑中的骏马响亮的一鞭，它昂首长嘶，四蹄腾空，日夜兼程——嗯，就这样，就像益川敏英的简历里写着的那样，他一举考上了坂田教授所在的名古屋大学。

父亲失望了？不，没有。他接到敏英的大学录取通知，转身取出一瓶清酒，打开，斟满杯，仰脖，一饮而尽——旁人没留心，敏英看在眼里了，父亲咂咂的品酒声，流露出的更多是欣慰。

英语太烂，成了网络热搜

获得诺贝尔奖的科学大咖，都免不了留下某些热门话题，如居里夫妇与女儿女婿一门四人三次荣获诺奖，如物理学家卢瑟福跨行摘取化学奖，如小柴昌俊由大学成绩倒数第一硬核上演逆袭，如田中耕一歪打正着成就"最了不起的失败"。说到本文的主人公益川敏英，他的中文网络热搜却是众口一词的"英语太烂"。

且慢，益川敏英是从小学、中学、大学、硕士、博士一路读上来的，地地道道的科班出身，他的英语不至于太烂的啊？

说得对。此处必须加以注解，所谓英语太烂，不是讲一窍不通，益川敏英的阅读、写作、翻译，还是能凑合对付的，只是听着吃力，基本不能说，属于聋子、哑巴英语。

这在日本，不是个例，带有普遍性。追根溯源，应该与他们的外语教学有关：重语法，重翻译，轻口语；也与日人追求完美的心态有关：对一个句子没有百分之百的把握，决不贸然开口；还与直接用片假名拼写英文单词的习俗有关：大量与英文发音相差甚远的外来语，被人们误以为就是正宗的英语，造成以假乱真、似是而非的情况，让真正的外国人听了莫知所云。

益川敏英学的就是这种聋子、哑巴英语。他生性好面子，怕出丑，既然英语太烂，干脆就不出国。是以，他放弃申请护照，拒绝出席在国外举行的学术活动。倘若不是 2008 年去瑞典接受诺贝尔奖，他恐怕这一辈子都不会跨出国门。

虽说如此，这事也不应该成为中文网络热搜啊，毕竟它是缺陷，而非强项啊。

造成这种现象，要"归功于"近年风靡国内的"心灵鸡汤"。

且摘一篇 2011 年 8 月 12 日的网文，标题是《益川敏英不学英语》，开头是这么写的：

> 2008 年，日本人益川敏英获得诺贝尔物理学奖，他用日语发表了获奖感言。40 年前，诺贝尔文学奖获得者川端康成，也同样是用日语发表感言的。会后，有记者问益川敏英："您打算学英语吗？"老先生回答得特别干脆："不学！"
>
> 益川敏英大学期间，英语成绩是最差的，无论如何努力也赶不上其他人。他很苦恼地去问自己最信任的教授，教授说："英语不好，就无法和外国学者进行学术交流；英语不好，有许多新知识就无法领会……"益川敏英非常绝望。
>
> 在一家餐馆，益川敏英惊讶地看见一只穿着格子衬衫的猴子"侍应生"，在就餐者之间麻利地穿梭，服务非常熟练。老板对他解释："人也好，动物也好，总有一项能力胜过其他同类。只要你找到了，并不断挖掘它，训练它，持之以恒，定有成果。"听了老板的话，益川敏英突然

觉得，学不好英语不那么可怕了，重要的是自己要找到能够胜任并经过一番努力而可能超越他人的一项，这就是成功的捷径——选准！执着！

接下来当然就是说教，无非是"一招鲜，吃遍天""伤其十指，不如断其一指"之类，这都是"正能量"，是国人最享受的"心灵鸡汤"。

类似的网文很多，比如 2015 年 12 月 1 日的这一篇，题目改为《找到自己的长处》，内容基本不变，请看其开头：

> 读大学时，益川敏英立志要去剑桥大学深造，成为物理学家。可他英语很差，每次都在全班垫底。一次英语考试后，老师生气地对他说："你这么聪明，怎么就学不好英语呢？这样的成绩，你还怎么去留学？"他低下头，不知说什么。

接下来就是那个借酒消愁而从猴子身上得到启发的故事了。

益川敏英从此把精力都用在了物理学习上。大学毕业后，他留在国内继续从事物理研究，直到完成"六元模型"实验，获得诺贝尔物理学奖。

益川敏英说："一个人要想成功，补足短板固然重要，但找到自己的长处，并坚持不懈地努力，才更重要。"

这是"心灵鸡汤"的一种模式，姑且命名为 A 类。益川敏英英文口语太差，前文已经说过，这是事实。他大学时想到剑桥大学深造——很可能，年轻人谁没有梦想呢（尽管我没能查到出处）。英语不好遭老师讥讽，下酒馆买醉消愁，看到猴子被训练成出色的侍者，因而大受启发——这故事是真的吗？不必怀疑，真假无所谓（尽管笔者也没能查到出处），关键是它拨动了年轻人的心弦："成功路上，你不必十八般武艺都精，但你必须有一门武艺高人一等，超群绝伦。"

此外还有 B 类模式。我们来看下一篇，发表于 2012 年 8 月 11 日的，题目叫《高调的谦虚与低调的张扬》，开篇说：

> 2008 年 12 月 10 日，在斯德哥尔摩举行的诺贝尔物理学奖颁奖典礼上，益川敏英的开场白是这样的："I am sorry I can't speak English"（很抱歉我不会说英语），然后，在哄堂大笑中滔滔不绝地说起了日语。

> 作为第一个使用日语进行演讲的诺贝尔奖得主，益川敏英既自豪又尴尬。他虽然口才出众，却从小就没有学好英文，以至于后来干脆在任何场合都不说英语。没人相信这样一位天才的物理学家会学不好英语，其实他的英文写作是没有问题的，也听得懂英语。他闭口不说英语的行

为带有明显的特立独行、破罐破摔的意味，甚至可以说是低调的张扬。按照日译英的规则，益川敏英的英文名字应该是 Toshihide Masukawa，但文献中经常出现的却是 Toshihide Maskawa。据说益川敏英故意把自己英文姓氏 Masukawa 中的字母"u"省略掉，理由是 Maskawa 读起来更像英文。

作者显然没有注意到前面引用的第一篇网文，把益川敏英当成率先在诺奖颁奖典礼上用日语发表演说的（其实是川端康成），并把其不说英语，与高涨的民族主义挂钩。

上述几篇网文的作者，无一例外，都是把益川敏英的"英语太烂"当作一个由头，然后拿它说各自想说的话，实用主义地洋为中用，移花接木地侃侃而谈。至于益川敏英本人的真实感受，他们是不管的。

笔者却不能不管。益川敏英学了一门哑巴英语，他真的得意于塞翁失马吗？他果真对英语怀有狭隘的民族主义的偏见吗？他当真说过英语太难伺候，干脆就不学了吗？不，没有，绝对没有。

请看一段他的夫子自白，是他 2008 年 10 月得知获取诺奖的消息后，与京都大学学生的谈心，他说：

"请同学们一定要认真地学习英语。学术交流和科学研究中，没有比能够使用英语进行口头交流和用英语撰写文章更重要的事情了。"

"掌握英语是绝对有益的。随着世界迅速步入国际化，我们与外国人交流的机会必然会大大增加。因此，时代需要我们去寻求更加广阔的学术交流空间。"

2012 年 10 月，益川敏英在访华期间，接受了《中国科学报》记者的采访，谈及自己的学习，反省说："我是一个英语不灵的科学家。无论是学习英语还是汉语，我都是从文法开始学起，再到会话与交流。我认为这是我学语言比较失败的一个地方。"

瞧，这才是益川敏英的真实心结。他从来没有贬低英语的作用，也一直想把它学好，只是方法不当而已。换句话说，英语其实是他未曾征服的梦中情人。

乱翻书，多讨论

乱翻书，多讨论。这是益川敏英的经验之谈。

如何个乱法？

兴许受父亲灌输的课外知识的影响，他从小就喜欢读杂七杂八的书，那时没有明确目标，通常是碰到什么读什么。

读中学时，他爱上了逛旧书店。旧书店有一条街，五花八门，琳琅满目。遇到中意的书，就随意翻；翻了觉得不尽兴的，就出手买；手头一时钱不够的，就暂且搁下，回家慢慢凑。怎么个凑法？你知道他的父亲是经营糖业的，有一种进口的古巴糖，是用麻袋包装，在销售过程中，常常多出若干空出来的麻袋，他就把它们收拢，送去废品收购站，这样，就能换得一些钱。记得有一次他看中了一套《现代数学讲座》，尽管是旧书，打了折，价格还是超出他的购买力。他就回家收集废弃的麻袋卖，直到攒足了买书的钱为止；那中间，他时常跑去旧书店看，每次看到那套书还立在架上，没有被别人买走，心才放下来。

进大学后，他爱上了图书馆。图书馆的书很多，随便借，他读书的范围，也跟着拓宽。数学、物理是不用说的，这是他的主攻。除此而外，他还涉猎古代文明、古代语言、世界经济、世界和平、区域纠纷、兵器学，以及进化论、科学史、生物学、哲学、音乐，等等。他说过这样的豪言："只要是系统性的知识，哪一领域都不放过。"

工作后，有了足够的钱买书。书是越买越多，住宅是越住越挤，书与人争地，矛盾愈来愈突出。好在经济条件上来了，他看中琵琶湖西岸的杂木林，既空旷，又幽静，就在那儿置了一块地，建了一座木屋，专门储书。每逢周五、周六、周日，他都到那儿休憩，一边欣赏古典音乐，一边在书海里畅游。

"作为一个科学家，有必要涉猎那么多专业之外的学问吗？"有人纳闷。

对此，益川敏英做过多次解答，综合起来，大意是：

人不能总是从一扇窗口向外望，适当地离开原地，到其他的窗口转悠转悠，有助于看到更立体更全面的世界。这就好比一只青蛙，长期待在井里，它的天空，永远就是井口。假设它有机会跳出井口，就能看到比井口大得多的天空。它的世界观立马就会发生变化。学习上也是这样，牢牢地盯住一个领域，这是专。但为了能专出名堂，有时，不，更多的时候，还需要博，博能问牛知马，触类旁通，举一反三，闻一察十。

翻看益川敏英的自述，让我大开眼界的是，他不仅对古代语言，如玛雅文字，有着浓厚的兴趣，还深入研究过恩格斯的《自然辩证法》、马克思的《资本论》。且录一段他跟京都大学学生的谈话：

> 我最初接触马克思和恩格斯，读到"历史和经济领域也存在着规律性"，当即被这直截了当的表述震撼。此前，我还没有在社会科学的课程中，读到过类似的论断。唯物论认为，无论是社会现象还是自然现象，均存在着独立于人类思维的规律和法则。对我来说，仅这一观点，就足够振聋发聩，耳目一新。审视社会领域的各种现象，所谓的"规律性"，复杂万端，常人难以一眼看出，也许用"科学的认识"来定义，更为合适一些吧。总而言之，我希望年轻人不要总是死记硬背各种定理和公式，而要培养自己对于任何事物，都用科学的观点进行分析、考察的能力。

这也是属于乱翻书的心得吧。

接下来谈多讨论。

讨论就是交流，就是切磋，就是碰撞。这在西方学术界，是习以为常的。20世纪中期，西方学术界还在此基础上推出一种头脑风暴，参与者不论尊卑级别，一律平等，大家围绕某一问题，畅所欲言，自由发挥，率性联想，为最大限度地激发创新观念与火花，还加了一条，禁止批评。

小柴昌俊留学美国时，就得益于这种同学、同事之间的广泛交流。

但日本不行，日本人尊卑界限的壁垒森严。比方说，同学之间，高一级就为先辈；同事之间，早一年亦为先辈。先辈在后辈前可以指手画脚，说三道四；后辈在先辈前只能点头哈腰，唯唯诺诺。益川敏英20世纪50年代末起，先在名古屋大学求学，后到京都大学任教，彼时，社会逐步走向开放，大学流行起西式的广泛交友、激烈争论。

综合益川敏英数次与大学生的谈话，如下：

> 当日，大学的同学同事频繁举行沙龙式的讨论。那场面煞是热闹。不管是教授还是学生，一律以"先生"相称。只有在这种平等关系下，大家才能无拘无束，放胆发言。你会发现，即使同读一本书，人与人的理解和视角相差甚远。我继承了家母能言善辩的基因，在讨论中，属于那种嗓门大、语速快、观点犀利的主儿。有时，别人提出某个问题，我就会从相反的方面加以驳斥，别人愈是坚持，我反对得愈激烈。对方或许会中途离席，拂袖而去。没关系，过不了几天，顶多一个礼拜，我们

又会如切如磋，和睦如初。

　　从我的切身体会来讲，这种学术上的交流和争论，对于学术发展是非常重要的。阅读一本著作后形成自己的观点，这是基于个人学养和经验的积累。具有不同学养和经历的学者，自然具有不同的认识。通过相互之间的切磋和交锋，可以察知彼此的差异。而在彻悟"问题原来可以从另一方面看"时，自然会让自己的境界更上一层楼。

　　当然，在同事、朋友之间，还存在着竞争，这种心态会成为动力，推动各自加足马力阅读、研究，唯恐落在他人之后。相比独自埋头学习，效率要提高两三倍。我很怀念那种坦率而激烈的争论，曾因争执而一时断交的朋友，数十年之后仍然是至交。年纪大了后，就不容易交到年轻时那种坦诚相见的朋友了。世俗的人际关系注重礼节，彼此只能进行必要的、最小限度的磋商。即使科学研究中的合作者、同事，当遇到认为对方有误时，也仅止于委婉地提醒"这个地方还要推敲推敲"而已。回顾当时的我们，总是从正面直截了当地指出："这个是错误的！"呵呵，直率而毫不留情的学术争论，只有在年轻时才会出现。诸君现在正当其时，一定不要错过这种相互讨论相互促进的黄金时期。

灵感，自浴缸里溢出

　　坊间说到益川敏英，说得最多的一个话题，就是在浴缸里获得了为他带来最高荣誉的灵感。

　　那是20世纪70年代初，他和小林诚合作探索以四夸克模型来产生符合实验的CP破缺（即对称性破缺），这是一种没有答案的探索。

　　现代物理学理论认为，在100多亿年前宇宙大爆炸时应同时产生同等数量的粒子与反粒子，粒子与反粒子在质量等方面相同，但在电荷等方面相反，两者相遇便会湮灭同时释放出能量。但实际情况并非如此，科学家并未在现今宇宙中找到与大量物质等量的反物质。

　　1973年，小林诚和益川敏英提出了一种理论，认为造成上述现象的原因是夸克的反应衰变速率不同。他们还预言存在四种夸克。按照现代物理学理论，夸克是比质子和中子等亚原子粒子更基本的物质组成单位。当时，科学家只发现了三种夸克，难以证明他们的理论。而负责实验的小林诚，也因为所得数据与四元结构模型不符，导致整个思路搁浅。

　　"这一痛苦沉闷的探索持续了一个月左右。"益川敏英后来自述，"一天晚上，我泡在浴缸里反复思考也没有结果，在所有可能的四夸克模型中，就是找不到能够解释说明与 CP 对称性破缺实验结果相符的模型。因此，我决定写一篇说明真相的论文。"

　　"我一边梳理自己的思路，一边想到倘若结果只能是这样，未免令人感到遗憾……想到这儿，我一下从浴缸里站了起来，就在抬腿跨出浴缸的瞬间，大脑对四夸克模型的缠绕纠葛一下子消失了。像闪电一样，脑中突然出现了以六夸克模型来解释的思路"，从而一举把实验数据和模型中的症结都解开。

　　的确，这场面可以与阿基米德从泡澡彻悟浮力定律相媲美。

　　这种现象，应该如何解释呢？

　　它使我想起海森堡（1932 年诺贝尔物理学奖得主）的散步。有报道说：

　　　　1927 年 2 月的一天，夜已经深了，海森堡信步走出研究所，来到了对面的凡伦公园，悠闲地在月光下散步。此时，听不到厄勒海峡的涛声，只是独自感受这夜的宁静。忽然，一道明亮的闪念从沉思的脑海中划过，他仿佛在朦胧中察觉到一个奇妙的现象，生动地呈现在面前，那就是电子的径迹。渐渐地，这朦胧的思绪在捕捉过程中变得异常清晰、生动。啊，原来他观察到的电子在云室中的径迹，并非电子的真正径迹。

　　　　他想到这儿不由得加快了步伐，急匆匆返回研究所，狂奔到他居住的顶楼，开始了紧张的运算。这一夜，那顶楼的灯光又亮到天明，由他提出的测不准原理在这一夜诞生了。

　　又使我想起范特荷甫（1901 年诺贝尔化学奖得主）阅读时的刹那走神。故事说：

　　　　19 世纪中叶，范特荷甫的老师凯库勒和俄国化学家布特列洛夫等人已经建立了有机化合物的经典结构理论。但同时，人们却无法利用这些经典结构理论解释某些有机化合物具有的旋光现象。针对这一问题，范特荷甫进行了广泛的实验和探索。

　　　　范特荷甫坐在图书馆里看书，当他盯住视线中的一个分子凝思时，忽然联想到，如果将一个碳原子上的不同取代基都换成氢原子的话，那么一个乳酸分子就变成了一个甲烷分子。由此他想象，甲烷分子中的氢原子和碳原子若排列在同一个平面上，情况会怎样呢？这个偶然产生的想法，使范特荷甫激动地奔出了图书馆。他在大街上边走边想，让甲烷分子中的 4 个氢原子与碳原子排列在一个平面上是否可行呢？这时，具有广博的数学、物理学等知识的范特荷甫突然想起，在自然界中一切都趋向于最小能量的状态。这种情况，只有当氢原子均匀地分布在一个碳原子周围的空间时才能达到。那么在空间里甲烷分子是个什么样子呢？范特荷甫猛然领悟，正四面体！当然应该是正四面体！这才是甲烷分子最恰当的空间排列方式！他把自己的想法归纳了一下，惊奇地发现，物质的旋光特性的差异，是和它们的分子空间结构密切相关的。这就是物质产生旋光异构的秘密所在。

范特荷甫首次提出了一个"不对称碳原子"的新概念。

范特荷甫用他提出的"正四面体模型"，解释了困扰化学家很久的旋光现象。

这是因为，无论是沐浴、散步，还是悠闲随意的阅读，大脑在这个时候，都属于放松状态，思维得以从"雾失楼台，月迷津渡，桃源望断无寻处"的怅惘中解脱，开始天马行空、神出鬼没的放飞——冷不丁一个闪念破空而至，那就是苏醒了的潜意识，或者说直觉。

言归正传。小林诚和益川敏英以六夸克为模型的"小林—益川理论"，就这样问世了。

而后，历经 22 年，第四、第五、第六种夸克都相继被发现。2001 年，日本和美国科学家确认了由夸克构成的正反粒子——B 介子和反 B 介子的"CP 对称性破缺"现象，从而证明了"小林—益川理论"的正确。

2008 年，益川敏英与小林诚和南部阳一郎共同获得了当年的诺贝尔物理学奖。

第十三章

山中伸弥：人间万事塞翁马

作为研究者，山中伸弥显然不是最聪明的；作为成功者，他无疑又是最幸运的。因为从事柔道运动而屡屡骨折，遂选择了运动医学；因为不擅手术，转而改行搞研究；因为实验结果违背既有的假说而顺藤摸瓜，一追到底，导致发现"新大陆"；因为落后而别出心裁，逆向而行，从而独树一帜，后来居上。

在中国新闻网上打捞到一则旧闻：

日本内阁拟集资为诺奖得主山中伸弥捐赠洗衣机

据日本新闻网 2012 年 10 月 16 日报道，日本首相野田佳彦日前主持内阁会议，全体大臣一致同意以 "AA 制" 的方式筹集资金，为今年诺贝尔生理学或医学奖获得者、京都大学 iPS 万能细胞研究者山中伸弥捐赠一台洗衣机。

日本文部科学大臣田中真纪子在会上发言，说到山中教授那天接到来自瑞典方面的获奖电话时，正在家里忙着修理洗衣机。作为一名研究者，山中先生也有他生活上的诸多不便，建议阁僚们以 AA 的方式捐赠他一台洗衣机。田中真纪子的建议得到全体内阁成员一致的赞同。

消息称，日本首相官邸正在研究上述做法是否有违相关的法规，如果排除法律嫌疑，将很快完成这项义举。

目前，日本市场最高档的洗衣机，价格在 10 万日元左右（约合 8000 元人民币），野田内阁计十八名大臣，平均每人分摊 5000 日元左右（约合 400 元人民币）。

这则新闻不长，但却饶有人情味。内阁大臣集体自掏私囊，为新科诺奖得主捐赠一台洗衣机，无论从哪一方面看，都符合 "大、新、深、快、短、活、强"（梁衡语）的好新闻标准。相信谁看了，都会被吸引，并急于想弄清山中伸弥的究竟。

让我们慢慢道来。

天生的笨手笨脚

1962 年 9 月 4 日，山中伸弥出生于日本大阪府治下的奈良。父亲是一位工程师，开着一家制造缝纫机零配件的小工厂。伸弥是长子，父亲对他的期望，按照日本的习俗，不外是子承父业，成为小工厂的接班人。伸弥呢，打小在工厂里玩耍，耳濡目染，对那些从机器上 "生" 出来的钢铁零部件，自然也满怀好奇，偶尔也会拿它们当玩具，试着摆弄，包括拆解、组装——这是儿童最早的手工课，许多科学家对自然科学的爱好，就是从搭积木、玩幻灯、制烟花、修理钟表、收音机开始的——然而，山中伸弥的动手能力实在够呛，拆开来已属勉强，装回去更是千难万难。他总是丢三落四，往往捣鼓半天，也复原不了。特别出糗的，是有一次，他当着家人的面，把祖传的一台座钟全部拆卸下来，然后重新组装，装是装起来了，案上却还剩下三个无处归原的零件——那钟，自然也是不走的了。母亲见状，忍不住数落："瞧你这傻劲，怎么这样蠢呢！"父亲看在眼里，啥也没说，只是暗自寻思："这孩子笨手笨脚，怕接不了工厂的班。"

　　好歹学习还过得去，既不拔尖，也不拖后。小学毕业，山中伸弥考入大阪的名校、六年一贯的天王寺中学。因为是基础教育，文化知识课每个人修的都一样，体育则是自选。山中伸弥瘦而高，他选择了柔道，看上去文质彬彬，训练起来却是狠如魔鬼。啊，魔鬼这词可能引发负面的联想，那么就改为着魔。的确，他不是一般的锻炼，而是疯狂地投入，其训练强度，可同前文提到的2001年度诺奖得主野依良治有得一拼，六年当中，除了星期天，日日都出现在柔道馆。野依良治的水平，最终只达标初段，山中伸弥初三就获得初段，高二又晋升为二段。他的梦想，不是在学校或大阪府比赛夺冠，而是代表日本参加奥运会。少年人有此雄心壮志，这是值得称赞的。然而他又犯了柔道选手的大忌，不会保护自己。野依良治训练刻苦，比赛勇猛，可人家并没有经常受伤。山中伸弥呢，轻伤简直是家常便饭，骨折更是每个学期都要发生一次——唉，伤筋动骨一百天，算起来，养伤的时间比训练还长。

　　高中读到二年级，需要考虑大学的专业了，山中伸弥拿不定主意。父亲提醒他："你受了那么多伤，经常同医生打交道，应该体会到病人的痛苦和医生的重要，为什么不选择医学呢。"

　　这话正说到山中伸弥心里。一来父亲本身就是病号，因为受伤输血，感染了一种莫名其妙的肝病，久治不愈，而且越来越重，他爱父心切，暗地里也在琢磨医学。二来他恰好读了一本当代名医德田虎雄的书——《只有生命是平等的》，书中说："比起衣食住行，生命是最重要的，人命关天，所以医学应该走在时代的最前列，并且由优秀的人来从事。"他决心成为救死扶伤的良医，就选定国立神户大学医学部作为自己的目标。

　　经过一番努力，他考上了。

　　山中伸弥在神户大学一边习医，一边坚持体育锻炼，除了柔道，又增加了橄榄球、跑步等项目。1987年，他从医学部毕业，去国立大阪病院（注：日本病院相当于我国的大型正规国有医院）当了一名骨科医生。本来以为，骨科就像他平常见惯的那种，无非是治疗跌打损伤之类的小毛病。哪知到大阪病院一看，哇，很多都是重病号！有断胳膊折腿的，有脊椎损伤瘫痪的，有患骨溃疡须要截肢的，有……其中，哪怕一般的手术，在他看来，也是大手术。

山中伸弥临床实习，初次上阵，就吃了瘪。同样的手术，指导医师二十分钟搞定，他却花了两个小时。再次、三次上阵，仍然奇慢无比。消息传开，"这家伙真笨！""不是当骨科医生的料！"同事在背后指指戳戳。山中伸弥的姓氏"山中"，日语发音是"yamanaka"，有人故意把它念成"邪魔中（jamanaka）"，意思是"绊手绊脚""成事不足，败事有余"，总而言之，是对他手术能力的彻底否定。

山中伸弥陷入了苦恼，从医的信念开始动摇。一年后，他又遭到更沉重的打击：父亲不幸病逝，年仅五十八岁（次年根据美国的研究，证实患的是丙型肝炎）。山中伸弥反省，好不容易成为临床医生，结果，既做不好手术，被人耻笑，又连自己的父亲也救不了，眼睁睁看着他撒手西去。这样的无能医生，不当也罢。

既然学了医，不当医生干什么？山中伸弥选择去大阪市立大学医学研究院，继续深造。他给自己找了条堂皇正大的理由：当医生，救治的病人是有限的；而当研究者，一旦做出好的成果，就能造福全人类。

偶然是发明之父

在研究生院，山中伸弥感受到了与柔道队、病院截然不同的自由气氛。首先是人际关系上的。在柔道队，教练和学生，前辈和后辈，高段和低段，等级森严，动不动就被申斥、惩罚；在病院，指导医师对实习医生，有经验的对没经验的，也是居高临下，颐指气使，盛气凌人；在研究生院，教授和学生，前辈和新人，彼此却亲亲热热，嘻嘻哈哈，形如朋友、家人，不仅山中的称呼发生改变，从侮辱性的"邪魔中"变成亲昵的"山中君"，连研究方向，教授也是抱着商量的态度，任凭他从兴趣出发自由选择。

山中伸弥埋头读了几个月医学论文，确定把血压的调节机制列为研究课题。说起来，这也不是什么尖端的项目，但实验结果却出乎意料：根据已有的论文报道，设想中会上升的某种数值，却呈现下降。

是自己做错了实验吗？反复验证，不，没有。

这可是天大的异常！

既然自己没错，那必然是已有的论文出错。

山中伸弥兴奋至极，把实验的结果报给指导教授。

教授也和他一样兴奋："呵！这真是了不起的发现！"

　　得到教授的鼓励，山中伸弥的劲头更足。为什么在他人的研究中确定会上升的数值，在自己的实验中却变为下降了呢？其中必有名堂，说不定包含着大学问。他抓住这个偶然出现的问题不放，一干就是两三年，直到彻底把它搞明白。

　　山中伸弥把实验结果撰写成英文论文，公开发表。

　　这是他的处女作。

　　你猜怎么着？居然引起国外一位著名学者的注意，该学者特地给山中伸弥来信，称赞他的研究有巨大价值，并邀请他前往演讲。

　　"哈，我的研究竟然有了世界价值！"山中伸弥眼前一亮，顿时觉得前景无比宽广。

　　随后，他就以这篇文章为基础，完成了博士论文。

　　博士毕业，山中伸弥想到国外进一步做博士后研究。

　　研究什么？从科学杂志得知，医学方面最尖端的技术，是方兴未艾的基因敲除法。

　　这是一种遗传工程基因修饰技术，针对某个感兴趣的遗传基因，通过一定的基因改造过程，令特定的基因功能丧失，并进一步研究可能对相关生命现象造成的影响，进而推测该基因的生物学功能。这项技术的诞生，不啻是分子生物学技术上继转基因技术之后的又一场革命。

　　山中伸弥向外发出数十封申请书，最终，也是唯一录取他的，是美国旧金山的格拉德斯通医学研究所。

　　那是1993年4月，山中伸弥三十一岁，他去了旧金山。

　　接受的第一个课题，是研究如何防治动脉硬化，多少和他的博士论文有点联系。

　　实验照例在小鼠身上进行，在它们的肝脏中APOBEC1蛋白质过表达（即表达过度），按照某权威学者的假说，因为降低了血液中的胆固醇，动脉便不易硬化。

　　然而，意外发生了。一天早上，山中伸弥刚进研究所，照看小鼠的女技术员就慌里慌张地告诉他：

　　"伸弥，你的实验鼠怀孕了。奇怪，有一半还是公鼠哩。"

　　"开什么玩笑！这怎么可能？"山中伸弥边说边过去查看，发现许多小鼠的肚子果然变大了，就像怀孕的样子，其中一半左右的确是公鼠。

　　山中伸弥动手解剖，那大肚子里包的不是幼鼠，而是表面疙疙瘩瘩、变得肥大的肝脏——我的天，是肝脏发生了癌变！就是说，APOBEC1非但没有让小鼠变得更为健康，反而让它得了癌症。

　　某权威的假说至此完全不能成立。

　　换了别人，也许会怀疑自己在哪个环节上出了问题，从而灰心丧气，甚至撒手不干。山中伸弥恰恰相反，就像当初读博遇到"意外状况"那样，他一下子兴奋起来："为什么这种 APOBEC1 过表达会引发癌症，这是一个崭新的课题，我一定要把它搞清楚！"

　　山中伸弥把实验结果报告给顶头上司，上司也和他同样激动，支持他将这种"意外状况"弄个水落石出。

　　山中伸弥在美国待了三年，一直围绕着这个"意外状况"刨根究底。最终，在发现肝脏 APOBEC1 过表达的过程中，产生了一种名为 NAT1 的新基因，它与癌症的生长有关。事情并没有到此为止，山中伸弥进一步研究发现，这种 NAT1 基因并非完全负面，它在当前名为 ES 细胞的万能细胞中，又扮演着举足轻重的角色。

　　ES 细胞，即胚胎干细胞（这里的"干"可理解为树干的干），是早期胚胎（原肠胚期之前）或原始性腺中分离出来的一类细胞，它具有体外培养无限增殖、自我更新和多向分化的特性，1981 年，由美英两国的研究人员首次培养成功。

　　山中伸弥本来没有打算研究 ES 细胞，只是因为在研究动脉硬化过程中的一个意外状况，让他发现了致癌的 NAT1 基因，通过对 NAT1 基因的研究，又发现它是 ES 细胞的关键成分。到了这一步，也就由不得他自己了。山中伸弥欲罢不能，他明白自己已经无意中闯进了 ES 细胞研究领域，虽不能说异军突起，但至少也是歪打正着。

　　如果说，需求是发明之母（英国古谚），那么，山中伸弥的道路证明，偶然就是发明之父。

通往 iPS 细胞之路

　　1996 年初，山中伸弥结束留学生活，回到日本，是年 10 月被大阪市立大学医学部聘为助手。

　　山中自述，拿格拉德斯通医学研究所和大阪市立大学医学部相比，前者像天堂，后者像地狱。在格拉德斯通，一个研究者需要的条件，几乎应有尽有，就连因为出于伦理考虑，在日本禁用的人类胚胎干细胞，也能随意获得。而在大阪市立大学医学部，他一天的大部分时间，花在应付会议和杂务，以及饲养近千只实验用鼠，真正用于研究的时间，少之又少。

资金更是少得可怜。

理解他的人，几乎一个也没有。

"搞什么 ES 细胞研究？那玩意儿，连小鼠的病都治不好，更不要说治人！"

类似的风言风语，不时传入耳鼓。

寄出去的有关论文，也统统被退回。

山中伸弥继大学毕业当骨科医生之后，陷入人生的又一低谷。

就在这时，一个爆炸性的消息传来：1998 年 11 月 6 日，美国威斯康星大学的詹姆斯·汤姆森教授通过《科学》杂志宣布：从人的囊胚中成功采集并建立了胚胎干细胞系。这些干细胞在体外培养几个月后，可以分化成不同胚层的细胞，比如肠上皮细胞、软骨细胞、神经上皮细胞等等。

就是说，人类将有望通过干细胞技术，就像机器生产零件一样，生产需要的各种人体器官。

这是上帝干的活。

这是惊天地、泣鬼神的大事。

国外的研究如火如荼，而他在市立大学却像是身处局外，无人关注。山中伸弥坐不住了，形势逼人，时不我待、时不我待啊！思来想去，他决意跳槽。

到哪儿去？只能在有限的范围内碰运气。

终于有一家，他的出生地——奈良先端科学技术大学院大学遗传因子教育研究中心接受了他的课题，聘请他为副教授。

那是 1999 年 12 月。

真是苍天有眼！

说不定是亡父之灵在冥冥中帮忙吧！山中伸弥感慨万端。

好了！虽然贻误几年，但总算有了自己的实验室、自己的团队、相对宽裕的资金，可以放手一搏了。

说是一搏，那过程也是漫长的——绝不像田径场上的冲刺——现在我们就来从容细说。众所周知，细胞存在两种不同的类型：一种是分裂缓慢，且不再具有转变成其他类型细胞潜力的"体细胞"；另一种是分裂旺盛，并且具有可以转变类型能力的"干细胞"，其中又有一类几乎可以转变成一切细胞类型的"多能干细胞"。传统上，只有胚胎发育的特定时期才会存在的胚胎干细胞，是正常生物所能产生的唯一一种"多能干细胞"。詹姆斯·汤姆森教授他们获得的干细胞，就是从人的囊胚中采集的。但胚胎干细胞涉及一个潜在的生命，在许多国家，包括日本，是禁止使用的。即使不禁止，面对詹姆斯·汤姆森团队，以及国外其他众多的竞争者，时间上既已落后，技术上若再步人后尘，要想赶上，更不用说超过，几乎是不可能的了。

怎么办？

山中伸弥想出一策：剑走偏锋，反其道而行。

你看，人家是将从胚胎采集的多能干细胞分化为其他各种成熟的细胞；我们干脆倒过来，将各种成熟的细胞逆转为多能干细胞。

让生命倒过来生长。

这事是可能的吗？当时科学界的主流观点认为：哺乳动物胚胎发育过程中的细胞分化是单向的，就像时间一样不可逆转。

这个观点并非没有破绽，比如植物组织就具有多能性，一些植物的茎插入土壤，会重新长出一棵植株，就是说，已经分化的茎细胞可以改变命运分化出新的根茎叶细胞。

又比如，早在1962年，即山中伸弥出生的那一年，英国学者约翰·格登完成了发育生物学史上一个著名的实验：将一只成年青蛙的体细胞核，移植到另一只青蛙的卵细胞里，这个全新的细胞，经过孵化、发育，最终变成一只完整的、发育完全的青蛙。格登也因此被称作克隆教父。

1997年，当山中伸弥在市立大学处处备受冷落、郁郁不得志的时候，英国的伊恩·威尔穆特和基思·坎贝尔，基于与约翰·格登同样的原理，把羊的乳腺细胞核移植到去核的羊卵中，成功培育出了克隆羊多莉。

这就好像孙悟空拔一把毫毛，吹一口气，成功克隆出无数自己。

——那么，人体的分化细胞能不能逆转为胚胎干细胞呢？

这是一个大胆的梦想。

也是一次极为冒险、极具科学价值的实验。

第一步，山中伸弥利用科学界已有的成果，在小鼠大约100个遗传基因中，挑选出24个候选基因。这些基因在胚胎干细胞中都非常活跃，而在体细胞中则几乎是完全被抑制的。山中伸弥猜测，能给体细胞植入"重编程信念"的关键，就在那24个基因当中。

这仅仅是猜测，情形像买股票。

第二步，就是对这24个候选基因进行测试，看看有谁最具备逆转为干细胞的功能。

山中伸弥有三个学生，他慎重考虑，把课题交给了高桥和利。

　　为什么交给高桥和利，是因为他成绩最优秀吗？

　　不是的。山中伸弥清楚：这是一场豪赌，成功的可能性很小，而失败的可能性很大。一旦失败，担当实验的学生的成绩就等于零。而因为高桥和利已经发表过一篇高质量的论文，有那篇文章垫底，即使这次失败了，也不会对他的前途产生重大影响。

　　高桥和利准备了二十四株小鼠成纤维细胞，让这些细胞分别过表达二十四个候选基因中的一个基因。结果，皮肤的细胞发生了变化，形成有如 ES 细胞那样具有万能细胞特点的干细胞。

　　"会不会有错？再做一次看看！"山中伸弥吩咐高桥和利。

　　高桥和利反复做了多次，的确出现了与 ES 细胞相似的逆向转化。

　　科学需要严谨、严谨、再严谨！山中伸弥让高桥和利继续试验，同时也让另外的两个学生加入试验，测得结果是一样的，没有错。

　　曙光已经出现在天边，接下去如何继续推进？

　　山中伸弥还没有想好，高桥和利灵机一动，说："采用排除法，把二十四个候选基因每次去掉一个，最后就能测出哪几种是最必需的了。"

　　"这是一个天才的创意。"山中伸弥事后回忆。

　　它使我想起，曾经有人问爱因斯坦："你与普通人的区别在哪里？"爱因斯坦回答说："如果说一位普通人在一个干草垛里寻找散落的针，那个人在找到一根针后就会停下来，而我则会把整个干草垛都掀开，把可能散落在草垛里的针全部找出来。"

　　高桥和利与爱因斯坦不谋而合，他未来的道路，也将因这个创意而大放光彩。

　　试验就这样决定。最终，高桥和利筛选出四个明星基因：Oct3/4，Sox2，c-Myc 和 Klf4。这四个基因在成纤维细胞中过表达，就足以把它逆转为多能干细胞——这是人类有史以来第一次从胚胎以外的地方获取有应用价值的多能干细胞！

　　这是破天荒的突破！

　　这里插一句，鉴于在多能干细胞领域取得的出色成就，2003 年 9 月，山中伸弥晋升为奈良先端科学技术大学院教授；2004 年 10 月，又转任为名气更大、条件更为优越的京都大学再生医科学研究所教授。

　　然而，风云莫测，也就在 2004 年 2 月，韩国首尔大学教授黄禹锡在美国《科学》杂志发文，宣布在世界上首次用卵子成功培育出人类胚胎干细胞。

2005 年 5 月，黄禹锡又在《科学》杂志上发文，宣布一举攻克利用患者体细胞克隆胚胎干细胞的科学难题，为全世界癌症患者带来了希望。

那一阵子，黄禹锡的研究成果轰动了世界。结果却令人大跌眼镜，2005 年底，黄禹锡的成果被揭发为"学术造假"，美誉顿时变成了丑闻。

在这种背景下，山中伸弥对研究成果慎之又慎，直到认定完美无瑕，万无一失，才于 2006 年 8 月，将实验结果发表于美国的《细胞》杂志。

鉴于黄禹锡的教训在前，学术界对之保持理性的沉默。山中伸弥在等待，他确信自己的成果经得住检验。终于，进入 2007 年，美国麻省理工学院和哈佛大学相继发声，确认山中团队的实验正确无误。这犹如一锤定音。随后，干细胞领域的头面人物陆续站了出来，肯定山中团队做出了历史性的贡献，并把他们筛选出的四个基因，称之为"山中因子"。

至此，人们可以确认，在小鼠多能干细胞研究上，山中团队取得了领先地位。

这只是万里长征取得了第一步，接下来的问题是，在人体的多能干细胞研究上，谁又将拔得头筹？

竞争激烈而又变幻无常，奥妙无穷。

这里长话短说，2007 年，山中团队历经挫折，在改变培养条件的前提下，率先取得了诱导人体表皮细胞使之具有胚胎干细胞活动特征的技术。

新技术与旧技术的区别是，旧技术是利用受精卵的部分细胞制作的，而新技术是利用皮肤和血液的细胞制作的。他们将特定的四个基因同时导入到皮肤细胞中，后者就会被重置为接近受精卵的原始状态，从而成功实现人体细胞命运的逆转。这种技术在治疗人体疾病，尤其是某些重症、难症、绝症上，将会起到绝处逢生、返老还童的神奇作用。

世界为山中团队的重大成就而欢欣鼓舞。

这绝对是诺贝尔奖级的成果！

山中伸弥将这种"返老还童"的重新编排细胞，称为"诱导式多能性干细胞"。

同时，为了蹭当时家喻户晓的苹果公司 iPod 的热度，他将新技术简写为 iPS。

获奖之外的花絮

国际公认的发现发明日期，以在世界级的英文期刊发表时间为准。

鉴于纸质期刊周期长，发表慢，为了只争朝夕，抢分夺秒，如今杂志都增加了机动灵活的网络版。

山中团队的最新论文，仍旧寄给美国的《细胞》杂志，预定发表在该刊2007 年 11 月 20 日的网络版。

他们的老对手，曾经一骑绝尘、傲视群伦的美国威斯康星大学詹姆斯·汤姆森团队，在此期间也完成了相关的实验论文，预定刊发在 11 月 22 日网络版《科学》杂志上。

一个是 11 月 20 日，一个是 11 月 22 日，山中团队领先两天。这两天，就相当于百米跑道上的 0.02 秒，足以绝杀对手。

——国人爱说"既生瑜，何生亮?"上帝却偏爱"既生瑜，又生亮!"唯其如此，社会才能避免僵化、迟滞，才能在激烈的竞争、碰撞中遵循自然的圆规方矩，或曰天地的发展趋势，风驰电掣地前进。

本来双方都不知道对手底细，大概《细胞》杂志提前一两天发出预告，汤姆森获悉，主动给山中伸弥发来电子邮件，坦率而又不失风度地承认失败，汤姆森对山中伸弥说："祝贺! 胜利是属于您的!"

山中伸弥以为板上钉钉，胜券在握，谁知又有变数，11 月 20 日，就在山中团队的论文即将在《细胞》网络版刊发之际，汤姆森团队的论文也提前两日在《科学》的网络版亮相。

不迟不早，正好"同时撞线"。

于是，在人类干细胞研究这一里程碑式的贡献上，山中团队和汤姆森团队并列第一。

科学博弈远比体育竞赛复杂，绝非以单一速度论英雄。在这件事上，熟悉内幕的人，也许对汤姆森团队或《科学》杂志将预定刊发时间提前两日有所异议。山中伸弥呢，他在读了汤姆森团队的论文后，随即表态："他们使用的四个基因中的两个，是独立开发的，和我们的不一样。因此，他们不是跟在我们后面追赶，而是另辟蹊径，到达和我们同样的顶峰。我对汤姆森博士的成果表示赞赏，他和我们并列第一，是理所当然，实至名归"。

山中伸弥的表态，博得众多业内业外人士的钦敬。

笔者看过一部山中伸弥的纪录片，不同于汤川秀树的器宇轩昂，不同于野依良治的精壮威武，他的身上散发着一种摄人魂魄的优雅，微笑是他灵魂的招牌标志。

山中团队和汤姆森团队的实验结果震动了整个生物医学界，科学界的两大权威期刊《自然》和《科学》分别将该项研究列为 2007 年十大重要发现之一，时代杂志甚至将该项实验结果列为 2007 年重大发现之首。

也许，平分秋色是这场世纪大战的最佳结局。

山中团队和汤姆森团队关于 iPS 领域最新成果的发表，在世界各地激起了强大的反响。连美国总统布什和梵蒂冈天主教罗马教皇都出面力挺，称赞他们的新技术为干细胞领域旷日持久的伦理之争画下句号，人类将能从容制造源于自身的再生器官，使治疗疑难绝症变得触手可及。

在如潮的好评中，最让山中伸弥激动的，是克隆羊多莉的创造者、英国伊恩·威尔穆特博士的一番话。他说："看到他们的研究成果，我决定放弃克隆 ES 细胞的研究，而转向使用与 ES 细胞具有同等功能，但又不须从受精卵采集的 iPS 细胞，我相信它更容易为社会接受。"

iPS 可以比作克隆的升级版。改朝换代的时刻到来了，世界上很多实力雄厚的研究所，大多数都及时调整方向，跟上 iPS 前进的步伐。

和山中伸弥同时获得 2012 年诺贝尔生理学或医学奖的约翰·格登爵士，就是及早醒悟的一个。他本来也是研究克隆的，看到干细胞学界步入了 iPS 纪元，双方的差距就如同 4G 和 5G 一样，根本不可同日而语，遂立马掉头，转向多能性干细胞领域。

格登生于 1933 年 10 月 2 日，大山中伸弥 29 岁。比起他的与时俱进，老而弥坚，此公年少时的"学渣"经历，更值得读者玩味。

据说，格登在伊顿公学读书期间，生物学成绩在全年级 250 名学生中垫底，其他的理科成绩也都马尾巴串豆腐——提不起来。格登保留着一份 1949 年的中学成绩报告单，其中生物老师如是评价："我相信他想要成为一名科学家，但从他的表现来看，这个想法简直是痴人说梦。他连简单的生物常识都搞不明白，怎么能成为科学家？让戈登继续学习生物，不管对他自己还是教他的老师来说，都纯粹是浪费时间。"

这位老师忽视了格登对生物学的热爱，热爱是世界上最大的动力，当然还有必不可少的勤奋。

那份成绩报告单，至今仍被格登放在自己的办公桌上，用来自惕自励。

2012 年 10 月 8 日，79 岁的格登获得诺贝尔奖，消息传出，一名英国记者联系格登实验室，试图进行连线采访。对方回复：

"格登正在工作，请不要打扰他！"

本文前面讲到，山中伸弥青少年时代的一大爱好，是柔道——正是柔道，使他接触了运动医学。

细心的读者也许记得，山中伸弥大学时代的另一项爱好是跑步。他说，跑步使人精力充沛，同时滋生一种不断向前的动力，意识到自己永远在进步。

后来因为工作繁忙，他一度跑跑停停，三天打鱼，两天晒网，直到四十而后，才恢复正常锻炼。

2011 年 11 月，大阪举办首届马拉松赛，作为科技明星，年近五十的山中伸弥报名参加。他身躯凛凛，相貌堂堂，步伐轻快，笑容灿烂，在队伍中非常引人注目。比赛结束，他以 4 小时 29 分 53 秒跑完全程，成为媒体争相报道的话题。

2012 年 3 月，京都举办首届马拉松赛，这是一次慈善活动，赛事收入全数捐给"东日本大地震"灾区。山中伸弥踊跃报名，他也是为了募捐，但不是为了灾区，而是为了自己的研究所。自从 2007 年在美国《细胞》杂志的论文一炮打响，山中伸弥名声大振，这几年，先后获得德国罗伯特·科赫奖、日本科学技术特别奖、香港邵逸夫生命科学与医学奖、美国拉斯克基础医学奖、以色列沃尔夫医学奖、芬兰"千年技术奖"，以及美国《时代》杂志"世界百大影响力人物"，等等。山中伸弥在京都大学的研究所，也水涨船高，急速膨胀，员工增加到 200 人，每年光发工资，就需要 8 亿日元。由于政府拨款不足，并且时有时无，九成员工，都只能是非正式雇佣。因此，他借京都马拉松赛之机，公开募集资金，以解燃眉之急。

比赛结果，山中伸弥跑出了 4 小时 03 分 19 秒的好成绩。计划募捐 400 万日元，实际达到了 1000 万日元，赛后还获得了 100 多万的追加捐助。

这当然是一种姿态，一种极富人情也极具科研精神的姿态——正如获诺奖后内阁集资给他捐赠洗衣机，也是一种政治姿态。作为个人，山中伸弥仅从一项沃尔夫医学奖，就获得高达 60 万欧元的奖金，何况他还有专利，有多位医学公司巨头在背后紧追不舍地跟随，哪里在乎区区洗衣机的费用——当日，就跑步募捐所得，山中伸弥对媒体笑谈："按这个数字，我每年光为了给雇员发工资，就得跑 80 次马拉松。"

半年后，山中伸弥获得了诺贝尔奖，日本政府的态度大为改变，他的研究项目成了重中之重——再也不用为钱发愁了。但是，山中伸弥对跑步的热爱并没有止歇，他依然坚持参加马拉松赛。2018 年，在别府大分马拉松赛，五十六岁的他跑出了 3 小时 25 分 20 秒的成绩，创造了生涯的最高纪录。

谁能说，强壮的体魄与坚韧的毅力和科学研究无关？

获得诺贝尔奖后，山中伸弥又多了一项"风光的烦恼"：不时出席各种报告会。

一天，山中伸弥给某校高中生做报告，他讲了一个中国的故事：塞翁失马。

从前，中国北方边塞附近住着一位老人。一天，他的马忽然丢失了，有人好心安慰，老人笑说："焉知不是一种福气呢？"过些日，那头马却带着数匹良驹回来了，有人又前来祝贺，老人皱眉："焉知不是一种灾祸呢？"老人的儿子骑着那头马兜风，不小心摔下来，折断了腿。有人让他看开点，不用太难过，老人却回答："焉知不是一件好事呢？"过了一年，塞外异族大举入侵，村里健壮男子都被征召上前线作战，死亡甚多。老人的儿子却因为腿瘸，免于兵役，得以保全性命。

山中伸弥就用这个中国故事，概括了他五十年来的人生感悟。得，不足喜；失，不足悲。要紧的是，从失利中寻找转机，从成功中发现欠缺，以一颗科学心面对世界，坚持！眺望！再坚持！

一路写来，作为研究者，山中伸弥显然不是最聪明的；作为成功者，他无疑又是最幸运的。因为从事柔道运动而屡屡骨折，遂选择了运动医学；因为不擅手术，转而改行搞研究；因为实验结果违背既有的假说而顺藤摸瓜，一追到底，因而发现"新大陆"；因为落后而别出心裁，逆向而行，从而独树一帜，后来居上。更为幸运的是，2007 年做出公认的重大发明，仅仅五年之后，就获得了世界最高级别的诺贝尔奖——而英国的约翰·格登爵士，前面说过，早在山中出生之年（1962 年），就利用克隆技术，做出了他一生中最关键性的发明，此后却整整等了五十年，等得望眼欲穿、头白如雪才等来和山中伸弥共同走上领奖台。

人各有命，正是"细推万物理，荣谢相乘除"（宋人王炎句）。

那么，如何用一句话来总结山中伸弥的成功之道或幸运秘诀呢？笔者觉得，最能彰显中日两国文化交流而又饱含哲理、历久弥新的一句，莫过于他这次的演讲题目："人间万事塞翁马"。

第十四章

中村修二：拼犟劲的"乡下人"

当年是个野孩子，小学时代"不知读书"；从
"三流大学"到"三流企业"，与"三流人"命运
抗争；凭"岂能服输"的犟劲，成功开发出高亮度
蓝光LED，获得物理学奖。

照亮 21 世纪的蓝光 LED

2014 年 10 月 7 日，瑞典皇家科学院宣布把该年度的诺贝尔物理学奖授予日美的三位科学家：赤崎勇（日本名城大学教授）、天野浩（名古屋大学教授）和中村修二（美国加利福尼亚大学圣塔芭芭拉分校教授）。赤崎勇的另一个头衔是名古屋大学名誉教授，他与天野浩为师生关系，中村修二则为美籍日本人。

三人获奖的理由是："发明了高效蓝光 LED（蓝光二极管），带来了明亮而节能的白色光源"。瑞典皇家科学院评价这一发明"为人类福祉做出重要贡献"。按照贡献度，三人均分 800 万瑞典克朗的奖金。

在人类生活中，照明至关重要，有人甚至说"人类的发展历程也是人类追寻光明的历程"。自燧人氏钻木取火开始，人类长期用火和油照明，火把、动植物油灯、蜡烛和煤油灯，曾经是人类的主要照明工具。

140 年前的 1879 年，爱迪生发明电灯，开创了人类用电照明的时代，称为人类照明史上的"第一次革命"。爱迪生的发明，使白炽灯和荧光灯（日光灯）进入人类的生活。

高效蓝光 LED 的发明，被称为继爱迪生发明电灯之后的"第二次革命"。2014 年诺贝尔物理学奖颁奖词断言："白炽灯照亮 20 世纪，而 LED 灯将照亮 21 世纪。"

LED 灯的 LED，是英文"light emitting diode"的缩写，意为"发光的二极管"，是一种将电能转化为光能的半导体器件。

白炽灯和荧光灯发光，是将灯丝通电加热的间接发光；LED 灯则为半导体本身直接发光，因为少走了"弯路"，电力使用效率与前者不可同日而语。

白炽灯泡走的这段"弯路"，要花费掉近九成的电力；同样瓦数的 LED 灯，因为本身发光，所需电力只有白炽灯泡的十分之一。

世界上大约四分之一的电耗是用于照明的，LED 灯带来的节能效果十分巨大。中国有科学家测算，中国如把一半的照明灯改成 LED 灯，节电效果顶得上建设两个半三峡水电站。

LED 灯还有寿命长、免维护等优点，各种材料消耗大为减少，环保效果非同寻常。一些国家不惜利用财政补贴来推广 LED 灯，看中的就是其环保效果。

　　世界上还有 15 亿多人口，生活在没有通电的地方。如果使用白色 LED 灯，即使没有发电站和输电线路，靠太阳能发电和蓄电池就可以让黑夜变得明亮。15 亿多人口的生活质量将因此而大为改善，这是多么大的功德！

　　如今，LED 已经应用于包括室内外照明、显示屏、交通信号灯、汽车用灯和灯饰等广泛领域，今后还可望扩大到健康、农业、食品、通信等方面，给人们的生活带来巨大变化。LED 在智能手机等产品上的应用，使有关产品的功能正在实现飞跃性的进步。

　　但是，LED 的开发过程并不平坦。不知有多少科学家为此呕心沥血，甚至熬白了少年头。从爱迪生发明电灯，到荧光灯问世，相隔半个多世纪。20 世纪 60 年代以后，科学家相继发明了红色的 LED 灯和绿色的 LED 灯，而人们生活中最需要的、用于室内照明的白色 LED 灯却迟迟没能出现。

　　阻挡白色 LED 灯到来的最大因素，是没有开发出蓝色 LED。

　　红（red）绿（green）蓝（blue），为光的三原色；这三种颜色的组合，可以形成包括白色在内的几乎所有颜色。这有点像老子的《道德经》里说的"一生二，二生三，三生万物"。也就是说，没有蓝光 LED，就不会产生白色的 LED 灯。

　　LED 是由含镓（Ga）、砷（As）、磷（P）等化合物制成的，发红光的 LED 用的是砷化镓，发绿光的 LED 用的是磷化镓。

　　科学家长期寻找制作发蓝光 LED 的材料，不少人选择了氮化镓，并且为开发氮化镓晶体绞尽脑汁。只是氮化镓这种材料太难处理，包括美国广播公司（RCA）和荷兰飞利浦的研究人员在内，许多探索者被迫退场。

　　也有少数孤行者，坚持到了最后，1929 年出生的赤崎勇就是代表之一。

　　赤崎出生于日本鹿儿岛，在汤川秀树获诺贝尔物理学奖的 1949 年，考入京都大学理学部。大学毕业后，赤崎先后任职于神户工业、名古屋大学和松下电器东京研究所（后来的松下技研）。赤崎在 1966 年前后就对蓝色 LED 表现出强烈的兴趣，1973 年正式开始研究，但是迟迟没有实现突破。

　　1981 年赤崎重返名古屋大学任教，翌年收了个能干的弟子天野浩。天野被赤崎评价为"万事能"，以热心于研究而闻名。天野后来在大学的研究室无论平日、休息日还是新年，经常深夜都是灯火通明，被称为"不夜城"。

　　天野与赤崎志同道合，是赤崎最得力的合作者。两人齐心合力，挑战又挑战，实验再实验，有的实验超过 1500 次。当然，做实验主要靠天野，发表论文署名也是天野排第一，赤崎排第三。

　　功夫不负有心人。1985 年，天野与赤崎成功制作出高品质的氮化镓晶体；4 年后的 1989 年，又开发出高亮度的蓝光 LED，在世界首次点亮了"蓝色的光"。

　　就在赤崎与天野冲刺高亮度蓝光 LED 的 1988 年，德岛县的日亚化学工业的技术人员中村修二，像一匹黑马跃上开发蓝光 LED 的舞台。

　　中村坚信"做别人不做的题目才有最大的发展机会"。他在确认了前途广大的蓝光 LED 还没有形成产品，更没有实现量产化之后，决心挑战这个世界性的课题。

　　当时的日亚化学工业是个名不见经传的小企业，中村更属于"无名之辈"。

　　中村也有优势：企业小，束缚少；中村本人动手能力超群，有"研究匠人"之称。中村曾经说，"我之所以能够搞成蓝色发光 LED，是因为我没有忘记'用手制造东西'这个可自我证明是人的意识"。

　　中村不但会自己改造实验设备，还发明了双向金属有机化学气相生成装置（MOCVD）等利器。利用这些利器，中村于 1993 年确立了独自的量产化技术。

　　中村的成功影响巨大，包括日本在内，许多人只知道中村，而不知道赤崎与天野的贡献。瑞典皇家科学院论功行赏，三人均分奖金，这表明至少在瑞典皇家科学院眼里，三个人的贡献度是一样的。

　　蓝光 LED 技术产生巨大的利益，围绕着利益的分配也有过激烈的争斗。中村与其老雇主日亚化学工业对簿公堂，曾经引起广泛的关注。其实，利用赤崎和天野的发明实现商品化的"丰田合成"（丰田汽车的子公司）与日亚化学工业之间，也发生过长达数年的诉讼大战。在此期间，赤崎、天野两人与中村实际上处于对立状态，赤崎、天野与中村同时获诺奖，堪称"绝妙至极"。

当年是个野孩子，小学时代"不知读书"

　　日本由本州、九州、四国和北海道四个大岛组成，蓝光 LED 的三个发明者的家乡分别位于其中的三个岛：赤崎勇的家乡知览（鹿儿岛县）位于九州岛的西南端，天野浩的家乡浜松（静冈县）位于本州岛的中部，中村修二的家乡伊方町（爱媛县）则位于四国岛的北部。

　　四国岛在四大岛中面积最小，为本州岛的十二分之一、九州岛的二分之一。四国岛上有德岛、香川、爱媛、高知四个县，古时分别为阿波、赞岐、伊予、土佐四个国。中村从出生到就职，只是从爱媛县移动到德岛县，一直没有离开四国岛。

　　伊方町地处爱媛县西北部的佐田岬半岛，佐田岬半岛东西走向呈细长形状，伊方町正好在半岛的中间。中村修二 1954 年 5 月出生，出生地为四滨村大久，中村满一周岁时四滨村并为濑户町，2005 年又并为伊方町。大久原属于四滨村下面的一个村落，中村在自传中称之为"寒村"。

　　大久人口稀少，没有医生，没有公交车，也没有幼儿园。孕妇生孩子，需要乘坐靠人力划动的小船到有接生员的邻村。20 世纪 70 年代初，有一首名为《濑户的新娘》的歌风行日本，这首歌描写一个新娘嫁到濑户内海小岛时的心情，曲调凄婉。据说作者的灵感，就产生于四国地区的岛乡。

　　中村的父亲是四国电力公司的技术员，在变电站搞维修。中村小学二年级时，全家由于父亲工作调动从伊方町搬到大洲市。大洲市位于爱媛县西部，离伊方町 30 公里，几经合并人口也不到 5 万。但是，刚从伊方町搬来时，中村感到大洲市就是个车水马龙、摩肩接踵的"繁华都市"了。

　　伊方町与大洲市都有"好山好水好风光"：伊方町所在的佐田岬半岛，北临濑户内海，南面宇和海，晴天时隔着濑户内海还能望见九州岛；大洲市属于盆地，虽不临海，但有河有山有古城，被称为"伊予（爱媛古称）的小京都"。

　　丰饶秀美的大自然培育了中村的好奇心：为什么有四季？青蛙为什么有拨水的蹼？海水为什么是咸的？月亮为什么有圆缺？

　　中村从小喜欢大自然，尤喜爬山。与小伙伴们上山"探险"，建"秘密基地"，好玩极了。

　　白天漫山遍野地跑，晚上回家浑身黑不溜秋，令人想起国学大师季羡林的少年时代。季羡林儿童时期就是一个野孩子，据季先生的亲戚兼儿时好友回忆："季先生到了上学的年龄，还是每日追逐嬉闹，上树爬墙，夏天竟是光屁股下河湾洗澡的泥猴"（卞毓方《弭菊田与季羡林》）。

　　中村家里有四个孩子，最大的是姐姐，其他都是男孩。中村在男孩中排行老二，因此起名为"修二"。中村在家里也不缺玩伴，经常与哥哥干仗。对于小学时代，中村只有玩耍的记忆，而没有学习的回忆。

　　中村小学的学习成绩，曾经全班倒数第几名。中村也有擅长的科目，一是绘画，二是手工，小学四年级时因水彩画画得好，还得过老师的夸奖。小学高年级时学习成绩有提高，六年级在班级升为中等。

初中与小学不一样，每次期考后学校都公布年级"30 杰"，这让中村有点惊慌。中村人缘好，曾经被选为"委员长"（年级班长）。身为"委员长"进不了"30 杰"，情何以堪？为了"委员长"的面子，中村突击数学和理科，三年级时竟跨入"30 杰"。战术是临时抱佛脚，夜战三天。夜战的本事，后来在开发蓝色 LED 过程中也曾大显神通。

中村的家乡伊方町只有小学和初中，当地年轻人多是初中毕业就参加工作。大洲市有一所公立高中——爱媛县立大洲高中，大洲高中一个年级十个班，入学时按成绩分班。中村 1970 年考进县立大洲高中，被分到成绩最好的班，但班内成绩排名在 40 位开外。

初中以后，中村增加了一个新活动——学校的排球俱乐部。中村参加排球俱乐部并不是因为喜欢排球，初中时是被做队长的哥哥强拉进去的，高中时则是被朋友邀请。大洲高中的排球俱乐部，训练十分艰苦，但是成绩不佳，赛场上连吃败仗。若说收获，就是锻炼了身体和意志。中村出名后在接受采访时说："痛苦的时候会想起练习排球的辛苦。"

高中时代的中村，偏科很厉害。他喜欢数学和物理，讨厌历史、地理等需要死记硬背的科目。日本和世界哪年发生过什么大事件，中村完全记不住。据中村回忆，日本史和世界史考试成绩，100 分满分就没有超过 50 分的时候。

从"三流大学"到"三流企业"

中村喜欢解题，高中毕业前报考大学时，本来想报物理学部，但是指导高考的老师说，学物理不好找工作，工学部的电子工学专业与物理专业相近。中村按照老师的建议，报考了德岛大学工学部电子工学专业。

日本每个县都有国立大学，爱媛县里有爱媛大学。中村之所以舍近求远，选择德岛大学，据说有两个原因：一是德岛大学录取时重视理科成绩；二是大洲高中有几个哥们报考德岛大学。中村讲义气，重视与哥们保持"步调一致"。

德岛大学是创立于 1949 年的国立大学，在日本全国的知名度不高，被中村称为"三流大学"，但在德岛县以及整个四国地区却很有根基，特别是工学部十分有名，对本州岛西部地区的考生都有相当的吸引力。

　　中村进入德岛大学后，出现严重的"不适症"。日本的大学即使是工学部，低年级也要开"教养课"。"教养课"的内容，恰恰就是中村讨厌的文学、伦理等社会科学。中村觉得是"上当受骗"，"罢课"了两个星期，一个人在宿舍看"量子力学"和"物性论"等专业书，上半学期的期末考试几乎都没有参加。

　　中村入大学后，同高中一样剃个光头，在校园里属于"怪人"。大学方面联系过家长，中村母亲很担心，特意打电话嘱咐儿子"无论如何也要坚持到毕业"。后来中村参加了补考，总算没有留级。

　　到了三年级，情况开始发生变化。最难通过的"物性物理实验"，中村竟然顺利过关，一时造成轰动。"物性物理实验"是福井万寿命夫教授担当的必修课，被学生视为"鬼门关"。当然，同学们不会知道，中村在一年级"罢课"期间曾经读过"物性论"。

　　四年级写毕业论文，需要做实验，好奇心强的中村如鱼得水，成绩排名提高到了电子工学专业第一名。负责就职指导的老师甚至断言，中村可以进一流企业。但是中村此时对研究萌生兴趣，决定考大学院（研究生院）读研。

　　在德岛大学大学院，中村师从多田修教授，主攻材料物性。多田教授是个很有个性的学者，特别重视实验。他的哲学是：读书越多，越容易受固定观念束缚；与其读书，不如动手做实验。多田研究室里放有凿子和老虎钳，中村在那里学会焊接和利用车床。

　　德岛大学的毕业生，特别是大学院的毕业生，有不少人到知名大企业就职。中村临近毕业时，参加过松下电器的录用考试，结果没有被录取。据说因为在关于"毕业研究"的论述中，理论性的内容太多。后来从京都的京瓷公司拿到了"内定"，创业者稻盛和夫社长亲自面试。据中村回忆，当时稻盛社长问的问题是"日本教育制度的弊端"。

　　因发明高效蓝光 LED 而获 2014 年诺贝尔物理学奖的三个人，有一人曾经投奔松下而被拒之门外（中村修二），另有一人从松下出走（赤崎勇）。松下号称"天下的松下"，最终无缘于蓝光 LED 的开发，结果令人感慨唏嘘。

　　中村虽然被京瓷看中，但他最后还是选择了在德岛就业。原因是中村本人出现了"新情况"：结婚生子，决定"为家庭弃工作"。

中村在大三时，认识了一个名叫裕子的外系女生。两人很快陷入爱河，商定中村硕士毕业后，找一家大企业就职，届时与裕子结婚。没想到，中村刚上研究生，裕子突然怀孕，不得不紧急结婚。中村求多田教授做证婚人，采取会员方式办个婚宴，每人交两千日元会费。当时在德岛大学，在校生结婚的还非常罕见，一时成为校内热门话题。

翌年夏天，女儿出生，当时裕子已在德岛大学附属幼儿园当上了教师。中村要去京都的京瓷，裕子必须辞职，加上中村本人也不喜欢大城市，最后选择在德岛就业。因为已过招工季节，多田教授便利用个人关系，把中村介绍给了一个名为"日亚化学工业株式会社"的小企业。

日亚化学工业的社长小川幸雄与多田教授是同乡，多田研究室还与日亚化学工业有合作关系。多田教授亲自把中村带到了小川社长那里，中村还蹭了小川社长一顿饭。据说小川社长起初不大愿意录用这个爱媛人，担心干不长，后来得知中村是"德岛人的配偶"才收下的。

日亚化学工业是个地方小企业，位于离德岛市车程一小时左右的郊外，主要生产用于荧光灯及显像管电视的荧光体。中村回忆说，第一次去日亚化学工业时，一进坐落在松树林里的厂区，就嗅到了硫化氢发出的那种臭鸡蛋味。

就这样，中村从"三流大学"进入"三流企业"，开始了与"三流人"命运的抗争。

留学美国受冷遇，决心挑战蓝光 LED

1979 年春天，中村进入日亚化学工业，被分配到开发科。所谓开发科，实际上包括中村只有三个人，因为开发不出畅销产品，在公司里不招人待见。中村在日亚化学工业，属于第一个电子专业出身的，被安排开发 LED，只是起初并非是蓝光 LED。

中村试制了几个产品，但销路都不佳。他分析了问题所在，得出的结论是：不能总是步大企业的后尘，只有干大企业没干成的事才有出路。

中村查阅了文献，确信蓝光 LED 还没有真正诞生，一旦开发成功，定有巨大的市场潜力。

中村直接找小川社长"谈判"，提出三点要求：一是让他搞蓝光 LED；二是允许他花数亿日元的投资；三是让他去美国留学。

　　小川社长听完，简单地说出几个字："好啊，那你就干吧！"

　　小川社长如此痛快地答应中村的要求，据说有两个原因：一是小川本身是个非常喜欢研究的经营者，理解中村并愿意成全他；二是当时日亚化学工业的效益比较好，积累了不少资金。

　　中村在过去近 8 年时间里干的工作，多与利用磷化镓、砷化镓及铝砷化镓等材料制作红光 LED 灯有关。对于中村来说，这一段时间等于准备期：学到了开发蓝光 LED 的基础知识，积累了不少窍门，学会了组装试验设备。

　　根据大学前辈的建议，中村决定去美国佛罗里达大学留学，学习有机金属化学气相沉积法（MOCVD）。

　　1988 年春，中村如愿以偿地来到佛罗里达大学，身份是"客座研究员"（访问学者）。没有料到，美国的上司和同事在知道中村既没有博士号，也没有发表过学术论文时，态度大变：不把他视为研究者，开学术会议没人通知他；老是指派他干组装设备的活儿，俨然把他当作操作工。

　　中村是个性格倔强、不肯服输的人。在美国的"失意"，燃起中村的斗志：下决心回国后干出个名堂来，要发表论文，要拿博士学位。1994 年 3 月，中村果然凭《关于 InGaN（氮化铟镓）高亮度蓝光 LED 的研究》的论文，获得德岛大学工学博士学位。

　　中村在美国最大的乐趣是：溜出研究室，参加外部的报告会和讲演会。只要与蓝光 LED 有关，绝不漏掉。当时中村发现：关于制作蓝光 LED 的报告，10 个报告中至少有 9 个谈硒化锌，只有一个报告谈氮化镓。

　　那个谈氮化镓的报告人，正是来自日本名古屋大学的赤崎勇教授。据赤崎教授回忆，当年他去美国参加学会，讲利用氮化镓开发蓝光 LED，几乎引不起美国人的兴趣。赤崎不知道，听众席上有一个来自日本的无名年轻人，认真地听了他的报告，并且确立了自己的奋斗目标。

　　在这条追梦的道路上，赤崎是个先行者。赤崎 1973 年开始研究蓝色 LED，1981 年从松下重返名古屋大学后，与弟子天野浩合作继续挑战。1985 年赤崎与天野成功制出高品质的氮化镓晶体，4 年后的 1989 年又开发出高亮度的蓝光 LED。

　　但是，他们的成功仅限于实验室，尚未形成产品，更未实现量产化；中村若想突破，必须开发出产品，进而实现量产化。

　　1989 年春天，中村离开美国回到日本，为实现自己的目标开始行动。

　　中村决心不模仿别人，不走别人走过的老路，要采用新工艺、新方法。

制作高辉度蓝光 LED 的材料是 P 型和 N 型的氮化镓，还有铟镓氮单晶体，把它们结合起来才能形成高辉度蓝光 LED。对于后起的中村来说，这一工程有如在细针眼里穿线，成功率小之又小。

工欲善其事，必先利其器。中村回国后的第一年，主要花时间改造结晶生成装置。别的研究者，实验不成功，一般会改变试验条件，如提高温度等。但中村要自己动手改造试验设备。委托专业者改造，至少要花费三个月时间，这对于与时间赛跑的中村来说，是不可接受的。

中村被称为"研究匠人"，动手能力超群，焊接以及配管皆不在话下。学生时代，他在修田教授的实验室里学会了焊接；在美国佛罗里达大学，自己收集零部件搞过装配。过去的经验，现在都派上了用场。

把普通的加热器，改造成耐腐蚀的加热器；把金属有机化学气相生成装置（MOCVD），改造成双向式的 MOCVD。这些都是中村的利器，他利用这些利器制作出了高品质的结晶体。

1993 年 11 月 30 日，《日经产业新闻》头版头条登出一条震惊日本产业界的消息："日亚化学工业，利用氮化镓制作蓝光 LED 成功，亮度 100 倍，世界最高，1 月开始量产化。"

成功的消息令人振奋，背后则有艰苦卓绝的拼搏。

上午改造，下午实验；晚上总结，思索新点子。

日复一日，失败了再来；全身投入，痴痴迷迷。

中村在日亚化学工业搞过几个项目，基本模式是第一年不成，第二年再挑战，第三年成功。说不出道理，但中村相信这条规律会再现。

实验室里电话铃响了，不接；走在楼道里，有熟人打招呼，不理。

大学一年级时，中村曾给昔日的哥儿们写过"绝缘状"，宣布"要集中精力学习，请勿打扰"。"请勿打扰"，近似于三国时代嵇康在《与山巨源绝交书》中说的"不相酬答"。这次为了攻关蓝光 LED，中村的做法有了"升级版"，连"绝缘状"也不写了。

中村后来总结说："彻底思考后产生的独创性和坚持到底的毅力，是通向成功的两个车轮；没有这两个车轮，就不能实现伟大的梦想。"

这次中村长了心眼儿，搞试验的同时不忘写论文，发到美国的学术杂志发表。日亚化学工业不允许员工随便发表论文，中村向美国的杂志投稿，是背着公司干的。

中村还背着公司申请了专利，尾号为 404，简称"404 专利"。8 年后，就是围绕这个专利的归属以及转让报酬问题，中村与日亚化学工业打起了官司。

命运的安排？倔强异质的"拼命三郎"幸遇"大明主"

中村年轻时就有强烈的个性，被称为"奇人""怪人"，后来还多了个"非典型的日本人"的称号。

中村自称"乡下的三流"：来自"乡下"，读的是"三流大学"，进的是"三流企业"。

中村写过一本自传体的书，书名为《岂能服输》（朝日新闻社 2004 年 3 月），前言的标题是"三流人生的助威宣言""匹夫不可夺志""岂能服输"是书里的关键词。封面上的作者照片，刚毅倔强，令人想起日本电影《追捕》中杜丘的扮演者高仓健。

中国有句俗语"不蒸馒头争口气"，中村就有这个劲儿。

中村称自己是"三流大学"的"乡下人"，那是在叫板：

"乡下人"怎么了？潜台词是"大都市人又有什么了不起？"

"三流大学"毕业怎么了？潜台词是"一流大学毕业又有什么了不起？"

中村声言长"三流人"的志气，潜台词是灭"一流人"的威风。

中村对现实有诸多不满，有时甚至怒气冲天。但是，他的不满和怒气，没有成为自暴自弃、无所作为的理由，而是变成了一种力量，变成了火。这力量让他努力，这火让他发光。

中村自己说得明白："愤怒是一切的动力，没有愤怒什么也做不成。"

中村想证明："即使是乡下的三流人，只要肯干，也能干成。"

中村更想证明："只有乡下的三流人，才能干成！"

与同时获奖的赤崎勇和天野浩相比，中村的出生地、就读的大学和就职的企业，的确没有什么亮点。

赤崎的出生地知览村（后改为知览町，现为南九州市），虽然也是"小地方"，但他幼时就搬到鹿儿岛市，小学到高中都是在鹿儿岛市读的。鹿儿岛市，是鹿儿岛县的县厅所在地，相当于中国的省城。

天野的出生地和成长地滨松市，虽然不是县厅所在地，但人口和经济实力超过县厅所在地的静冈市。滨松市是日本制造业的中心之一，是铃木汽车和雅马哈等一流企业的"老巢"和总公司的所在地。滨松市后来升格为与横滨及神户同级的"政令指定市"（相当于中国的计划单列市），而四国地区4个县至今还在为"政令指定市"的诞生而奋斗。

赤崎与天野分别毕业于京都大学与名古屋大学，都属于"名牌大学"出身；赤崎长期就职于松下等大企业及名古屋大学，天野博士毕业后一直在名古屋大学和名城大学任教。

相比之下，中村的人生经历没有离开"小"字："小地方""小企业"。

但是，许多"大地方""大企业"（大单位）出身的研究者，纷纷从开发蓝光LED的战场上撤退败走，"小"字缠身的中村却偏偏取得了"大成功"。

《红楼梦》里有句话："大有大的难处，小有小的好处。"

中村的成功秘诀之一，就在于他充分地享受到了"小的好处"。

日亚化学工业是个小企业，但是小企业有小企业的优势：决策速度快。只要社长认可，就可以拿出钱来办大事。

日亚化学工业为开发蓝色发光LED投入3亿日元，对于一个小企业来说，3亿日元绝对是个大数字。

日本的景气动向指标里，有个叫"企业破产件数"，只有达到一定规模的破产才能成为统计对象。1 000万日元是一条线，1 000万日元或数千万日元就可以要一家中小企业的命。

日亚化学工业拿出3亿日元，开发蓝色发光LED，简直就是赌"社（公司）运"。当年赤崎离开松下的原因，主要是在研究经费上得不到支持。日亚化学工业这个小公司反而"慷慨"，应该算是"体制优势"。

日亚化学工业因为小，除了中村以外，没人懂蓝色发光LED；没人懂，也就没人干扰，没有七嘴八舌。中村的经验是："在被周围人抛弃、无视的时候，才能集中精力搞研究。"

当年赤崎所在的松下则完全不同：松下是大公司，懂行的人（包括假懂）太多，他们知道美国的某企业开发失败，还知道某外国权威断定利用氮化镓制作蓝光LED行不通。大家七嘴八舌，结果把赤崎弄跑了。

中村能够在小企业充分享受"小的好处"，还因为环境得天独厚：遇见了一位理解他的、支持他的、有眼光而又开明的社长小川信雄。中村说过：应该感谢老社长小川信雄，"没有他对研究的支持，就没有诺贝尔奖"。诺贝尔奖不表彰背后功臣，否则中村恐怕应该唱出"军功章上有我的一半，也有你的一半"。

　　小川作为创业者与经营者，绝非等闲之辈。他非常有个性，有自己的经营理念。小企业的经营者，往往有目光短浅、急功近利的弱点，但是小川目光远大，心胸开阔。

　　按照企业官网的解释，日亚化学工业的"日亚"（NICHIA），是由日本的"日"（NICHI）和亚洲、美国、澳大利亚的"亚"（A）组成的，这个社名包含着创业者的"以日本为中心，四海友好地并肩发展的理念"。

　　小川办企业，重要目的是解决当地就业问题。公司规定，职工农忙季节可以回家干农活，不需事先请假，回厂后说一声就可以。日本各地有举办祭典（MATURI）的习惯，德岛的祭典是跳阿波舞，在日本全国有名。日亚化学工业每年组织 200 名社员参与，事先用两周时间练习跳舞，这种事情恐怕只有小川社长才能做得到。

　　小川有个名叫后藤田正晴的初中同学，是日本著名的政治家，当过官房长官和副总理。后藤田非常推崇小川，称小川"文武两道兼通，是班级里最优秀的年轻人"，并且著文称"真正的企业家小川信雄"，说小川的特点是"绝对不照书本干，必须干书本上没有的事情"。

　　有人信奉"天道酬勤"，但至少在夺取诺奖问题上，个人的拼搏，即"勤"是必要而非充分的条件。成功来自种种因素的共同作用，其中运气非常重要。中村这个"拼命三郎"，遇到小川社长这个"大明主"，就是一种运气。

　　中村总结说，他之所以能够拿诺奖，是因为没有走一般工薪族的路，没有像他们那样追求大城市、大企业。中村认为，他没有到大城市、大企业就职，是一种幸运；这种幸运则源于妻子未婚先孕，因此应该感谢妻子和提早到来的大女儿。这就是中村的逻辑、中村的思维。

状告老雇主：是非曲直凭谁断？

　　中村开发高亮度蓝光 LED 成功，日本国内外各种大奖接踵而来：仁科纪念奖（1996 年）、大河内纪念奖（1997 年）、朝日奖（2001 年）、美国本杰明·富兰克林金奖（2002 年）、武田奖（2002 年）、芬兰千禧技术大奖（2006 年）、阿斯图利亚斯皇太子奖（2008 年）以及第 63 届艾美技术开发部门奖（2011 年）等。最光彩夺目的，当属与赤崎、天野一起获得的 2014 年诺贝尔物理学奖。

高亮度蓝光 LED 开发成功和量产化，给日亚化学工业带来了巨大利益。据《朝日新闻》（2018 年 5 月 2 日德岛地方版）报道，2017 年日亚化学工业的销售额达 3472 亿日元，纯利润为 496 亿日元。当年只有 200 人左右的小企业，后来发展成为拥有 9 000 名职工的大企业（按日本官方分类，制造业企业就业人员超过 300 人就属于大企业）。除了国内的 6 家工厂以外，日亚化学工业还在马来西亚、中国大陆和台湾地区设有生产据点。

高亮度蓝光 LED 开发成功后，中村成为名人，是国内外的学会和讲演会的"香饽饽"。接触的人多了，听到的信息也就多了。美国的同行，听说他在日亚化学工业除了工资以外，获得的发明奖金只有 2 万日元（当时约合 200 美元）时，十分惊诧，甚至给中村起了个"Slave Nakamura"（中村奴隶）的绰号。

公司提拔中村当管理人员，中村感到作为研究者，在日亚化学工业已失去存在的意义。1999 年底，中村从日亚化学工业辞职，翌年 2 月就任美国加利福尼亚大学圣塔芭芭拉分校教授。背景有几个：当时多个美国企业和大学向中村发出邀请；他的女儿也说待在日亚化学工业"太可惜"；更重要的恐怕还是中村无法忍受"Slave Nakamura"的地位。

办理辞职手续时，由于中村拒绝签署"保证 3 年内不从事蓝光 LED 的基础技术研究"的保证书，公司没有给有着近 20 年工龄的中村支付"退职金"（退休补贴）。在日本，对于工薪族来说，"退职金"是一笔不小的收入，一般只有被处罚者才领不到或者减额。这种并非"好聚好散"的结局，也为后来双方对簿公堂埋下伏笔。

中村状告老雇主广为人知，但是许多人并不知道，最早是日亚化学工业状告中村。2000 年 12 月，日亚化学工业以涉嫌泄露贸易机密（营业秘密）为由对中村提起诉讼，告到美国北卡罗来纳州东部地区联邦地方法院。为了应对诉讼，中村花费了许多时间准备资料和进行反驳，以至于影响到了研究工作。

是可忍，孰不可忍？2001 年 8 月，中村"以攻为守"，转而就专利权（通称 404 专利）的归属以及转让报酬问题，在日本对日亚化学工业提起诉讼。中村称，日亚化学工业在美国起诉他，法院"调查到家里和大学的研究室，弄得身心俱疲"，在日本提出诉讼是"为了让日亚化学工业停止没完没了的攻击"。

日亚化学工业在美国对中村提起的诉讼，于 2002 年 10 月被法院驳回。

中村对日亚化学工业的诉讼，东京地方法院于 2004 年 1 月做出判决：认定发明的价值为 604 亿日元，原告的贡献度为 50%，命令日亚化学工业向中村支付 200 亿日元（约合 11 亿人民币）。

对此，日亚化学工业提出上诉，2004 年 12 月东京高等法院提出和解劝告：日亚化学工业向中村支付 8.4 亿日元（约合 4 800 万人民币）。2005 年 1 月，双方表示接受劝告达成和解。

一般认为，东京高等法院提出的和解劝告是比较合理的，因为如果按照东京地方法院的命令，日亚化学工业向中村支付 200 亿日元的话，今后日本企业很可能不会对高风险技术进行投资。日亚化学工业的职工还指出，中村并非"孤军奋战"，当时有其他年轻工程师的协助。

中村状告日亚化学工业，在日本社会闹得沸沸扬扬，当时几乎家喻户晓，人们议论纷纷。有人支持中村，认为日亚化学工业"太苛刻"；有人同情日亚化学工业，觉得中村"贪婪"；日本社会认同"和为贵"，不喜欢对簿公堂，因此更多的人感到遗憾。

2002 年诺贝尔化学奖得主田中耕一，出身于民间企业岛津制作所。田中的获奖记者招待会是在公司举办的，为了应付媒体采访等事务，公司还专门建了个临时班子协助田中。

关于中村与日亚化学工业的官司，田中在接受采访时回答得很巧妙："自己的发明对公司的效益没有多大贡献。"这句话，既表示了对中村的理解，同时也强调了自己情况不同。一般的日本人，似乎更喜欢田中的风格。

"世事洞明皆学问，人情练达即文章。"中村在《岂能服输》一书中自己承认，他是个"不谙世事""不懂常识"的人，尽管用的是"过去时"。德岛大学的多田修教授，当年曾给中村很多帮助，还当过他的证婚人，但是中村连张贺年卡也不寄。

对于中村这样有奇才而又个性十足的人，肯定有毁有誉。据说由于中村"特立独行"，动不动就找社长"直诉"，在公司人事关系不太好。国内同行也有人认为，中村言"怒"多，而说"感谢"少。

在开发蓝光 LED 方面，赤崎勇教授是个先行者，中村也参考了赤崎的研究成果。赤崎的弟子们抱怨，中村似乎没有对赤崎表示过敬意与谢意。

金无足赤，人无完人，成大功者不小苛。小川社长懂得这个用人之道，他喜欢中村，夸中村"可爱"，有点"世人皆欲杀，我独怜其才"的气魄。可惜的是，老社长小川信雄于 1989 年交班，接班的是入赘的女婿小川英治。

日亚化学工业内部也有人认为，新社长掌权后，"有实力且引人注目的中村受到了冷遇"，这无疑对中村与日亚化学工业的关系产生重大影响。

中村状告日亚化学工业获得巨额赔款，此事对日本产业界和科学界的冲击非同小可。一石激起千层浪，日本社会，特别是产业界开始认真考虑职务发明的发明人应该如何分享权益的问题。这场官司还超越了国界，对包括中国在内的其他国家也产生一定的启迪作用。

中村的"教育论"：偏激之词？还是真知灼见？

中村修二不仅擅长动手，更喜欢思考。刚入大学时有一段时间"罢课"，一个人在宿舍除了看书，就是进行"哲学的思考"。成名后，中村思考最多的社会问题是教育问题，接受采访时几乎必谈教育问题，其自传《岂能服输》也多处涉及教育问题。

2003 年，中村出了一本书，名为《让日本孩子幸福的 23 条建议》（小学馆）。这本书，对于那些有孩子偏科或厌恶应试教育的家庭来说，无疑是一服"宽心丸""强心剂"，一时洛阳纸贵。11 年后经增补并更名为《中村修二的反骨教育论》（小学馆 2014 年）重新推出，书名中的"反骨"两字，可能是出版社为吸引读者眼球加的，当然也是得到作者认可的。

中村的"教育论"，不同于一般教育评论家的泛泛而论，特点是密切结合中村自身的体验和经历：从"乡下的三流人"变成世界一流的科学家；从小学到高中，以至于到大学，都算不上"用功"的学生；有在日本和美国生活工作的经历，了解日本以及美国的教育；三个孩子的父亲，最小的孩子高中时从日本转学到美国；等等。

中村是个实在人，活得实在，说话也实在。比如他谈"工作观"："工作是为了吃饭，能通过干自己喜欢和感兴趣的事情吃饭，就是人生的成功者。"

中村的"教育论"也很实在，不讲大道理。比如他谈教育内容，认为最重要的内容应该是"在变化无穷的社会里生活下去的本领"。

中村的"教育论"有三个支柱：一是重视接触大自然和家庭教育，二是批判日本的教育体系，三是主张学习美国。

中村热爱自己的家乡，热爱家乡的大自然。那个位于佐田岬半岛上的风光旖旎的"寒村"，常使中村魂牵梦绕。他小学二年级离开后，还经常骑 30

公里的自行车，回去重温儿时的快乐时光。

基于自身的经历，中村深信：科学家需要创造力和想象力，而这两种能力的培养，离不开接触大自然；对大自然感兴趣并抱有疑问，有利于形成丰富的想象力和创造力；日本的多位自然科学领域的诺奖得主，都是通过接触大自然而萌生了对科学的兴趣。

中村对日本的学校教育多有批评，但对于来自父母的家庭教育，一直怀着深深的感谢。

他说自己喜欢理科，多亏了父亲：中村从小讨厌死记硬背，连九九乘法口诀都记不住，小学低年级时是父亲引导他学会了算术，并且喜欢上了理科。

他说自己对英语不发怵，多亏了母亲：小学五六年级时，是母亲让他上了一年半的英文班，使他比同龄人先走一步。

其实，中村的父母都是国民高小毕业，但是对于子女教育非常热心。

中村称父母的教育影响其一生，他最为感谢的是父母的宽容，没有限制他个性的发展。

作为三个孩子的父亲，中村没有望子成龙之念，只期望孩子"开朗健康"。

他认为，孩子的人生道路应该由个人选择，幸福的标准因人而异，职业没有贵贱之分。

中村于2000年到美国加利福尼亚大学圣塔芭芭拉分校任教，当时读高中的小女儿从日本转学到美国，由此开始了解美国的教育。中村感受最深的是，美国的教育始终由父母和其家人主导。日本的父母往往把自己的孩子推给学校，很多父母不知道自己的孩子有什么样的个性、资质和兴趣。

中村主张，不能把孩子的教育推给学校，父母应该承担主要责任。

中村认为，日本的父母有个弱点，即"在教育子女方面很容易受周围环境的影响"，很多父母不仔细观察自己孩子的特点，"单纯与别的孩子比较，模仿别人培养自己的孩子"。

中村认为，"如果有40个孩子，就有40种个性和人格，没有必要简单模仿别人"。

中村抨击日本的教育制度，对日本的高考制度深恶痛绝：所有高中生都以进入名牌大学为目标，入学考试像猜谜一样猜"确定的正确答案"。

在日本的学校，如果有5门课的话，所有学生都要学这5门课，美术和音乐的特长生也不例外。在中村看来，这种教育属于"大量培养机器人的教育"，对于培养学生独立思考能力有害无益，认为应该承认"一招鲜"。

中村主张：允许失败和"爬起再战"，不要小瞧落榜生、留级生及其他"差生"，他们之中有许多人后来创业成功，甚至成为富豪。

中村给出的药方很猛，甚至建议废除现行的高考制度。他认为，包括东京大学在内的一流大学应该实行"宽进严出"，即放宽入学限制，入学后通过多次严格考试，大量淘汰，最后剩下真正想学习又有实力的学生。

中村欣赏美国的学校教育：美国的教育目标是"学习在社会上生活的本领"，从小学低年级开始，每周都有演讲课；从小学开始就以游戏的形式，对学生进行关于股票交易、金融、外汇和企业家精神的教育。

美国的大学生，在学校学习了这些知识，有很多人毕业后兴办风险企业，比尔·盖茨、史蒂夫·乔布斯等人甚至中途退学去创业；日本的大学生完全没有受到这样的教育，连风险企业的初步知识也不懂。

中村批评日本社会封闭，研究者的待遇太低：在日本的公司有重大发明，只能得到奖金；在美国如有重大发明，可以成立公司。

对于中村的"教育论"，日本社会的反应是毁誉参半：有人称赞"一针见血""说得痛快"；有人认为"偏激""以偏概全"。

中村对日本科学技术界进行的批判，诸如"日本的研究者是奴隶""组织破坏独创性""没有日本梦"等，日本的研究者对此颇有微词。他们认为，日本的教育和科学技术制度不能全盘否定，否则无法解释日本人连续获得诺贝尔奖的成功。

还有人认为，对于美国的教育制度不能一味赞美，指出中村本人的看法有时缺乏一贯性。中村在留学佛罗里达大学期间受到冷遇，回国后曾说美国人是"笨蛋"，还是"日本人优秀"。

中村到美国的大学任教后，曾经动员日本的研究者辞职去美国，说"只要拿出成果，工资可以提高3至4倍"。对于中村的这一做法，不少日本学者也不以为然。

实际上，中村对于日本的不满仅限于工作环境，他表示："文化、自然、道德观等工作以外的环境，还是日本最好。到了不能工作的年龄，我想在日本生活。"

第十五章

大村智：大山里走出来的科学家

　　他出生于山村，从小帮助家里做农活；高中时成绩平平，作为长子本准备接班务农，因为一场病得到上大学的机会，最后与屠呦呦同时获得生理学或医学奖。

微生物把他推上诺奖领奖台

2015 年的诺贝尔奖授奖仪式，可能是迄今中国人最为关注的一次授奖仪式。

这年，中国中医科学院首席研究员屠呦呦，作为中国本土出身的科学家首次登上领奖台。

屠呦呦获得的是生理学或医学奖，同年共有三位八旬老科学家获得此奖，除了屠呦呦（时年 84 岁）以外，还有日本北里大学特别名誉教授大村智（80 岁）和美国德鲁大学爱尔兰裔荣誉退休研究员威廉·坎贝尔（85 岁）。

三位科学家获奖的共同理由是：通过发明特效药，在最具破坏性的寄生虫疾病防治方面做出了革命性贡献。

生理学或医学奖评委会代表在介绍屠呦呦的业绩时说：

每年全球约有 50 万人死于疟疾，其中大部分是儿童。中国药学家屠呦呦，研究中国古籍，开创性地从中草药中分离出青蒿素，这一研究成果被应用于疟疾治疗的药物中，挽救了数以百万计的生命，在过去 15 年间将疟疾死亡率降低了一半。

大村智和坎贝尔的业绩则是：发现了阿维菌素驱虫药，从根本上降低了河盲症和淋巴丝虫病的发病率，对其他寄生虫疾病也有出色的控制效果。

奖金总额为 800 万瑞典克朗（约合 92 万美元），诺贝尔基金会根据贡献度进行分配，其中屠呦呦获得一半，大村智和坎贝尔共享另一半。

阿维菌素，是大村智与美国的国际性大制药厂默克公司联合研制开发出来的，坎贝尔当时是默克公司研究团队的代表。

屠呦呦发明的特效药来自中草药，大村智与坎贝尔发明的特效药则是从微生物中提炼出来的——这种微生物就是 1974 年大村智在静冈县川奈采集的土壤中发现的放线菌。

微生物，是一切肉眼看不见或看不清楚的微小生物的总称，包括细菌、病毒、真菌和少数藻类等。

微生物对人类最重要的影响之一，是导致传染病的流行。

在人类疾病中有 50% 是由病毒引起的，传染病的发病率和病死率在所有疾病中都居第一位。

　　微生物存在的历史非常久远，是人类的大前辈：地球上的微生物诞生于三十亿年以前，而人类的历史则只有几十万年。

　　如果把地球的年龄凝缩为一年的话，微生物的生日约在 3 月 20 日，而人类的生日则约在 12 月 31 日下午 7 时许。

　　微生物存在的范围非常广，在地球上几乎无处不在。其中存在于土壤中的微生物，称为土壤微生物，据说一小汤匙的土壤里面就有一亿个微生物。

　　土壤微生物种类繁多，提炼出阿维菌素的放线菌是其中的一个类别。

　　大村智自 20 世纪 70 年代以来，一直在日本各地收集土壤样本，分离和培养微生物，研究那些微生物产生出来的化学物质是否有用。

　　他有一个习惯：随身携带一个塑料袋，里面放有圆形容器和小勺子，随地采集土壤样品，然后带回去化验。

　　在长达 45 年的岁月里，大村智发现了 480 种新化合物，其中作为医药、动物药和农药的试剂而被实用化的化合物就有 25 种。为此，大村智被称为"微生物代谢产物之王"。

　　微生物导致人类疾病的历史，也是人类与之不断斗争的历史。

　　人类与微生物斗争的重要方法之一，就是"以微（生物）制微（生物）"。

　　大村智，可以称为"以微制微"的实践者，他的功绩也与微生物密切相连。

　　2015 年度的诺贝尔生理学或医学奖评选结果公布后，大村智在北里大学举办的记者会上说："我并没做什么特别伟大的事情，只是借助了微生物的力量而已。"

　　阿维菌素是消灭热带地区的地方病——河盲症的"神药"，中南美和非洲每年约有 2 亿人服用此药，它使数千万人免于失明。

　　在阿维菌素诞生 25 周年之际，非洲布基纳法索的雕刻家制作了一座纪念铜像——一个孩子用拐杖牵着患有河盲症的大人。

　　走进位于东京港区的北里研究所，人们可以看到这座纪念铜像。同样大小的铜像，还设在了世界卫生组织非洲河盲症控制中心（布基纳法索）、世界银行总部以及美国的卡特中心、默克公司的办公楼前。

　　令人感到兴奋的是，在新冠病毒肆虐全球的 2020 年，诞生于数十年前的阿维菌素，因被认为对治疗新冠病毒有特殊疗效，又一次受到世界的关注。2020 年 4 月 4 日，澳大利亚莫纳什大学的研究小组宣布，阿维菌素具有抑制新型冠状病毒的明显疗效；同年 4 月 19 日，美国犹他大学等研究小组发表的研究报告称，在需要使用人工呼吸机的患者中，服用阿维菌素者的死亡率明显低于其他患者。

2015 年与屠呦呦同登诺奖领奖台的大村智，其实早在 20 世纪 80 年代就与中国结缘。1985 年 7 月和 10 月，大村智先后成为中国医学科学院名誉教授和中国工程学院外国会员，翌年 6 月又成为暨南大学名誉教授。也就是说，在诺奖的光环临身的 30 年前，大村智的业绩已经得到中国同行的高度评价。大村智获诺奖的翌年 9 月，他被上海交通大学授予名誉博士称号。

初中老师说他"迟早要当上村长"

发现驱虫神药阿维菌素的大村智，究竟是何路神仙？

据北里研究所和北里大学的官网介绍，大村智 1935 年 7 月 12 日出生于山梨县韭崎市。其实，韭崎市是 1954 年经过合并才出现的，大村智的出生地应该是山梨县北巨摩郡神山村。韭崎市的人口约为 3 万人，当年神山村的人口则只有 1600 人。

韭崎市，地处甲府盆地，四面环山：西有凤凰山，东北有茅岳，南有甘利山，放眼东南，还可以看到世界遗产富士山。

凤凰山，名字很吉利，令人想起"山窝窝里飞出一只金凤凰"的歌词。大村智是从大山里走出来的科学家，属于山窝窝里飞出的一只金凤凰。

韭崎市不但有山，还有水：釜无川与盐川两条河，由北向南流经市中央。

在兄弟姐妹 5 人中，大村智排行老二，是家中的长子。他 1941 年 4 月上小学，读的是神山村立国民学校。当时日本属于战时体制，军国主义分子把日本拖进被称为"圣战"的侵略战争。老百姓没有言论自由，不允许对国家政策稍有批评。

就在大村智上小学那年（1941 年）的 12 月，日本偷袭位于夏威夷珍珠港的美军基地，发动了太平洋战争，这就是历史上说的"珍珠港事件"。当然，还是小学生的大村智，对于这些是不可能知道的。

开始时，日军司令部"大本营"每天都发表日军"节节胜利""士气高涨"的消息，不久战局发生变化，美军飞机连日空袭日本的城市，城市里的中小学生开始向农村疏散，大村智就读的神山小学就接收了许多城市来的孩子。

1945 年 8 月 15 日，战争以日本宣布投降而结束。当时大村智已是五年级，他清楚地记得，他们班的学生增加到 60 人，其中一半是从城里疏散来的。

学校里增加了城里人，也让大村少年长了不少见识，第一次接触到了英文。战争期间，英美属于"敌国"，"鬼畜英美"是日本社会的口号。作为"敌国语言"的英语，当然是不能学习的；即使有人想学习，在那个山村既没有教师，也没有教材。

与山村里的孩子不一样，城里有的孩子从小就学英文。大村智的父亲是个有心人，专门找会英文的城里孩子当家庭教师，教自家孩子英语。当然，谢金是不能少的——谢金就是当时最硬的货币——大米。

1951 年 4 月，大村智上了初中，就读于神山村立中学，3 年后进入县立韭崎高中。就在升高中的那一年，神山村合并到韭崎市。这样，就等于大村智从小学到高中，都没有离开家乡。

大村家是务农的，父亲很能干，又肯动脑筋，在村人眼里是个能工巧匠。

大村智作为长子，从小帮助家里做农活，很是上心。

在父亲的悉心指导下，他学会了许多有关农活的技术；他还会干山里的活，植树烧炭，都不在话下。

当时用马托运粮食走山路，是个需要高度技术的活儿：首先要把粮袋放在马鞍上，然后捆扎结实，保证走山路也掉不下来。这一招，大村智在初中时就掌握了，还为此得到村人的称赞。

父亲对大村智的教育非常严格，把手放在口袋里，或者腰伸不直，都会受到父亲的斥责。父亲反复叮嘱的有两点，一是说话要算数，二是不能欺负弱者。

大村智的母亲，出身于富裕人家，其父不但让她读完小学，还送她到离家 6 公里的甲府高等女子学校学习，最后毕业于山梨师范学校。她会弹钢琴，曾经当过小学音乐教师，战后辞去教师工作，回家养蚕。

由于有文化，她很快掌握了养蚕技术，而且教给同村人，成为村里的养蚕指导员。她有一个习惯，就是一丝不苟地写日记，记录每天的工作内容及蚕室温度等。

大村智虽然没有帮助母亲养蚕，但是他细致地观察了养蚕的过程，母亲认真写养蚕日记的样子更给他留下深刻的印象，他觉得这和做实验很相像。

母亲养蚕成功，父亲又干农业，大村家生活无忧，5个孩子都上了大学。这在当时很少见，据说还上了当地的报纸。

对大村智影响大的亲人，还有祖母。由于父母都很忙，家务事主要由祖母承担，祖母经常教育大村智要助人为乐，不可以说谎。

大村智在学校一心扑在体育运动上，喜欢玩足球和棒球，是公认的"体育少年"。

他的少年时代是快乐的，晚饭后提着马灯，拿着鱼叉，跟父亲去捕鳗鱼的情景令他终生难忘。父亲说鳗鱼在太平洋产卵孵化，然后流到富士川。父亲的话让大村浮想联翩。

接触大自然，萌生好奇心，是科研的"原点"。1973年诺贝尔物理学奖获得者江崎玲于奈有过这样的感悟："一个人在幼年时通过接触大自然，萌生出最初的、天真的探究兴趣和欲望，这是非常重要的科学启蒙教育，是通往产生一代科学巨匠之路。"

家乡的自然环境秀丽多彩，使大村智从小就对自然现象和动植物感兴趣；通过观察和体验大自然，也培养了他的想象力。

对于化学家（天然物化学）大村智来说，小时候干农活是他走上科研之路的"原点"：农活需要计划和实行，这和搞化学实验非常相似。搞化学实验也是先预料未来而制订计划，在进行过程中随机应变采取行动。

在大村智看来，农业就是学习自然，农民其实就是自然科学家。

大村智帮家里制作堆肥，这应该是他与微生物最早的交往，因为堆肥其实就是利用微生物把固体废物转化成了有机肥料。

初中时代，大村智最崇拜的老师叫铃木胜枝。铃木老师是韭崎高中校长的夫人，担任过大村少年的班主任。在大村少年眼里，铃木老师的言谈举止都与众不同，非常有城里人的风范。

铃木老师在一次家访中，曾经对大村智的父母说：您家孩子迟早要当村长，应该让他好好学习语文，特别要练好写字。

　　"迟早要当村长"，这是老师对大村智的殷切希望，也是为他指出的人生目标。

　　在当地，村长可是了不起的人物。大村智的父亲，在村里是个管事的人，但不是村长，属于村干部；大村智的外祖父是乡绅，倒是当过村长，但那是战前的"官选村长"，而不是"民选村长"。

动一个手术，得到上大学的机会

　　1951 年春，大村智初中毕业，进了县立韭崎高中。

　　县立韭崎高中，是设立于 1922 年的老校，也是当地唯一的公立高中。该校的足球队是著名强队，多次参加全日本高中足球联赛，五次夺得联赛的亚军，出了十几名著名的职业足球选手。

　　初中就是"体育少年"的大村智，入学后当仁不让地进了足球队，并且让父母买了一双足球鞋，算是入学礼物。不料祖母强烈反对孙子踢足球，原因是她有个外甥因踢足球得肺结核去世了，从而认定踢足球不吉利。

　　祖母的旨意是不容违抗的，大村智只好放弃"大球"改"小球"，进了乒乓球队。

　　大村智的特点是不服输，进了乒乓球队就猛练技术，水平越来越高，三年级时当上了乒乓球队队长；打乒乓球还不满足，高二时又玩起滑雪，最后也当上了滑雪队队长。

　　滑雪与打乒乓球有个共同点，即都需要平衡感和灵敏性，据说打乒乓球的人往往也滑雪。

　　大村智为提高滑雪技术，认真研究教本，同时请教前辈。除了本校的滑雪队以外，他还参加了市里的滑雪俱乐部，甚至被选为参加全国比赛的选手。

　　大村智是个运动健将，但是学习成绩平平。他自己回忆，无论初中还是高中，他都不是一个刻苦读书的人，直到高中毕业前半年都没有认真学习过。

　　这也难怪，他在学校热衷于体育活动，回家要干农活，几乎没有学习的时间；帮家干农活经常起大早，通常是差一点要迟到时才去上学。

　　大村智的三弟是东京大学毕业的高才生，三弟说他几乎"没见过大哥在家里学习"，"或者帮家干活，或者和兄弟姐妹们玩，上了高中桌子也总有灰尘"。

父母从不督促大村智学习，但也不反对他学习。在外面干活时，如果需要做作业，允许他回家。大村智有时干活干累了，或者干烦了，就提出要回家做作业，以此来逃避一下劳动。

大村智觉得，自己将来肯定要继承父业搞农业，父母好像也是这种打算，于是有些比较负责任的活也让长子干。

1953 年 5 月份，大村智因虫垂炎（俗称阑尾炎）住院动了手术，出院后被要求在家休息静养。他无事可干，从早到晚看各种闲书。

有一天，父亲突然对他说：你整天没事可干，还不如准备考大学。如果你想念书，家里可以供你。

这样，大村智才有了考大学的想法，开始复习功课。当时即将进入高三下学期，距离高考只剩半年。

父亲为什么突然提出让大村智考大学呢？这至今都是个谜。

当时日本全国的大学升学率不到 8%，男性也只有 13%，也就是说，90% 的日本人是上不了大学的。

有一种可能是，父亲觉得社会正在发生变化，长子也不一定要继承家业靠农业吃饭了。大村智高中毕业的那年，日本已经结束战后恢复期，即将进入高速增长期。

还有一种可能，就是大村智动过手术，伤了元气，父亲对儿子的身体不放心。农活属于"强劳动"，没有好身体不行。

不管父亲的动机如何，大村智因病动手术而改变人生轨迹，这是的的确确的。

2002 年物理学奖得主小柴昌俊，也是因为身体问题而改变了人生轨迹。小柴大学毕业时，本想像其他同学那样就职，无奈初一时得过小儿麻痹，身体不允许。小柴只好去敲教授的门，念了大学院（研究生院），于是有了小柴教授以及后来的获诺贝尔奖。

考大学，需要报志愿。大村智因为没有一点思想准备，完全不知道如何报志愿。大村智请教同学，同学说他准备报县内的山梨大学和东京的青山学院大学。

大村智尽管对家乡的山路以及各种农活很熟悉，硬是不知道山梨县里还有个山梨大学。同学还告诉他，山梨大学在县厅（县政府）所在地——甲府市，距韭崎市 15 公里，可以走读。

"可以走读"这个信息，对于大村智来说非常有吸引力。于是他第一志愿也填了山梨大学，第二志愿报的是东京教育大学（现为筑波大学），两者都是国立大学。

发榜的结果是：山梨大学合格，东京教育大学不合格。

报考东京教育大学本来是班主任的提议，但是班主任让大村智报的是培养体育教师的体育系，而大村智报的却是理学系。发榜后，班主任批评大村：为什么不报体育系？你不适合报理学系。这也是班主任对大村智前途的一种判断。

半工半读的学生感动了他，决心重新学习

大村智在山梨大学读的学芸系（现为教育系）自然科学专业，是培养初中和高中理科教员的，学习内容包括物理、化学、生物、地理等科目。

大村智进入大学后依然不忘滑雪，山梨大学没有滑雪部，他就继续参加韭崎市滑雪俱乐部的活动。但是，对于大村智来说，大学期间最重要的体育运动莫过于长跑了。

"可以走读"，是大村智报考山梨大学的重要原因。从家到大学 15 公里，本来有火车可以利用，但是大村智坚持跑步上学；下课后要先在甲府做家教，所以只能坐火车回家。到了四年级，大村智的二弟也上了山梨大学，他把书包让二弟带到大学，自己依然坚持跑步上学。

大村智本想毕业后回家乡当一名初中或者高中教员，那样可以利用寒暑假和星期天帮助家里干农活。不巧那年家乡的学校不招新教员，大村智只好到东京找工作，最后进了东京都墨田区工业高中，任夜间班的物理和化学教员。

墨田区工业高中分为"全日制"班与"定时制"班，后者主要是为那些白天上班的人提供学习机会的，类似于半工半读，学习年限比前者长一些。

其实，大村智的父亲也有过边做农活，边接受通信教育的经历。大村智读初中时有一次收拾房间，曾经从一个纸箱里翻出三十多本教科书和笔记

本，都是父亲当年接受通信教育时使用的。

大村智在墨田区工业高中教的班，"几乎所有学生都是从附近工厂赶过来学习的"，期末考试时"有的学生穿着工作服闯进教室，握铅笔的手还沾满油渍"。22 岁的大村老师深受感动，不由反省自己，下定决心"重新努力学习"——大村智在诺贝尔奖获奖讲演中，特别提到这一段往事。

决心既下，立即行动。他先到东京教育大学当了一年旁听生，而后正式报考私立东京理科大学研究生院专攻化学。

他白天学习，晚间给学生上课，也过上了半工半读的生活。除了念研究生院以外，他还上了个德语班。

1963 年 3 月，大村智修完东京理科大学研究生院理学硕士课程，4 月走上新的工作岗位——山梨大学工学部发酵生产学科助教。

三锤定音：与微生物相遇、连得两个博士、进军美国

据诺贝尔化学奖得主野依良治教授观察，诺奖得主在获奖之前平均在 4.6 所大学和研究机构任过职。作为研究者的大村智，也经历过几个工作岗位。山梨大学工学部发酵生产学科属于第一份研究工作，工作内容是在加贺美元男教授研究室当助手，正是在那里大村智与微生物相遇。

加贺美教授当时正在研究葡萄酒酿造，大村智负责分析发酵过程中的葡萄酒含糖。他目睹酵母一夜之间便将葡萄糖变成酒精，完全被微生物的作用所吸引，从而成为"微生物迷"。

两年后，作为自己的选择，大村智重返东京，"跳槽"到北里研究所。北里研究所属于民间科研机构，以研究传染病学和微生物学而闻名，而作为国立大学的山梨大学属于铁饭碗，这次"跳槽"本身就有挑战性质。

大村智在北里研究所的第一个身份是"研究部抗生物质研究室技术辅"。"辅"即辅助，"技术辅"相当于技术助理。这个身份表明，北里研究所尚未把他当作独当一面的研究人员。在此之前他虽有 7 年的工作经历，但作为北里研究所的研究人员必须从头开始。生性不服输的大村智，对此并不在乎，反而激发了他的斗志。

大村智的工作，实际上是当秦藤树所长的秘书，每天要干许多杂务，包括打扫房间、做实验准备、抄写论文以及在课堂上擦黑板等。大村智认真地

干这一切，把帮助所长抄写论文当作难得的学习机会。

秦藤树专攻微生物科学，是日本抗生素研究的先驱者之一；他作为医生，还是癌症化疗的权威。大村智抄写秦藤树的论文，而且是发表前的论文，等于先人一步了解前沿科学的动向。

在日本的课堂上，都是老师自己擦黑板。作为秦藤树的秘书，大村智还有擦黑板的任务。大村智把这个差事也视为学习机会，每次进课堂必坐最前排，听讲及做笔记的认真态度超过学生。

在学术研究机构，要作为独当一面的研究者而获得承认，除了研究成果以外，博士学位也是不可缺少的。大村智从"打杂"起步，不断积累实力，连续承担几个课题，先后拿到两个博士学位：

1968 年他以《关于林可霉素的研究》的论文获得东京大学药学博士学位，从而升为同属北里集团的北里大学药学部副教授；两年后又凭《林可霉素、螺旋霉素以及浅蓝菌素的绝对构造》的论文拿到了东京理科大学的理学博士学位。

紧接着，大村智又把目光投向海外。

"功夫不负有心人"，1971 年 9 月，大村博士携文子夫人来到美国康涅狄格州的米德尔敦市，成为卫斯理大学麦克斯·帝施勒研究室的客座教授。

当时日本的研究者到海外留学或进行研究，可以有多种多样的收获：有人利用海外的实验设备等，挑战新的研究课题；也有人在不分上下、畅所欲言的自由氛围里，开阔思路，激发灵感；此外，切身领略一下内外研究条件及生活待遇的差距，也是一种收获。

大村智有点与众不同，他很注意观察美国的研究体制。他发现，美国的大学教授等研究人员的研究费相当于日本的 20 倍，企业资金是研究费的重要来源。他还发现，美国的大学与企业形成一种互动的产学合作关系，大学把研究成果转让给企业，企业使之产品化后再返利给大学。

大村智出国前，研究所领导交给他一个任务，就是搞钱——争取研究资助。大村智决定用美国研究机构的办法，从企业搞钱。

在帝施勒教授的大力帮助下，大村智成功地从默克公司搞到了钱。默克公司是世界第二大医药品企业，帝施勒教授就是默克公司出身，曾经在那里当过调查部长。有帝施勒教授的人脉关系，大村智与默克公司很快达成协议，内容是：默克公司每年向北里研究所支付 8 万美元的研究资助，研究成果交给默克公司，获得的专利归默克公司所有，北里研究所收取一定的使用费。

按当时的汇价计算，8 万美元相当于 2400 万日元，当时对于北里研究所来说是个不小的金额。而且是默克公司先出钱，北里研究所后干活。更重要的是，它开辟的思路——从企业获得知识产权使用费——对北里研究所的发展意义非凡。

大村智深知一个道理：既然到了国外，最好是干只有在国外才能干的事情。在美国建立"朋友圈"、发展"关系网"，就属于这样的事情。

幸运的是，邀请大村智赴美的帝施勒教授人脉关系很广，他帮助大村智结识了许多美国学者和机构。除了默克公司以外，在帝施勒教授的引荐下，大村智还结识了 1964 年诺贝尔生理学或医学奖得主康拉德·布洛赫教授。布洛赫教授是闻名世界的生物化学家，当时在哈佛大学任教。通过布洛赫教授，大村智还与哈佛大学建立了合作关系，哈佛大学特意为大村智准备了一张办公桌。

大村智本想在美国继续工作一段时间，文子夫人也感到新生活很快乐。不料北里研究所所长来信，要求大村智回国当抗生素研究室室长，因为现任室长斋藤教授要退休。1973 年大村智就任抗生素研究室室长，两年后又当上了北里大学药学部教授。

昔日的"辅助人员"，就这样凭自己的实力成为"学术带头人"。大村智在北里大学培养了许多人才，包括 31 名大学教授和 120 名医生。

重建北里研究所，有"商才"的科学家

北里研究所与北里大学同属北里集团。北里研究所是母体，创立于 1914 年（大正三年），北里大学作为研究所 50 周年纪念事业建于 1962 年。北里研究所的创始人北里柴三郎，是留德归来的细菌学家和免疫学家，在日本是个家喻户晓的人物。

日本习惯将科学家等文化人的肖像作为纸币的图案，现在登上日本纸币的有三人，分别为思想家兼教育家福泽谕吉（1 万日元）、作家樋口一叶（5 000 日元）和细菌学家野口英世（1 000 日元）。

日本政府决定，2024 年度将更换纸币图案，上述三人分别让位给实业家

涩泽荣一、教育家津田梅子和科学家北里柴三郎。其实北里柴三郎与野口英世属于师生关系，2024 年度的"换班"是老师替换学生。师生两代成为纸币头像，在世界上恐怕也属珍闻。

北里柴三郎有两个得意弟子，一个是野口英世，另一个是秦佐八郎。师生三人作为细菌学家，都与诺贝尔奖有过交集。老师北里柴三郎，因开创血清疗法曾被提名为首次诺贝尔生理学或医学奖的候选人，他的两个得意弟子也曾与诺贝尔奖失之交臂。其中野口英世以研究黄热病和梅毒而闻名，曾经三次获得诺贝尔奖评委会的提名。大村智被称为"平成的野口英世"，他的获奖算是圆了北里柴三郎和北里研究所的诺贝尔奖梦。

历史悠久的北里研究所，成果丰硕，人才辈出，形成了包括北里大学、北里保健卫生专门学院、东洋医学综合研究所、生物功能研究所和医疗环境科学中心等在内的北里集团。

在 20 个世纪 80 年代初期，北里研究所一度陷入经营危机，出现数亿日元的赤字。大村智临危受命，1984 年辞去北里大学的教授职务，担任北里研究所的理事副所长；1990 年就任所长，到 2008 年离任，参与研究所经营长达近四分之一世纪。

大村智重建北里研究所，是从改革管理体制、提高效率开始的。就任副所长后，他先是利用专利收入建了医院，成为所长后着手引进"零贷款"运营机制，并改革研究所的管理体制。他在疫苗制造、医院、研究、东洋医学等 4 个部门分别引进独立核算制，每季度召开 4 个部门的管理人员联席会议，推进信息共享和效率化。

大村智的经营手腕，源于与美国默克公司的共同研究。他在美国卫斯理大学当客座教授期间，便与默克公司建立了合作关系，后来发展到共同研究。最初与默克公司谈判时，默克公司提出要用 3 亿日元买断大村智发现的放射线菌的菌株。当时北里研究所的理事会打算接受这个提案，但是大村智明确表示拒绝。

大村智看到了放射线菌的巨大市场前景，坚持默克公司享有专利，但要按销售额向北里研究所支付一定比例的使用费。最后默克公司方面让步，接受了大村智提出的条件。迄今默克公司向北里研究所支付的使用费已达 250 亿日元，而且还要继续支付下去，这笔收入对于北里研究所的重建起到了决定性作用。

了解大村智的人，都认为他有"商才"。其实，大村智的"商才"并不是与生俱来的，而是他努力学习的结果。据说，大村智就任副所长之后很注意学习经营学，为了建医院还研究了不动产学，多次拜访企业的经营者讨教。大村非常欣赏微软的创始人比尔·盖茨，认为他一个人创造出了巨大财富。

大村智曾经尖锐地指出过："虽然研究经营的人很多，但是没有人经营研究，研究也要经营。"

大村智的"经营研究"之道，就是"自己的饭钱自己挣"，这里的"饭钱"也包括研究费。

科学家大村智，就这样创出了一条被称为"大村方式"的产学结合模式。

大村智接手北里研究所的经营之后，北里研究所实现了转亏为盈，由一个赤字累累的"贫困户"，变成了拥有 230 亿日元以上金融资产的"小康人家"。大村智可谓是北里研究所的"中兴之主"。

大村智在任所长期间，作为机构改革的一环，把"社团法人北里研究所"与"学校法人北里大学"合并为"学校法人北里研究所"，就是说两个经营体合二而一了。现在"学校法人北里研究所"是北里大学的经营者，换句话说，北里大学是"学校法人北里研究所"的下属，而不是相反。

这一任务完成后，大村智便辞去了所长一职，接着担任"学校法人北里研究所"名誉理事长，2012 年开始担任顾问。鉴于大村智的成就，2013 年北里大学授予他特别荣誉教授称号，诺贝尔奖获奖名单上使用的就是这个称号。

让总理等电话，花 5 亿日元建美术馆捐赠家乡

大村智还干了两件"厉害"事，一件是让安倍首相等电话。

在日本，诺贝尔奖获奖名单公布后，获奖者要举行记者招待会。大村智获奖后的记者招待会是在北里大学举行的。按程序，在获奖业绩介绍和校长致辞后，应该是获奖人讲话。大村智刚要讲话，会务人员低声耳语"有安倍首相的祝贺电话"。

大村智竟然来了一句"等一会我打过去"，不料会务人员向会场宣布

"安倍首相有电话，请大家稍等"，并把手机递给大村智。大村智接过电话，对方好像尚未准备好，于是用英文说了一句"Time is money"（时间就是金钱），便把电话退给会务人员，继续他的记者会见，结果让总理等了一段时间。

大村智的这一举动，引来一片赞誉声。有人说"首相特意在开记者招待会之际打来电话，纯属作秀"，"大村先生踹了首相一脚，真痛快"。还有人认为，大村智的态度，正是北里研究所的传统。

北里研究所的前身，是1892年从德国留学归来的北里柴三郎设立的传染病研究所。1899年日本政府把该研究所收归为内务省管辖，1914年突然宣布要移交给文部省，把它变成东京帝国大学的附属机构。

北里柴三郎辞职以示抗议，随即个人出钱成立北里研究所，与官立的研究所对抗，全体工作人员纷纷响应。不屈于官府的独立自尊精神，乃是北里柴三郎及北里研究所的传统精神。后来成为北里研究所掌门人的大村智，似乎继承了北里柴三郎的"反骨心"，颇有"安能摧眉折腰事权贵"的气魄。

大村智坚持"自己的饭钱自己挣"，既是独立自尊精神的显示，也是他硬气的底力。大村智对于政府优待旧帝国大学，特别是东京大学的政策，向来不以为然。有的人从地方普通大学毕业后念名校研究生，为炫耀自己将学历定为名校毕业。大村智虽有东京大学的博士学位，但自我介绍一贯称"山梨大学毕业"。

大村智拿东京大学的博士学位，其实并非"情愿"。据说他本想申请东京理科大学的博士，但所领导认为北里研究所的专业是药学，应该申请药学博士。东京理科大学没有药学专业，他只好在申请到东京大学的药学博士以后，凭另一篇论文又拿到了东京理科大学的理学博士。

大村智干的另一件"厉害"事，是捐赠给家乡一个美术馆。大村智酷爱美术，是个美术品收藏家。2007年，他花5亿日元（约合450万美元）修建了一个美术馆，连同自己收藏的1800多件美术品，全部捐赠给了家乡韭崎市，并担任第一任馆长。

在日本的诺贝尔奖得主中，捐出奖金援助年轻学子的事例并不少见。对于一般研究者来说，诺贝尔奖的奖金是相当可观的，但对于大村智来说却并非如此。大村智的奖金为总额的四分之一，折合成日元大约为2780万日元（23万美元），与美术馆的5亿日元相比可谓小意思了。

　　大村智的钱从哪里来的？大村智不仅是个科学家，还是一个药品发明家。有人说，发明一个药品就可以终身衣食无忧。大村智发明了26种药品，专利收入去掉归北里研究所部分，个人所得也应不少。

　　大村智的个人所得是个秘密，但是可以从旁"窥视"。日本曾经有过公布高额纳税者名单的做法，2003年度大村智纳税1.35亿日元，为山梨县的高额纳税者的第3位。按当时的税制计算，年收入估计为3.65亿日元。这应该不只是单年度的临时收入，为此可以判定大村智是山梨县的"富翁"。大村智的人生经验告诉人们，科学家也是能够发财的，而且可以做到"取之有义，用之有道"。

　　大村智虽然是"富翁"，但是看不到他的"高端消费"。他最喜欢喝的还是地瓜制作的烧酒，回到家乡有时还自带烧酒去经常光顾的荞麦面店。

　　酷爱美术的大村智，曾经担任过女子美术大学理事长，在该大学设立了冠以妻子之名的"大村文子基金"，支援女学生到国外学习美术及参展。大村智最遗憾的是，长期与他同甘共苦的文子夫人没能看到他获奖便去世了。得知获奖的那天，大村智首先向文子夫人的遗像做了报告。文子夫人去世之后，大村智的随身携带物除了收集微生物样土的工具以外，还增加了夫人的遗像。

N个"偶然"与说不清的"起跑线"

　　2001年诺贝尔化学奖得主野依良治教授讲过这样的人生感言："所谓人生，其实就是由无数个偶然和极少数的必然编织而成的旅途。"

　　野依教授讲的偶然与必然，也存在于大村智的人生经历中。大村智的人生走向曾经有过几种可能：一是继承父业务农，最后可能像初中班主任老师预言的那样，成为一个村长；二是在大学毕业后，回家乡当一名初中或高中教师，最后也可能当上校长。

　　由于生病住院，父亲突然决定让长子考大学，大村智人生道路中的第一个可能消失了；大学毕业那年不巧家乡不招新教员，而到东京都墨田工业高中教半工半读的学生，在那里被学生的刻苦学习精神所感动，决定从头学习，这样第二个可能也消失了，从而走上研究者的道路。"塞翁失马，焉知非福"，世上的事有时真是如此。

　　发明驱虫药阿维菌素，是大村智获得诺贝尔奖的重要原因，菌苗的土壤则取自静冈县伊东市的高尔夫球场附近。其实，大村智去高尔夫球场也是一种偶然。

　　据说大村智有一段时间严重失眠，医生建议他去从事一种可以忘掉一切的活动，并且具体提出两个方案：一是玩"扒金库"（老虎机），二是去打高尔夫球。

　　在日本，"扒金库"是一种大众化的半赌博游戏，大村智觉得自己身为研究者，不适合去那种地方，于是选择了打高尔夫球。大村智又有到处收集样土的习惯，于是偶然就变成了某种必然。

　　阿维菌素是大村智与美国的医药企业默克公司共同开发出来的。对于大村智来说，与默克公司建立合作关系非常重要，甚至可以说是个关键。大村智之所以能够与默克公司建立关系，靠的是美国卫斯理大学帝施勒教授。

　　帝施勒教授不但有助人为乐的热心肠，并且曾经在默克公司当过研究部部长，而大村智结识帝施勒教授也是一种偶然。

　　当初大村智为了寻找海外留学机会，曾经向美国的多所大学发过信，而且都有善意的回应。卫斯理大学的帝施勒教授是第一个表示欢迎，而且用的是电报形式。每个大学给出的薪水条件并不一样，卫斯理大学给的薪水虽然比较低，但是大村智看重对方积极热情的态度，才决定去卫斯理大学帝施勒研究室的。

　　中国人总讲不能输在"起跑线"上，但是观察大村智的人生经历，很难弄清他的"起跑线"究竟在哪里。大村智自己承认，他在小学、初中及高中时代，脑子里很少有"学习"二字，进入大学后也是以体育运动为中心。少年时代的大村智可以概括为：干活能手，体育健将，玩耍天才，学习一般。

　　按词典的解释，"起跑线"一般指运动员起跑的位置；在人生跑道上，应该是"起跑"的"出发点"。大村智在人生跑道上的"起跑线"，好像可以定位在边教书边读研的墨田工业高中时代。与中学和大学时代完全不同，那几年大村智对于学习非常投入，成果也很明显。为此，他虽然不是应届生，竟破例被指定为毕业生代表在毕业典礼上致辞。

　　在人生跑道上，"起跑"有早晚，但必须是真跑，忘我地跑；"起跑"的号令，必须发自本人的内心，而不能来自家长或教师的口哨。只有内心发出号令，而且伴之以真行动，才能取得成功。大村智的座右铭"至诚通天"，应该就是这个意思。根据大村智的经验，大学毕业后 5 年之内是关键。

　　偶然可以变成机遇，但并不是所有的偶然都能变成机遇。让偶然变成机遇，人的际遇往往是不可缺少的"触媒"。遇见什么人、与什么人结缘，可能决定一个人的人生。大村智是幸运的，他在人生的重要时刻屡遇"贵人"相助：猛然醒悟决心从头学习，大学的指导教授介绍了东京教育大学的小原铁二郎教授，于是在那里当了一年旁听生；通过小原教授，大村智又遇见了东京理科大学的都筑洋次郎教授，于是投到都筑教授门下学习有机化学。

　　都筑教授也是山梨县出身，擅长英文，翻译过不少化学方面的专业书。在都筑教授的指导下，大村智用英文写出硕士论文，并养成用英文写论文的习惯。大村智迄今发表千余篇论文，95% 是用英文写的，这种习惯是助他走向世界的秘诀之一。至于后来邂逅美国卫斯理大学帝施勒教授，更像是命运的安排。

第十六章

大隅良典、本庶佑、吉野彰：
不求第一，但求唯一

　　第一，不要盲目相信论文；第二，如果不能在国际水准上做研究，那样的研究就毫无意义；第三，真正的独创性，追求的不是第一，而是唯一。

直观印象

大隅良典、本庶佑、吉野彰，分别出生于 1945、1942、1948 年，与笔者是同代人，是以对他们仨格外关注。

大隅良典获奖在 2016 年，本庶佑获奖在 2018 年，吉野彰获奖在 2019 年，这都是近年的新鲜话题，也是本书的压卷人物，理应多说上几句。然而，遗憾的是，坊间关于他们仨的资料少得可怜，中文如此，日文也如此——我就奇怪，这么卓越的人物，日本的新闻界、出版界为什么如此吝啬笔墨和版面？友人解释，多半科学家的岁月枯燥而无聊，缺乏炒作的亮点；抑或自传与他人为之作的传记还在酝酿、撰写的过程中，尚未来得及出版。唉，无论哪一种情况，对我来说，都是出了难题。要知道，我纵然有巧妇的平方、立方的本事，也难为无米之炊啊。

说得有点夸大，米嘛不能说一点没有，只是太少了而已。

也罢，煮不成饭就熬粥。

打开网络，首先见照片，获奖时的新闻特写。

咱就从直观印象写起。

大隅良典：满头的鹤发，满腮的银色连鬓须，衬托出一张长圆而白皙的童颜，显出阳气旺盛，秉性刚直，做事果决，年轻时必定雄性十足。据说这络腮胡是他在美国读博士后期间留下的，那时他三十不到，大概因为彼邦也有"嘴上没毛，办事不牢"的心理倾向吧，大隅觉得自己因为"嘴上没毛"而招致美国同事的轻视，遂发奋留长胡须（亏得他天赋异禀，生就一副络腮胡子），以增加自己的威严和老练。这须呀、髯呀、髭呀，从此就在他脸上"安营扎寨"，蓬勃发展，由三十而四十，由五十而六十、七十。如今，这络腮胡已成了他的标准形象，看上去，与其说是一位科学家，莫如说更像位艺术家。笔者的一位雕塑家朋友说，颇像中国的前辈画师朱屺瞻。我看过朱老的一幅照片（抑或油画像），的确神似。只是画师的微笑隐含孤独，大隅的微笑透着安闲。网上也有人说，酷似他的同代人、日本动画师宫崎骏。我拿他的照片和宫崎骏比较了一下，嗨，还真像双胞胎，区别仅仅在于眼镜框架颜色的浅和深，以及上髭的无和有。我注意到，古往今来，几乎所有的美髯公都是上唇、下巴、面颊、两腮连成一体，原生原貌，原汁原味，大隅良典却是例外，他剃去了上唇的"八字胡"，也许是为了解放那张"自嗜"的利口（他荣获诺奖的理由就是"在细胞自噬机制方面的发现"），对了，他还嗜酒，绰号"酒中仙"。

本庶佑：整洁，儒雅，干练，典型的学者派头。身材颀长，器宇轩昂，棱角分明，目光炯炯，站在哪儿都引人注目。银丝井然，浓眉微挑，鼻梁高挺，下巴方正，双唇紧闭，抿成一个大写的"一"，凸显了老当益壮、一往无前的生命意志。无论是正看，还是侧看，都不怒自威，令人联想到高仓健式的冷峻与坚毅。当他身着带有家徽的和服，不卑不亢地走上诺贝尔奖领奖台，从瑞典国王卡尔十六世·古斯塔夫手中接过生理学或医学奖的奖章和奖状，那在握手瞬间狠命直视对方的眼神，以及手背上毕露的筋骨，体现出他内在能量的充沛凝结。

吉野彰：一个干巴瘦的小老头，稀疏无序的霜发，胡乱地覆盖在半秃的脑壳上，笑起来略显害羞，讲话时嘴巴稍微有点瘪，去掉西服、领带，以及那副兼具文化人标志的眼镜，就是一个活脱脱的乡野村夫，而且发育不良，透出一副可怜巴巴相。把他放到老舍的《茶馆》或山田洋次的《东京家族》，都显得不着调，充其量只能做个走过场的群众演员，绝对当不了主角。如果定要从他的面孔上找出一些不同寻常的气质，那就是他的笑，那是五官、肢体、灵魂一起焕光发彩。高尔基形容托尔斯泰"人类面部最富感情的一对眼睛"，说"这对眼睛里有一百只眼珠"。仿此，我们也可以说，吉野先生的笑容里有一百朵在秋阳里怒放的野菊花。

条条大路通罗马

大隅之姓，猜想来自古代的大隅国（令制国），辖地在今九州南端的鹿儿岛县，那里至今还留有大隅半岛、大隅海峡、大隅群岛。

大隅良典出生在九州北侧的福冈县，父亲是九州帝国大学的工科教授，对于爱好科学的他，自然是"得天独厚"的。

大隅良典回忆："小时候热衷于飞机模型、半导体收音机的制作，夏天喜欢在小河里捞鱼、捕萤火虫、采集昆虫，手持网子在野外一走就是一天。采筑紫、野芹菜、木通、杨梅、野草莓，能够感受自然的四季变迁。抬头看见满天的星星可以很容易辨出星座，银河像地上的河流一样奔腾。这些当时都没有想过，但今天作为自然科学专业的分子生物学的研究者，这样的体验，就是一切的原点吧。"

你也许不以为然，科学研究的原点哪能这么简单呢？

哈，让我给你提供一个权威的佐证。诺伯特·维纳（1894—1964），美国应用数学家，你大概不熟悉，但你肯定知道控制论吧，对了，他就是控制论的创始人。维纳是麻省理工学院的教授。话说有一天，他在位于高层的工作室埋头搞数学计算，其间累了，偶尔踱到窗口，俯视流经校园旁的查尔斯河，突发奇想：这条河的水位究竟是多高呢？水波的起伏、扩散是不是无序而又有序的呢？维纳对数学的重要贡献"维纳过程"（又称布朗过程），就是由这么一次随意得不能再随意的奇想为起点的。

这下你明白了吧。

我们再来说大隅良典。小学，中学，他的梦想是当一名化学家。当他过关斩将、得偿所愿地考进东京大学化学系，审时度势，认识到古老的化学体系已臻成熟，很难再有大的突破，遂快刀斩乱麻，断然改学方兴未艾的生物。

大学能改系，应该为彼邦一赞！

——没有这一改，就没有大隅良典后来的道路。

1967 年，22 岁的大隅良典本科毕业，留校读研；然后，去京都大学读博。1972 年，大隅良典遭遇人生第一个坎：博士毕业，论文却没能通过答辩，自然也没能拿到学位。

他心有不甘，选择回母校东京大学复读，1974 年，终于拿到博士学位。

然而，毕业即失业，空有博士头衔，却找不到工作。

这是第二个坎了。

无奈，大隅良典只好请导师写了一封推荐信，远赴美利坚，进入杰拉尔德·埃德尔曼（1972 年诺贝尔生理学或医学奖得主）的研究所，当博士后。

博士后当得也不痛快——他读博研究的是大肠杆菌，而人家实验室研究的是发育学，不得不重打锣鼓另开张，从头学起。勉勉强强干了一年半，恰逢实验室来了一位新同学，是搞酵母细胞内的 DNA 复制的。大隅良典一见钟情，觉着这方向好，正对自己的心路，于是当机立断、毫不犹豫地扔掉发育学，改搞酵母。

这是他的第二回决断，也是通向最后成功的决断。

　　1977 年，大隅良典回国，在母校东京大学当了一名实验室助手。这一干就是 9 年，直到 1986 年升任讲师；又过了两年，当上副教授——混到 43 岁，才总算有了自己的实验室。

　　够憋屈的了吧。

　　这是磨难，也是历练，上帝对某些大才是特别苛刻的。

　　实验室很小，日式标准的"兔子窝"。起初一人独撑，后来招了两个学生。三人成众，众木成林，众手擎天——正是在这个不起眼的"兔子窝"，大隅良典终于"书生老去，机会方来"。他通过自己的长项酵母研究解决了一个世界性的难题：细胞自噬。

　　自噬（autophagy）一词来自希腊语 auto，意思是"自己的"，以及 phagy，意思是"吃"。细胞自噬的含义就是"吃掉自己"。通俗地说，细胞把不用的大分子或是衰老损伤的细胞器分解再利用，有点像可再生能源的意思。

　　这一概念出现于 20 世纪 60 年代，研究者首次观察到，细胞会把胞内成分包裹在膜中形成囊状结构，并运输到一个负责回收利用的小隔间（溶酶体）里，从而降解这些成分。

　　这项研究难度极大。因为其重要，很多人一拥而上；因为其复杂，研究者又都纷纷被堵在门外。直到大隅良典出山，他利用面包酵母定位了细胞自噬的关键基因；又进一步阐释了酵母细胞自噬背后的机理，并证明人类细胞也遵循类似的巧妙机制。

　　大隅良典的发现，对于治疗肿瘤、神经退行性疾病、心脑血管疾病等，有举足轻重的意义。

　　如前所说，人们知道自噬机制的存在已经有半个世纪，但是它在生理学和医学中的核心重要性，只有在大隅良典 20 世纪 90 年代开拓性的研究之后，才被人们广泛意识到。

　　我们知道，开创是最难的。而在细胞自噬领域，大隅良典做的就是一系列从 0 到 1 的工作。因此，他也是独步天下、无可比拟的。

　　大隅良典从 1993 年起陆续发表论文。这时他已 48 岁，属于苍龙行雨，老树著花，典型的大器晚成。

　　本庶一姓，在日本非常罕见，总共只有 30 例。按，日本 2018 年人口总数为 1.26 亿，姓氏为 14 万，平均每个姓氏将近 1 000 人。而姓本庶的仅 30 人，约占平均数的三十分之一，真是少而又少、微不足道的了。乃至本庶佑获奖后，坊间众说纷纭，议论他的姓究竟是"本"，还是"本庶"。

本庶佑出身京都一个医学世家，父亲、祖父和外祖父都"悬壶济世"。因此他说，自己是继承了家族的基因。

因为父亲的工作关系，本庶佑从小学到高中，都在远离京都、接近北九州的山口县度过。那是一个能人志士辈出之地，是伊藤博文、山县有朋、佐藤荣作、安倍晋三等人的故乡。

少年时代的本庶佑就显出是个天纵之才，他聪明绝顶而又狂放不羁。比如说，他在课堂上提出的刁钻古怪的问题能把女老师气哭；他在家里，把一些新式的机械，如钟表、收音机之类，拆了又装，装了又拆，无穷无了。本庶佑还耽于幻想。读小学时，有一年暑假，他在理科老师的指导下用望远镜观测到了土星环，激起了探索宇宙神秘的巨大冲动，因此，在小学毕业文集上，他写下自己未来的梦想：成为一名天文学家。

高中毕业前，本庶佑有过三种抉择：外交官、律师和医生。瞧，曾经的天文学家的梦，早就被甩到爪哇国去了。外交官需要英文，以及口才；律师需要法律知识，同样也需要口才——可见他对口才的自负。最终，本庶佑选择了医学。这是子承父业，做父亲"乐章"的和声，乃人之常情。

不过，按本庶佑本人的说法，还有两个重要的因素。其一，在决策之前，他恰巧读了一本关于日本细菌学家、生物学家野口英世的传记，野口的"国宝"级形象，成了他心灵天幕上最亮的一颗恒星。其二，读中学时，年级里有个卓荦超伦的男生，各科学习都出奇的好，是众人羡慕的偶像。然而，他却不幸患了胃癌，并且很快就去世。大家都悲痛得不得了。本庶佑因而想到，癌症这疾病很可怕，作为医生的儿子，自己有责任接父亲的班，为治疗癌症而做出贡献。

1960 年，本庶佑闯过了高考中"难关中的难关"，顺利跨进京都大学医学部。

是年，他读到了生物学家柴谷笃弘新出版的《生物学的革命》一书。柴谷写道，癌症是由于基因变异而产生的。首先，为了根治它，必须开发出能够对 DNA 的碱基序列进行自动分析的装置；其次，在发现碱基序列出现错误后，必须能够像做分子外科手术那样进行替换。

　　本庶佑如遭电击，兴趣一下子就从医学转向了分子生物学。

　　没有犹豫，没有观望，这就是大才的直觉。

　　大学期间，本庶佑的成绩一直名列前茅，卓尔不群。除此以外，他还参加了激情万丈的划艇俱乐部和志在与外部世界打交道的英文口语社团，甚至还在乐队中担任飙引高音旋律的长笛手。

　　毕业后，他升入研究生院继续深造。第一年，也就是1967年，他旗开得胜，成功揭示了白喉毒素是怎样阻碍蛋白质的生物合成，也就是白喉毒素的作用机制。

　　在这之前，人们普遍认为，白喉毒素是附在某种物质上而阻碍了蛋白质的生物合成的。但本庶佑发现，白喉毒素是通过核糖基化反应的酶活性，对蛋白质合成所需要的其他的酶进行修饰，从而使蛋白合成活性丧失。这才是白喉毒素阻碍蛋白质生物合成的真正的作用机制。

　　这一工作的意义在于：一是它揭示了毒素是通过酶活性来实施打击的；二是它揭示了核糖基化最初的生物体反应控制模式的机制。十多年后，宇井理生使用百日咳毒素也发现了同样的反应，并进而对荷尔蒙作用机制的揭示做出了重要的贡献，但它的源头可以追溯到本庶佑在研究生一年级时的工作。

　　因为有这项成果"护身""加持"，1971年，本庶佑中断博士学习，赴美当了三年客座研究员；1974年回国，32岁，当上京都大学的副教授；33岁，获得博士学位；37岁，当上京都大学的正教授。

　　1992年，本庶佑的研究团队发现作用于攻击异物的免疫细胞表面的蛋白质"PD－1"，并进而弄清该蛋白质是防止体内免疫细胞失控的"刹车"。

　　癌细胞会擅自利用这一刹车，阻止免疫细胞对自己的攻击。如果人为地让刹车失灵，就有可能消灭癌细胞。根据该原理，2013年，本庶佑将发现转为应用，开创了癌症免疫疗法。这项研究的功绩，被美国的《科学》杂志列为年度十大科学突破之首。

　　本庶佑的科研道路可谓顺风顺水，从36岁（1978年）起，他就成了获奖"专业户"，像什么日本生化学会奖励奖、野口英世纪念医学奖、朝日奖、大阪科学奖、木原奖（日本遗传学会）、武田医学奖、上原奖、恩赐奖·日本学士院奖、罗伯·柯霍奖的"科霍奖"、文化勋章、唐奖生技医药奖、第二届唐奖、2016年引文桂冠奖、复旦—中植科学奖，等等，拿了个痛快淋漓，不亦乐乎！

　　三人中，吉野彰是最年轻的（1948 年生），他这个年纪，在中国属于知青一代。

　　吉野彰生于大阪府吹田市一位商人之家。据说，他在吹田市立第二小学三、四年级时，读了英国科学家法拉第的《蜡烛的科学》，从此爱上了化学。

　　中国的年轻父母注意了，孩子小时候的兴趣，常常会左右他（她）的一生。

　　吉野彰初中读的是吹田市立第一中学，高中读的是大阪府立北野高校。这在当地，都是一流的。

　　吉野彰大学读的是京都大学。相传，吉野彰因为敬仰福井谦一（1981年诺贝尔化学奖得主），所以报考了京都大学工学部——可见偶像的重要性；因为看好合成纤维，所以选读了石油化学科——可见眼光的重要性。

　　大学期间，吉野彰加入了考古学社团，这是个冷门社团。考古学是跟田野、废墟打交道的，是根据古代人类遗留下来的某些痕迹或实物，还原当时的历史。这些痕迹或实物，多埋没在地下，必须经过科学的调查发掘，才能被系统地、完整地揭示和收集。吉野彰认为，这过程同自然科学颇为相似，能够锻炼、培养自己调查探索的能力。

　　吉野彰的道路一马平川，没有波折，没有沟坎。1970 年，他大学毕业，接着读研。1972 年，研究生毕业，进入旭化成工业株式会社，担任研究开发工作——这要溯源到他的商业基因了。按，日本有三大商人集团，分别为大阪商人、伊势商人和近江商人，吉野彰家族就属于后一种。中国的老话说"近朱者赤，近墨者黑"，父亲的职业，对子女总是春风化雨、润物无声的。

　　1981 年，公司开始转向电子元器件的研究开发。吉野彰的机遇来了，他把目光牢牢锁定在尖端项目，仅仅花了五年功夫——这在常人，固然是很长的一段时间，对于尖端科学研究，则是一瞬——他就取得了前无古人的突破，发明了当时安全性最高、体积最小、能量密度最高的锂电池。这是一项彻底的技术革命，为他日后摘取诺奖奠定了基础。

　　是年，他仅仅 37 岁。

　　吉野彰的事业进入了快车道。虽然由于发明超前，乏人问津，起初只能使用于摄像机等少数仪器，令他产生销售无门的苦恼。但是很快，录音机、手机、平板电脑、纯电动和混合动力交通工具等用户迅速跟上，锂电池引发了 IT 时代的抢购风潮。

从此告别门庭冷落，转而担心供不应求——当然啰，锂电池的发明并非凭他一己之意志，而是整个社会需求的推动。

吉野彰开始坐等诺贝尔奖敲门。

他也没有闲着，一边继续改进产品，一边抓紧学习，2005 年，57 岁，又取得了大阪大学的工学博士学位。

不求第一，但求唯一

大才都有个性。1993 年，大隅良典将一篇有关自噬的关键论文，发表在荷兰的《欧洲生化学会联合会快报》上。1997 年，他又将另外两篇关键论文，发表在荷兰的《基因》上。在许多人看来，这都是不入流的刊物，影响因子微乎其微，无疑是明珠投暗，得不偿失。但是，怎么样？人家酒香不怕巷子深，因为独创，因为前无古人，从而照样平地一声雷，一举成名，一石激起千层浪。

大隅良典的个性还体现在嗜酒贪杯。他把在酵母中学到的精髓应用到"对酒当歌"的人生，除了白日放歌须纵日本的清酒，还酷爱中国的黄酒，更乐意与他人分享美酒。

2012 年，大隅良典荣获京都奖基础科学奖，你猜怎么着？他用奖金酿了一桶威士忌，装好瓶，签上名，分送给各位朋友。他在酒签上还特别注明："这是酵母的赏赐。"

曾见唐人李白在《将进酒》中豪吟："人生得意须尽欢，莫使金樽空对月。""主人何为言少钱，径须沽取对君酌。"大隅良典和李白异国、异业、而又异代，但却有异曲同工、殊途同归的气质和襟怀。

2016 年，大隅良典因"在细胞自噬机制方面的发现"而夺得了诺贝尔生理学或医学奖。

谈及自己的成功，大隅良典经常用"幸运"二字来形容。他说自己正好赶上了分子生物学发展的黄金时期，见证了从无到有的历史。他说自己的兴趣"在于做别人不做的事，发现一个课题无人问津，会非常开心"。

笔者按，吾国科研界的一位领导曾经感慨："与众不同，这本身就是对一个民族精神内涵的丰富。假如说一个民族都有这样的崇尚——我就是要做不同的认识世界的这样一个人的话，这个民族的希望就来了。在我看来，追求'与众不同'才是科学真正的价值。"

大隅良典还说："我只是日复一日看显微镜而已。""科学就是科学，科学不从属于技术。""用酵母，你可以回答关于生命最基础和最重要的问题。""我起步晚，缺乏竞争力，所以必须寻求新的领域做研究，哪怕是不毛之地。"

本庶佑从小就被人称为神童。2018 年 10 月 2 日，他与美国的詹姆斯·艾利森共同获得了 2018 年诺贝尔生理学或医学奖，以表彰他们在癌症免疫疗法药物研发方面所做的贡献。

对于本庶佑，可谓是水到渠成，势所必然。

早在大学期间，他的导师早石修给了他三点重要指示：第一，不要盲目相信论文；第二，如果不能在国际水准上做研究，那样的研究将毫无意义；第三，真正的独创性，追求的不是第一，而是唯一。

这真是金玉良言。

是以，本庶佑在获奖后接受记者采访时说："成为科学研究者，最重要的是保持对某种事物的求知欲，珍惜内心世界对某种东西的感到不可思议的声音。""关于研究，我本身总有想知道些什么的好奇心。再就，我不轻信任何事物。媒体经常报道某个观点来自《自然》或《科学》，但是我认为《自然》《科学》这些杂志上的观点，有九成是不正确的。为什么这么说呢？你看那些十年前发表的文章吧，现在还被认为是正确的，就只剩下了一成哦。因此，我们不要轻易相信论文里写的东西。所谓研究，就是要一直钻研到眼见为实、让自己确切信服为止。这就是我对科学采取的基本态度。换句话说，用自己的大脑思考，一直做到水落石出，清清楚楚，明明白白。"

本庶佑又说："独创性对于一般人来讲，并不是可望而不可即的。当然，这其中有诀窍。像我这样平凡的人，之所以也能完成独创，是因为我找到了捷径。这条捷径，就是决不盲目追求第一，而是追求唯一。"

他是牢牢记住了导师的话。

写到这里，本书已即将结束，让我们再次强调一下，科学研究的核心，就是独创。中国工程院原院长徐匡迪曾经指出："近期，以颠覆性技术取得创新成功的最经典案例，非埃隆·马斯克（Elon Mask）莫属。继比尔·盖茨、斯蒂夫·乔布斯之后，马斯克成为又一个时代偶像。"

"他先后涉足互联网支付 Palpay 项目、用于未来太空商业旅行及星际太空移民的 Space X 火箭、颠覆传统燃油发动机汽车的特斯拉（Tesla）电动车以及可能成为人类第五种出行方式的'超回路列车'……"

"纵观这些项目，其核心都是颠覆性的创新技术。"

中国某些科研人员热衷于跟风，只求发表论文数量，不重独创，这是条因循守旧的老路，也是条没出息的歪路，可以休矣！！！

2019 年 10 月 9 日傍晚，吉野彰（71 岁）与美国得州大学奥斯汀分校机械工程系教授约翰·B. 古迪纳夫（97 岁）、美国纽约州立大学化学教授 M. 斯坦利·威廷汉（77 岁）共同获得了诺贝尔化学奖，获奖原因是对锂离子电池所进行的开发，三位均被称为"锂电池之父"。报道称，该项研究改变了全世界人们的生活，对以 IT 领域为代表的产业做出了卓越贡献。

据悉，那个傍晚，吉野彰正在研究室里忙活，通过固定电话接到了来自斯德哥尔摩的通知。当电话那头第一句就说出了"congratulation"（祝贺）这个单词时，他立刻明白等待已久的那一天终于到来了。

吉野彰随即把喜讯告诉了妻子，因为激动，他在电话中只说了一句："决定了喔！"

在这个特殊的"诺贝尔颁奖周"，妻子当然明白"决定了"是什么意思。她而后在接受采访时笑称，丈夫盼诺奖盼了差不多 20 年，年年等待，年年失望，今年总算如愿了。

差不多 20 年！也就是说，盼望从 20 个世纪末就已开始。

这证明吉野彰的自信，也说明吉野彰发明的重要。

当吉野彰本人被问及研究者所必要的素质时，他回答："柔软心与执着心相结合。即，头脑既要灵活，又要执拗地不到最后绝不放弃。"

在另一个场合，他说的是："要把握好刚与柔的平衡。即使头碰南墙，陷入绝境，也要冷静下来，想到'车到山前必有路'。""比起一本正经地思考有啥新发现，做一些调整并漫无目的地想想，有时灵感自然就会浮现出来。"

对于象征未来的儿童，他说的是："只要带着好奇心关注、体验各种事物，就一定能拿到诺贝尔奖。"

吉野彰面对记者的镜头，笔者注意到，他总是自觉或不自觉地露出一脸灿烂的笑——那笑容里真的有"一百朵在秋阳里怒放的野菊花"。

开心，百分之百的开心。

你也可以和他一样心花怒放。只要你奋斗过，在任何一个领域，并且，无论是否开花，无论是否结果——只要你真诚地、满怀虔诚地、满腔热血地奋斗过。

精彩的一"捐"

针对日本科研的现状，大隅良典表达了强烈的危机感。他曾在多个场合表示：日本如果不能大力培养从事基础科研的年轻人员，今后可能会出现科学研究的空心化。

相关统计数据显示，近年来，日本出现了年轻研究人员远离科研的现象，比如说，读硕后再读博的人数比例从 2000 年的 15% 下降至 2015 年的 8%。

日本有识之士早就指出，日本虽然已经成为诺奖大国，但中国等新兴经济体的科研水平正在飞速提高，有些领域甚至超越了日本。日本必须在科学研究领域进一步精益求精，特别是为中坚研究力量和年轻人创造良好的研究环境。

大隅良典一直呼吁政府加大对科研方面的投入。获得诺奖后，他向东京工业大学捐出全部奖金 800 万瑞典克朗（约合人民币 625 万元）作为启动资金，成立了"大隅良典科研基金"，帮助有志从事基础研究的年轻研究人员。

大隅良典也强烈呼吁中国加大在细胞自噬领域的投入，同时积极促进中日在该领域的合作。据了解，大隅良典曾四次组织参与了"中国自噬研讨会"，地址分别在西安、东京、敦煌和北京。

本庶佑获奖后，有记者问："您对日本科学研究的整体方向有何看法？另外，您对日本制药企业的印象如何？"

本庶佑回答：对于生命科学领域的研究方向，我们还没有能力做出总体设计。人工智能、火箭等都有自己的设计框架，能够为实现目标而展开秩序井然的研究和开发。但是对于生命科学，我们目前仍然眼前一抹黑，处于近乎茫然的状态，很难遵从整体设计来开展具体研究。在这种情况下，如果盲目地上马新项目，无疑等于瞎打乱撞。也就是说，在还不知道何为必须、何为正确的情况下，就高呼"让我们向那座山头进攻吧！"这是非常荒谬的。恰当的做法应该是，要让尽可能多的人攀登尽可能多的高山，弄清楚这些高山都有哪些"矿脉"，然后再确定重点开采、探查哪一座。因此，当务之急，不是把精力过多地投入应用，而是要进行大面积的分散研究。分散当然有限度，把一亿日元分给一亿人，固然是浪费，把一亿日元全部给予同一个人，也是一种变相的浪费。我认为，至少应该分给十个人。无论如何，这十个人在生命科学领域拥有的期待，总比把宝押在一个人身上，要大得多吧。我希望，要给更多的人以机会，特别是年轻人。

　　关于制药企业，本庶佑直言，现状并不理想。首先是数量太多了。全世界主要的大型药企，总共二三十家，而日本一个国家，光是研发新药的企业，就有三十多家。日本药企在资本规模、国际化运营和研究方面，都处于明显的劣势。其次，日本学术界明明有很好的"种子选手"和"明星项目"，他们却把大量的资金投给外国研究所——不能不说是缺乏眼光。

　　记者问："制药企业获得的利润有没有回馈给大学？"

　　本庶佑摇头："对于这次获奖的研究，制药企业完全没有做出任何贡献，这一点是毋庸置疑的。药企从研究者手中得到专利授权，所以，我希望他们给予大学足够的回报。我个人希望利用这些回报成立基金，用以培育京都大学下一代的研究人员。在这个过程中，又会产生新的'种子选手'和'明星项目'，然后再把研究的成果投放到日本的药企。这种互利的双赢关系是最理想的，我一直在向药企表达这一诉求。"

　　获得诺贝尔奖后，本庶佑决定将自己与詹姆斯·艾利森平分的 900 万瑞典克朗的一半，即 450 万瑞典克朗，全数捐赠给母校京都大学，以此作为基金，用于支援年轻研究者的研究工作。他表示，将会陆续投入 PD－1 研发新药的专利使用费，力争使基金达到 1000 亿日元的规模。

　　吉野彰获奖后，也对日本产业界提出了批评。他举出德国的例子，在那儿，少数大型企业带动政府和大学一起开创出研发的方向，而日本产业界处于山头林立、群雄割据的状态，没有真正的统帅。

　　此外，他还认为日本产业界整体缺乏紧迫感，研究者把样品交给他们，等到评估结果出来，不知道是猴年马月，黄花菜早都凉了——迫使研究者不得不把样品拿到国外去开花结果。

身为产业界的一员，吉野彰对自己的获奖感到自豪。他说："与以发表论文为目标的大学研究者相比，企业研究者为了取得专利为目标，很难以易懂的形式展示研究成果。因为企业内部有很多诺贝尔奖级别的研究，所以我认为今后产业界也必须要获得诺贝尔奖。""我能获得诺贝尔奖，这对产业界是一个巨大的鼓舞。事实证明，我们不仅能制造产品，也能改变世界。"

2014 年，吉野彰曾以 2013 年获得的俄罗斯"全球能源奖"的奖金（总数为 3300 万卢布，超过 100 万美元，与俄罗斯物理学家弗尔托福平分）作为本金，在日本化学会设立"吉野彰研究资助项目"。这次获得诺奖后，他表示将把一部分奖金捐赠给上述资助项目，目的在于搞活能源、环境以及资源领域的研究。

诺贝尔奖是一种荣誉，也是一种高度。

居里夫人（1903 年诺贝尔物理学奖、1911 年诺贝尔化学奖得主）当年发现了镭，人们劝她将镭的提取技术申请专利，这样可以获得巨大的财富。"不！"居里夫人斩钉截铁地说道，"我绝不申请专利，那是违背科学精神的。我发现了镭，但不是创造了镭，因此它不属于我个人，它是全人类的财产。"

费曼（1965 年诺贝尔物理学奖得主）当年在获奖前，曾经拒绝了芝加哥大学的高薪邀请。费曼在芝加哥大学的一位朋友以为他不知道薪水的具体数字，就写信告诉了他。费曼回复："我必须拒绝这么高的薪水，原因是如果我真的拿那种高薪，我就可以实现一切从前想做的事了——找一个很漂亮的情妇，替她找个公寓，买漂亮东西给她……用你们给我的薪水，我真的可以那样做，但我也知道我会变成怎么样。我会开始担心她在做些什么，等我回家时又会争吵不休，这些烦恼会使我很不舒服、很不快乐。我再也没法好好做物理，结果会一团糟！我一直都想做的事情都是对我有害无益的，我只好决定，我没法接受你们的邀请了。"

居里夫人视金钱为身外物，她唯一献身的就是科学。

费曼先生畏金钱如畏虎狼，他不信任自己感情的堤坝，担心过多的金钱有如泛滥的洪水，将导致大坝溃塌，是以，他甘守适度的贫困，好让自己把全部精力集中于科研。

　　也有人和上述三位不同，他们知道金钱不是绝对价值，但至少是重要价值。比如大隅良典、本庶佑、吉野彰，不约而同都把奖金用于培养年青一代科研人员，善哉善哉！这是把钱用在了正处、大处。对于科学研究，钱是血液，钱是催化剂，钱是驱动力。——日本国民应该感谢他们。我们，作为隔岸的观者，也对他们精彩的一"捐"表示由衷的敬意。

表 1　日本在自然科学领域的诺贝尔奖获得者

序号	获奖年份	姓名及职务	奖项及获奖理由
1	1949	汤川秀树（京都大学教授）	物理学奖（预言介子的存在）
2	1965	朝永振一郎（东京教育大学教授）	物理学奖（量子电动力学领域的基础理论研究）
3	1973	江崎玲于奈（美国 IBM 沃森研究所高级研究员）	物理学奖（发现半导体的隧穿效应）
4	1981	福井谦一（京都大学教授）	化学奖（创立前线轨道理论）
5	1987	利根川进（美国麻省理工学院教授）	生理学或医学奖（发现抗体多样性的遗传学原理）
6	2000	白川英树（筑波大学名誉教授）	化学奖（开发高性能膜状聚乙炔）
7	2001	野依良治（名古屋大学教授）	化学奖（催化手性不对称合成研究）
8	2002	小柴昌俊（东京大学教授）	物理学奖（观测宇宙中微子）
9	2002	田中耕一（岛津制作所研究员）	化学奖（发明生物大分子的质谱分析法）
10	2008	南部阳一郎（美国芝加哥大学名誉教授）	物理学奖（发现基本粒子物理学中的自发对称性破缺）

续上表

序号	获奖年份	姓名及职务	奖项及获奖理由
11	2008	小林诚（高能加速器研究机构名誉教授）	物理学奖（提出小林—益川理论、发现 CP 对称性破缺）
12	2008	益川敏英（京都大学名誉教授）	物理学奖（提出小林—益川理论、发现 CP 对称性破缺）
13	2008	下村修（美国波士顿大学名誉教授）	化学奖（发现绿色荧光蛋白 GFP）
14	2010	铃木章（北海道大学名誉教授）	化学奖（钯催化交叉偶联反应研究）
15	2010	根岸英一（美国普渡大学特别教授）	化学奖（钯催化交叉偶联反应研究）
16	2012	山中伸弥（京都大学教授）	生理学或医学奖（开发诱导多能干细胞）
17	2014	赤崎勇（名古屋大学名誉教授）	物理学奖（开发蓝色发光二极管）
18	2014	天野浩（名古屋大学教授）	物理学奖（开发蓝色发光二极管）
19	2014	中村修二（美国加利福尼亚大学圣塔芭芭拉分校教授）	物理学奖（开发蓝色发光二极管）
20	2015	大村智（北里大学特别荣誉教授）	生理学或医学奖（开发驱虫药阿维菌素）
21	2015	梶田隆章（东京大学宇宙线研究所长）	物理学奖（发现中微子震荡，证明中微子存在质量）
22	2016	大隅良典（东京工业大学荣誉教授）	生理学或医学奖（细胞自噬机制研究）
23	2018	本庶佑（京都大学特别教授）	生理学或医学奖（发明负性免疫调节治疗癌症疗法）
24	2019	吉野彰（京都大学特别教授）	化学奖（发明锂离子电池）

注：括号内职务为获奖时的职务。

表2 其他领域日本的诺贝尔奖获得者

序号	获奖年份	姓名及职务	奖项及获奖理由
1	1968	川端康成（作家）	文学奖（写作《伊豆的舞女》《雪国》等）
2	1974	佐藤荣作（前首相）	和平奖（提倡无核三原则）
3	1994	大江健三郎（作家）	文学奖（写作《个人的体验》《万延元年的足球》等）

注：括号内职务为获奖时的职务。

资料来源：日本《日本经济新闻》《朝日新闻》等。

表3 1901—2020年自然科学领域诺贝尔奖获得者的国别地区和人数

序号	国家及地区	物理学奖	化学奖	生理学或医学奖	小计
1	美国	93	71	107	271
2	英国	23	29	32	84
3	德国	25	30	16	71
4	法国	14	10	10	34
5	日本	11	8	5	24
6	瑞士	5	7	6	18
7	瑞典	4	5	8	17
8	荷兰	9	4	2	15
9	俄罗斯	11	1	2	14
10	加拿大	6	4	2	12
11	丹麦	3	1	5	9
11	奥地利	3	2	4	9
13	意大利	3	1	3	7
14	比利时	1	1	4	6
15	其他	5	12	16	33
	合计	216	186	222	624

注：在日本的诺贝尔奖获奖者中，包括2位美籍日本人（南部阳一郎和中村修二）。俄罗斯的获奖者中包括苏联的数字。

资料来源：日本文部科学省根据诺贝尔财团的资料整理，日本文部科学省《文部科学统计要览》（2020年版）。

▶参考文献

［1］汤川秀树. 旅行者：汤川秀树自传［M］. 东京：角川书店，1960.

［2］白川英树. 迷上化学［M］. 东京：岩波书店，2001.

［3］白川英树. 我走过的路［M］. 东京：朝日新闻社，2001.

［4］读卖新闻编辑局. 获得诺奖的 10 位日本人［M］. 东京：中央公论新社，2001.

［5］野依良治. 人生超越意图：诺贝尔化学奖之路［M］. 东京：朝日新闻社，2002.

［6］田中耕一. 一生中最妙的失败［M］. 东京：朝日新闻社，2003.

［7］中岛彰. 挑战"蓝光"的男人们：中村修二与异端研究者列传［M］. 东京：日本经济新闻社，2003.

［8］中村修二. 岂能认输！蓝光二极管开发者如是说［M］. 东京：朝日新闻社，2004.

［9］小柴昌俊. 干，就能成［M］. 东京：新潮社，2004.

［10］小柴昌俊，等. 科学的求道者［M］. 东京：日本经济新闻社，2007.

［11］野依良治. 事实是真实的敌人［M］. 东京：日本经济新闻社，2011.

［12］NHK 特别采访组. 改变生命未来的男人：山中伸弥·iPS 细胞革命［M］. 东京：文艺春秋，2014.

［13］马场炼成. 大村智故事：诺贝尔奖之路［M］. 东京：中央公论新社，2015.

［14］马场炼成. 大村智故事：苦路才是快乐的人生［M］. 东京：每日新闻

出版，2015.

［15］山中伸弥. 不停奔跑的力量［M］. 东京：每日新闻出版，2018.

［16］山中伸弥. 我的修行时代［M］. 东京：弘文堂，2019.

［17］日本科学未来馆，朝日小学生新闻. 日本 29 位厉害科学家告诉你发明的诀窍［M］. 东京：朝日学生新闻社，2019.

［18］矢野恒太纪念会. 从数字看日本的 100 年［M］. 5 版. 东京：日本国势图会，2006.

［19］日本综合研究所. 现代日本经济事典［M］. 北京：中国社会科学出版社，1982.

［20］国家统计局. 新中国五十年：1949—1999［M］. 北京：中国统计出版社，1999.

［21］王楠楠. 诺贝尔奖的故事［M］. 哈尔滨：哈尔滨出版社，2019.

［22］朝永振一郎. 乐园：我的诺贝尔奖之路［M］. 孙英英，译. 北京：科学出版社，2010.

［23］日野原重明. 幸福的偶然：日本国宝医生的创意摇篮［M］. 赖庭筠，译. 台北：张老师文化事业，2008.

［24］江崎玲于奈. 挑战极限［M］. 姜春结，译. 北京：中信出版社，2012.

［25］福井谦一. 直言教育［M］. 戚戈平、李晓武，译. 北京：科学出版社，2008.

［26］小柴昌俊. 我不是好学生［M］. 戚戈平，李晓武，译. 北京：科学出版社，2008.

［27］益川敏英. 浴缸里的灵感［M］. 那日苏，译. 北京：科学出版社，2010.